nature & fur les propriétés de la lumiere,
& cette matiere fuppofant dans les Lecteurs
certaines connoiffances fur la réflexion & fur
la caufe des réfractions des rayons ; nous
avons jugé néceffaire de donner ici une Differtation particuliere fur ce fujet ; par-là nous
mettons tout le monde à portée de connoître la vérité, & de décider avec connoiffance de caufe entre M. de Voltaire & nous.

Il eft vrai, & nous le reconnoiffons, que
nous aurions pû renvoyer aux deux excellens
Mémoires que M. de Mairan a donnés fur
les réflexions & fur les réfractions ; & cela
d'autant mieux que nous ne parlerons que
d'après cet illuftre Académicien, du moins
quant à la plus grande partie de ce que nous
avons à dire. Ces raifons nous ont tenus quelque tems indéterminés, mais comme nous
avons confidéré que le plus grand nombre
de ceux qui liront l'Ouvrage de M. de Voltaire & le notre, n'auront pas les Mémoires
de l'Academie, nous avons voulu donner
une Differtation en leur faveur.

*Définition.* Réflexion eft le changement
de détermination qui arrive à un corps en
mouvement lorfqu'il donne contre un autre
corps qu'il ne peut traverfer, ni pénétrer,
ni mettre en mouvement s'il eft en repos,
ou fi le corps frapé eft en mouvement, lorfque le corps frapant ne peut point lui imprimer une vîteffe égale à la fienne, ou en deux
mots, réflexion eft le changement de déter-

mination qui arrive à un corps en mouvement à l'occasion d'un autre corps. On comprend ainsi qu'un corps ne peut être réflechi
que par un corps.

*Principe* Le ressort est la seule & véritable cause de la réflexion. D'où nous pouvons
conclure que là où il n'y a point de ressort,
là il n'y a point de cause de réflexion.

Ce principe a été si solidement démontré par M. de Mairan, qu'il paroîtroit in-
croyable, si l'expérience ne nous l'appre-
noit, que quelqu'un peut penser ou ensei-
gner le contraire. C'est pour désiller ceux qui
sont dans l'erreur, que nous allons démontrer que deux corps parfaitement durs &
ainsi sans ressort, lesquels sont égaux en
masse, & qui se rencontrent centralement
avec des vîtesses égales & suivant des déterminations diamétralement opposées, ne doivent pas se réflechir après le choc, ainsi
qu'on l'enseigne dans plusieurs Universités.

Soient deux corps *a*, *b*, sans ressort les- PLANC. IV.
FIGURE I.
quels ont des masses égales & qui se choquent en *y*. avec des forces ou des vîtesses
égales & selon des déterminations contraires,
le corps *a*. allant de *x*. vers *z*. & le corps *b*.
allant de *z*. vers *x*. nous disons que ces corps
doivent perdre tout leur mouvement dans
l'instant indivisible du choc, & qu'ils doivent se reposer en *y*. point auquel se fait la
percussion : ceci arrivera, si ces corps après le
choc ne peuvent ni aller en avant, ni rejail-

lir en arriere ; or nous concevons diftinctement qu'ils ne peuvent ni l'un ni l'autre.
1°. Ils ne fçauroient continuer leur mouvement en avant puifque l'égalité de force fait
qu'ils font l'un à l'autre un obftacle infur-
montable. 2°. Ils ne fçauroient retourner en
arriere : pour le prouver d'une maniere fenfible , ne confidérons qu'un de ces corps , le
corps *a.* par exemple , tout ce que nous dirons de celui-ci s'appliquera comme de lui-
même au corps *b.*

Nous ne voyons aucun principe de réflexion , nous n'appercevons aucune caufe qui
puiffe renvoyer le corps *a.* du point *y.* vers
le point *x.* ni dans le corps *a* qui choque
le corps *b.*, ni dans ce corps *b.* Dans le
corps *a* nous n'y trouvons qu'un mouvement de *x.* vers *z.*, mais nous n'y reconnoiffons aucun mouvement de *z.* vers *x.*
donc il n'y a dans le corps *a* aucun principe de réfléxion , & fi ce corps doit réjaillir
après le choc ce fera à l'occafion du corps
*b.* mais ce corps *b.* ne peut pas occafionner
cette réflexion , car la force qui porte le
corps *b.* de *z.* vers *x.* ne peut point renvoyer
le corps *a* vers *x* puifque ce dernier lui oppofe une force égale par laquelle il eft porté vers *z.* le corps *b.* ne peut qu'empêcher
le corps *a* d'aller vers *z.* mais il ne fçauroit
le renvoyer vers *x.* Examinons les chofes
avec plus de précifion.

Nous connoiffons d'abord que dans l'inf-

tant indivisible du choc, la force du corps
*a* porte ce mobile de *x*. vers *z*. tandis que
la force du corps *b*. tend à le porter de *z*.
vers *x*. Voilà donc deux forces contrainten-
tes lesquelles à raison de leur égalité ne
sçauroient être victorieuses l'une de l'autre.
Le corps *a* parvenu en *y*. ne peut point continuer à se mouvoir vers *z*. parce qu'il rencontre dans le corps *b*. un obstacle insur-
montable ; le corps *b*. ne peut pas répousser
le corps *a* vers *x*. puisque le corps *a* est porté vers *z*. avec une force égale à celle avec
laquelle le corps *b*. tâche de l'éloigner de *z*.
le corps *a* ne sera donc pas repoussé vers *x*,
il ne continuera pas non plus à se mouvoir
vers *z*. Il restera donc en repos au point *y*.
c'est un corps qui est sollicité par deux forces égales vers des points diamétralement
opposés. Il doit demeurer en repos. Donc
là où il n'y a point de ressort, là il n'y a
pas de réflexion.

Ceux qui soutiennent que les deux corps
dont nous venons de parler doivent rejaillir
après le choc, ne font pas, sans doute,
réflexion qu'ils tombent dans une contradiction manifeste. Il est évident, en effet,
que ces corps ne peuvent être réflechis que
chacun d'eux ne soit dans le même instant indivisible & vainqueur & vaincu, que leurs
forces ne soient en même tems égales & inégales. Le corps *a* ne peut être réflechi que
sa force ne soit moindre que celle du corps
*b*. qui le repousse, & comme le corps *b*. est

lui-même repouſſé par le corps *a*,& cela dans le même inſtant indiviſible, il faut que ſa force ſoit moindre que celle du corps *a*. On ſuppoſe d'ailleurs que les forces de ces deux corps ſont égales, voilà donc deux forces qui ſont en même tems égales & inégales, & dans cette inégalité chacune d'elles eſt en même tems & plus grande & plus petite que l'autre, quelles contradictions ! N'eſt-il pas ſurprenant que des raiſonnemens ſi naturels, & qui ſe préſentent, pour ainſi dire, d'eux-mêmes, n'ayent point frapé ceux qui admettent un principe de réflexion autre que le reſſort. Diſons encore quelque choſe de plus preſſant.

Le corps *b*. ayant une force égale à celle du corps *a* eſt un obſtacle inſurmontable à ſon mouvement, nous pouvons donc le conſidérer comme une maſſe infinie choquée par le corps *a* dont la vîteſſe eſt finie ; or, comme par les loix de la percuſſion des corps durs, un corps quelque petit qu'il ſoit communique de ſon mouvement au corps qu'il frape quelque grand qu'on ſuppoſe ce dernier, & cela en proportion des maſſes, enſorte que ces deux corps ayent après la percuſſion des vîteſſes égales ; le corps *a* communiquera de ſon mouvement au corps *b*. en telle proportion que la vîteſſe de ces deux corps après le choc, ſoit le quotient de la diviſion de la vîteſſe du corps *a* avant la percuſſion, par la ſomme des deux maſſes. Donc puiſque la maſſe du corps *b*. eſt ſup-

poſée infinie, le quotient de cette diviſion
ſera phiſiquement égal à zero. Ces corps ſe
repoſeront donc après le choc, le corps *a*
ne ſera point réflechi. Dites-en autant du
corps *b*.

Nous prévoyons que certains Philoſophes
auront recours au ſentiment plus que vrai-
ſemblable, qui dit que la même quantité de
mouvement perſévere dans la nature ſans
augmentation ni déchec, & qu'ils croiront
éviter par-là la force de nos démonſtrations.
Ils ne manqueront pas de nous dire que ſi
les corps dont il s'agit ne réflechiſſoient pas,
il y auroit du mouvement perdu dans la nature : mais nous les prions de conſidérer que
leur crainte eſt ſans fondement ; car il n'y
aura jamais par-là du mouvement perdu dans
la nature, parce que dans la nature il n'y a
point des corps, du moins ſenſibles, qui
ſoient parfaitement durs, parce que de tels
corps ne ſe choqueront jamais.

Le reſſort eſt donc la ſeule & véritable
cauſe de la réflexion des corps, ce n'eſt
que dans la vertu élaſtique que nous pouvons trouver le principe de cette force qui
fait rejaillir les corps. Voici comment les
choſes ſe paſſent.

Soit la ſphere *s* qui donne perpendiculai- PLANC. IV.
rement contre le plan *p. l.* On pourroit ſup- FIGURE II.
poſer ici la ſphere & le plan élaſtiques, mais
nous ne conſidérerons le reſſort que dans la
ſphere *s.* par-là nous rendrons la queſtion
moins compliquée ; nous ſuppoſons même

d'abord que la fphere frape le plan avec une
détermination perpendiculaire fuivant la ligne *x z.* ou *x g.* Nous examinerons enfuite
les réflexions obliques, il eft naturel de
commencer par les chofes les plus fimples.

Lorfque la fphere *s.* eft parvenue en *g.* &
qu'elle a-atteint le plan *p l.* que nous fuppofons infléxible & inébranlable, elle s'appla-
tit, la partie *f.* s'approche de la partie *g.* ce
qui ne peut arriver que les parties *h, i* ne
s'éloignent l'une de l'autre, & que chacune
d'elles en particulier ne s'éloigne du centre
*c.* enforte que par le choc la fphere *s.* eft
changée en une fpheroïde dont le grand
diamétre eft dans la ligne *h c i*, & le petit
dans la perpendiculaire *x g.* Voilà ce qui arrive néceffairement pendant le tems de la
compreffion. La force que la fphere *s.* a de
*x* vers *z.* n'eft employée qu'à plier, qu'à
tendre, qu'à comprimer fes refforts, & qu'à
lui faire changer de figure en la transfor-
mant en fpheroïde. Mais dès que cette force
de *x* en *z* a été totalement épuifée contre le
reffort, celui-ci prend le deffus, il rend à
la fphere fa premiere figure, & comme elle
ne l'avoit perdue, cette premiere figure, que
par la preffion, & qu'en s'approchant du
plan, elle ne la recouvre que par le reffort,&
qu'en s'éloignant du plan, ce qui produit
la réflexion.

Confidérons préfentement les réflexions
obliques dont la connoiffance nous conduira aux réfractions. Remarquons néanmoins

plûtôt qu'il ne faut pas penfer que la compreffion ou la reftitution d'un corps élaftique fe faffe dans un inftant indivifible, car
la compreffion fe fait pendant une fuite d'inftans qui quoique très-courts, font néanmoins
très-diftincts. Il en eft de même de la reftitution.

Soit la fphere *s* élaftique qui donne con- PLANC. IV,
tre le plan *p l.* immobile & inébranlable, le- FIGURE III,
quel elle rencontre en *z.* felon la détermination oblique *s z.* que nous confidérons comme compofée de deux *s y. s p.* nous fçavons
d'ailleurs que cette fphere n'agit fur le plan
que par la détermination ou la force *s p.* nous
avons donc la réflexion oblique réduite à
fes plus fimples termes, on n'a pour en connoître la nature qu'à lui apliquer ce que nous
avons dit de la réflexion verticale ; mais fi
vous demandez quelle route fuivra la fphere
*s.* après la réflexion , & quelle fera la ligne
qu'elle décrira. Nous répondons en général
qu'elle fera portée par la réflexion vers un
point oppofé à celui duquel elle eft partie,
& que fi le reffort eft parfait, nous voulons
dire, fi le reffort rend à la fphere tout le
mouvement qu'il en avoit reçu par la compreffion , le centre de cette fphere décrira la
ligne *z x.* autant inclinée à *p l.* que la ligne
d'incidence *s z.* mais fi le reffort n'eft pas parfait, la ligne de réflexion fera plus inclinée
au plan *p l.* que ne l'eft la ligne d'incidence ,
& cette inclinaifon fera d'autant plus confidérable que le reffort fera moins parfait ;

en forte que s'il n'y avoit pas de reffort, la phere rouleroit fur le plan *z l*.

Voilà ce qui arrive & ce qui doit arriver à un corps élaftique qui donne contre un plan inébranlable ou qui ne peut point céder ; & quoique nous ayons fuppofé ce plan fans reffort, il eft aifé de remettre les chofes en leur place, les principes que nous avons établis, & les conféquences que nous en avons tirées, fe trouveront les mêmes lorfqu'on aura fuppofé le reffort dans le plan.

Les corps vifibles & colorés doivent être regardés comme des plans inébranlables par rapport à la réflexion de la lumiere, nous devons donc raifonner de la réflexion des rayons comme nous l'avons fait de la réflexion de la fphere *s.* avec cette différence pourtant, qu'il n'y a que l'action des rayons qui eft renvoyée à l'occafion des plans réfléchiffans, & que c'eft la fphere qui rebondit elle-même, mais cette difference n'apporte en ceci aucun changement : il eft prouvé que les tendances au mouvement fuivent les mêmes loix que le mouvement même.

Le fujet de la réflexion de la lumiere n'eft pas auffi facile à déterminer que la caufe de cette réflexion. Le P. Fabri reconnut autrefois, M. Neuton & le Pere Malebranche ont reconnu depuis, & tous les Phificiens de bon goût reconnoiffent aujourd'hui que ce ne font pas les parties groffieres des corps qui réfléchiffent la lumiere. Quel fera donc le fujet qui renvoyera l'action des rayons ? La

lumiere fera-t'elle réfléchie du fein des pores? Mais on trouvera dans cet Ouvrage un
grand nombre de preuves démonftratives
du contraire. Quel n'eft donc pas notre
embarras. Quelles difficultés ne trouvons
nous pas dans cette matiere ? Nous fçavons
à n'en pouvoir douter , que l'action des
rayons doit de toute nécceffité parvenir jufqu'aux parties propres des corps , mille expériences prouvent qu'elle y parvient réellement. Il eft démontré d'un autre côté que
ce ne font pas ces parties qui renvoient l'action des rayons , & que ces rayons ne fçauroient être réflechis du fein des pores. Le
moyen de concilier toutes ces chofes? Comment expliquer la réflexion de la lumiere ?
Nous ofons avancer qu'en fuivant notre fiftême tout s'explique d'une maniere très-probable & très-vrai-femblable. Dès qu'on concevra qu'il y a une infinité de parties de lumiere qui fe trouvent engagées entre les parties propres des corps , on aura un fujet
convenable & propre pour la réflexion de la
lumiere ; ce fujet fera autre que les parties
des corps,& par fon moyen la lumiere pourra échauffer , fondre & vitrifier les corps ,
on pourra voir ces corps , en appercevoir
la figure & la couleur , phénoménes inexpli-
plicables dans toute autre hipothefe. Dès
qu'on concevra que la lumiere qui fe joue
dans les airs forme autour de ces corps une
efpece d'enveloppe ou d'atmofphere , on
rendra aifément compte de l'infléxion de la

lumiere, de fa réflexion & de fa réfraction
que M. Neuton veut s'opérer un peu avant
qu'elle ait atteint la furface des corps ré-
fléchiffants & réfringents, obfervation très-
délicate & que l'autorité du grand Neuton
a accréditée. Mais comme nous avons expliqué ailleurs la plûpart de ces queftions,
nous ne nous y arrêterons pas plus long-
tems.

Il eft à propos que nous recherchions ici
fi la réflexion décompofe les rayons de la
lumiere. Une perfonne très-refpectable (a) a
cru trouver une contradiction dans notre
Traité de la lumiere en ce qu'elle a penfé,
que nous croyons d'un côté que la réflexion
ne décompofe pas les rayons, & qu'il paroît par certains autres endroits de notre Ouvrage que nous foutenons le contraire. Nous
prions M. de Molieres, dont nous refpectons
infiniment le mérite, & dont nous voudrions
mériter l'eftime, nous le prions de confidérer
que nous ne nous fommes jamais démentis au
fujet de la décompofition des rayons par la réflexion, & que nous avons dit conftamment
que la réflexion décompofe les rayons, nous
allons expofer les raifons qui nous ont fait embraffer ce parti; cette difgreffion ne peut qu'ê-
tre utile.

La réflexion décompofe les rayons de la lumiere ainfi que la réfraction, quoique moins
intimement; cela eft fi vrai, que fans cette

_____

(a) M. l'Abbé Privat de Molieres. Leçons de Phifique tom. 3. pag. 464.

décompofition occafionnée par la réflexion, tous les corps feroient blancs ou nous paroî-troient tels : en effet, dès qu'on reconnoît avec M. Neuton que les rayons font colorés qu'ils ne reçoivent des corps qu'on nomme colorés aucune difpofition qui les rende pro-pres à exciter en nous la fenfation de rouge, de verd, de violet, &c. lorfque l'on convient que le blanc, que la lumiere pure eft un compofé de toutes les couleurs, ne doit-on pas reconnoître, ou pour mieux dire, ne reconnoît-on pas déja que la réflexion dé-compofe les rayons, & que fi elle ne les dé-compofoit pas, tous les corps paroîtroient blancs.

Pour prouver cette vérité d'une maniere folide & fenfible, faifons tomber fur un pa-pier rouge ou de telle autre couleur, ce trait de lumiere qui en traverfant un prifme op-tique eft décompofé, ou pour plus de faci-lité, fubftituons ce papier rouge au prifme, & demandons à ceux qui prétendent que la réflexion ne décompofe point les rayons de la lumiere, demandons leur fi le trait qui tombe fur ce papier eft compofé, & s'il eft un mêlange des rayons de toutes les efpeces; ils l'accorderont fans doute, puifque c'eft le même trait qui tomboit fur le prifme, & que les expériences Neutoniennes nous ont ap-pris être compofé. On auroit, d'ailleurs, de quoi convaincre ces Phificiens s'il vouloient nier que ce trait de lumiere que nous avons fait tomber fur le papier rouge, fût compofé ; il n'y auroit pour cela qu'à percer ce papier dans fon endroit illuminé, & faire rompre dans un prifme optique la portion du trait de lumiere qui pafferoit par le trou qu'on auroit fait au papier ; les différentes couleurs que cette lumiere réfractée préfenteroit, feroit une démonftration entiere de la vérité qu'on auroit voulu contefter.

Il eft donc certain qu'un trait de lumiere qui tombe fur un papier rouge, eft un compofé de rayons de toutes les couleurs ; or il eft évident que, comme nous ne voyons ce papier que par des rayons réflechis, fi la réflexion ne décompofe pas les rayons, nous verrons ce papier blanc ; nous le verrons en effet par des rayons compofés, ou par un trait de lumiere femblable au trait incident, lequel ne peut exciter en nous que la fenfation du blanc. Ajoûtons encore que puifque les rayons font colorés, nous ne voyons la couleur rouge que par l'entremife des rayons rouges, & qu'ainfi le papier dont nous avons parlé ne nous paroît rouge, que parce qu'il ne réflechit que les rayons rouges, ou feuls, ou du moins en beaucoup plus grande quantité que les rayons des autres couleurs. Mais d'où vient cette fupériorité des rayons rouges après la réflexion ? Quelle eft la caufe qui leur a procuré cette diftinction dans le trait réflechi ; diftinction qu'on n'appercevoit pas dans le trait incident, dans lequel ils alloient de pair avec les rayons jaunes, verds, bleus, &c? comment eſt-ce enfin que les rayons rouges ont acquis la prééminence? On ſe fatigueroit en vain, & on ſe tourmenteroit inutilement ſi on alloit chercher la cauſe de cet effet ailleurs que dans la décompoſition des rayons occaſionnée par la réflexion. On peut voir là-deſſus ce que nous avons dit aux Chapitres IV. & XIV. du quatriéme Chapitre de notre Traité de la lumiere, dans leſquels on trouvera prouvé d'une maniere ſolide que, comme le trait de lumiere qui tombe ſur un priſme, ne paroît coloré après la réfraction que parce qu'il a été décompoſé en traverſant ce verre, de même un trait de lumiere qui tombe ſur une ſurface réflechiſſante n'excite en nous la ſenſation de quelque couleur, que parce qu'il a été décompoſé par la réflexion.

Les raiſons que nous venons de rapporter de la décompoſition des rayons par la réflexion, nous fournit une preuve démonſtrative de la bonté de notre ſiſtême par rapport à la convenance que nous avons dit ſe trouver entre les parties de la lumiere qui ſont de la même eſpece, & par rapport à la diſconvenance que nous avons établie entre les parties de la lumiere de différente eſpece.

Puiſque nous ne pouvons douter que le trait de lumiere qui tombe ſur un corps rouge ou de telle autre couleur, ne ſoit décompoſé par la réflexion, en ſorte qu'il

n'y a que les rayons rouges qui foient réflechis du côté du corps que nous appellons
rouge : fi nous demandons que font deve-
nus les autres rayons, les rayons jaunes ;
les rayons verds, &c. on ne peut répondre
autre chofe, fi non qu'ils ont été éteints
à la rencontre de la lumiere rouge qui fe
trouve engagée entre les parties du corps
que nous appellons rouge. Si nous demandons encore pourquoi eft-ce que les rayons
rouges font les feuls qui foient renvoyés
par les parties de lumiere rouge, lefquelles
éteignent les rayons des autres efpeces ; que
peut-on répondre, fi non que les rayons
rouges font les feuls fur lefquels la lumiere
rouge peut agir en conféquence de ce rapport & de cette covenance que nous avons
dit fe trouver entre les parties de la lumiere
homogéne, rapport qui ne fe trouvant pas
entre la lumiere rouge & la lumiere jaune,
&c. rend cette premiere incapable d'agir
fur la feconde, &c. Nous ne penfons pas
qu'on puiffe infirmer nos raifonnemens d'aucune façon, ni qu'on puiffe donner une
explication plus fimple de la nature des
corps colorés, dès qu'on conviendra des
principes d'Optique que M. Neuton a démontrés par une infinité d'expériences.

Une preuve bien fenfible qu'il y a une
grande quantité de rayons qui font éteints
à la rencontre des corps colorés, c'eft que
la lumiere qui eft réflechie par ces fortes de
corps, eft beaucoup plus foible que celle
qui

qui eſt réflechie par les corps blancs, leſquels, comme tout le monde le ſçait, renvoyent les rayons de toutes les eſpeces.

L'analogie qu'on reconnoît ſe trouver
entre la lumiere & le ſon, entre les couleurs & les tons, nous fournit une nouvelle
preuve de la décompoſition des rayons par
la réflexion, & une eſpece de démonſtration
mécanique de l'explication que nous avons
donnée de la nature des corps colorés & de
la diverſité de leurs couleurs. Voici comment
nous raiſonnons.

Qu'on mette ſur un inſtrument de muſique, tel qu'une Viole, pluſieurs cordes égales en longueur & en groſſeur, leſquelles
étant ſuppoſées de la même matiere, ſoient
également tendues ; en ſorte qu'elles donnent le même ton, le *re*, par exemple ;
qu'on place cet inſtrument ſur un lit, &
qu'on mette tout près de lui, une autre
Viole ſur laquelle il y ait les ſept cordes de
l'Octave, dont celle qui donnera le *re*,
ſoit égale en tout à celles de la premiere
Viole ; cette préparation faite, qu'on pince
ſur la ſeconde Viole la corde *fa*, on n'apperçoit aucun mouvement dans les cordes
de la premiere, on ne les entend pas réſonner ; la même choſe arrive lorſqu'on
pince le *mi*, le *ſol*, le *ſi*, &c. mais lorſqu'on
viendra à pincer la corde *re*, on verra frémir & on entendra réſonner les cordes de
la premiere Viole. Ce n'eſt point ici le lieu
de donner l'explication de ce Phénoméne,

l'obſervation nous ſuffit, & cette obſervation nous indique & nous fait voir que tous
les tons, ſi vous en exceptez le *re*, ſont
étouffés à la rencontre des cordes tendues
ſur la premiere Viole. Voilà, à n'en pouvoir
diſconvenir, une image bien ſenſible de la
réflexion de la lumiere à l'occaſion des corps
colorés.

Pouſſons encore plus loin nos recherches
& nos raiſonnémens. Concevez qu'on pince
en même-tems toutes les cordes de la ſeconde Viole, excepté celle qui donne le *re*,
on n'apperçoit alors aucun frémiſſement
dans les cordes de la ſeconde Viole, on ne
les entend pas réſonner ; voilà ſix tons qui
ſont étouffés à la rencontre de ces cordes.
Qu'on pince dans le même inſtant les ſept
cordes de la ſeconde Viole, on voit frémir
les cordes de la premiere, en ſorte que de
ſept tons acouſtiques, il y en a ſix qui ſont
étouffés, & il n'y en a qu'un ſeul qui ſoit
réfléchi ; c'eſt le *re*.

Suppoſons préſentement qu'un trait de
lumiere compoſé des ſept tons chromatiques
(*a*) tombe ſur la ſurface d'un corps qui ſoit
au ton *rouge*, s'il nous eſt permis d'uſer
d'un terme ſemblable, il n'y aura que les
rayons rouges qui ſoient réfléchis du côté de
ce corps là, tous les autres ſeront éteints ;
ce corps ſera ainſi appellé *rouge*, nous paroîtra rouge. Quoi de plus mécanique ?

Si après avoir frapé les cordes qui ſont

(*a*) *Chroma* en grec, ſignifie couleur en François.

à l'uniffon avec eux, les tons acouftiques fe réflechiffoient avec autant de force que le font les rayons de la lumiere, fi le fon direct étoit autant infenfible que la lumiere directe, & fi on avoit un inftrument fur lequel on eut tendu plufieurs cordes qui exprimâffent les fept tons de mufique, mais que le nombre de celles qui donneroient le *fol* ou tel autre ton, fût beaucoup plus grand que celui des cordes montées aux autres tons, il eft conftant par ce que l'expérience nous en fait voir, qu'on n'entendroit que le feul ton *fol*, quoiqu'on pinçât fur un autre inftrument plufieurs cordes qui exprimâffent les fept tons acouftiques, & ce ton *fol* feroit d'autant plus diftinct, que le nombre des cordes qui donnent ce ton dans le premier inftrument, feroit plus grand par rapport au nombre des cordes montées aux autres tons.

On comprend aifément que tout ce que nous venons de dire doit s'appliquer aux tons chromatiques ; car fi au lieu du premier inftrument, vous concevez un corps entre les parties duquel il y ait des parties de lumiere de toutes les efpeces, avec cette différence pourtant que celles d'une certaine efpece, l'emportent de beaucoup fur celles des autres efpeces, que ce foient les rouges, par exemple, qui dominent : on comprend que fi un trait de lumiere compofé des fept tons chromatiques tombe fur ce corps, ce corps paroîtra rouge, quoiqu'il réflechiffe des

*b ij*

rayons de toutes les couleurs ; parce que les rayons rouges l'emportent par leur nombre fur les rayons des autres couleurs. Telle eſt la lumiere d'une bougie qui eſt infenſible lorſqu'on l'expoſe aux rayons du Soleil. Ce corps paroît donc rouge, parce que de tous les rayons qu'il réflechit, les rouges ſont en beaucoup plus grande quantité que ceux des autres couleurs, & ce corps paroîtra d'un rouge d'autant plus beau, plus net & plus brillant, que les parties de lumiere rouge dont il eſt comme compoſé, ſurpaſſeront le plus en nombre les parties de lumiere des autres eſpeces des autres couleurs ; c'eſt pour cela que le carmin eſt d'un plus beau rouge que le cinabre, & celui-ci d'un plus beau rouge que le minium. Dites-en autant & raiſonnez de même par rapport aux autres couleurs : mais reprenons la ſuite de nos recherches ſur la réflexion. Nous avons vû quelles ſont les loix que les corps obſervent en ſe réflechiſſant à la rencontre d'un plan immobile & inébranlable ; voyons préſentement ce qui doit arriver à un corps qui choque un plan qui peut céder.

Pour bien comprendre ce que nous allons dire de ces nouvelles eſpeces de réflexions que nous verrons devenir des réfractions, il faut ſe reſſouvenir que quoique le tems qu'un corps élaſtique employe à ſe comprimer & à ſe rétablir, lorſqu'il donne contre un plan, ſoit très-court, il n'eſt pas néanmoins indiviſible ; mais que les corps employent une fuite d'inftans très diftinⅽts pour fe comprimer, & une autre fuite d'inftans pour fe rétablir. Il faut donc diftinguer deux tems, un de la compreffion, l'autre du rétabliffement, & nous devons concevoir que chacun de ces tems eft compofé d'une fuite d'inftans qui, pour être très-courts, n'en font pas moins diftinⅽts.

On doit encore fe rappeller que tout mouvement oblique eft cenfé compofé de deux mouvemens, dont l'un eft horifontal, & l'autre perpendiculaire, en forte qu'un corps qui a une détermination oblique, peut être confidéré comme pouffé par deux forces, une defquelles le porteroit vers l'horifontale, & la feconde vers la perpendiculaire. Confiderez la fphere *a* qui fe meut obliquement fuivant la ligne *a d.* elle doit être cenfée pouffée par la force *g.* de *a* en *b.* & par la force *f.* de *a* en *c* : or ces deux forces qu'on conçoit concourir à la production du mouvement oblique, font exprimées par les deux côtés d'un Parallelogramme, dont l'oblique eft la Diagonale. La force *g.* (*meme Figure*) eft exprimée par le côté *a b.* & la force *f* eft exprimée par le côté *a c* du Parallelogramme *a d.* & les lignes *a b, a c,* doivent être proportionnelles aux forces *g, f* ; d'où il fuit que fi les deux forces *g, f,* font égales, les droites *a b, a c,* feront les deux côtés d'un quarré, & que le mouvement oblique participera autant de l'horifontal que du perpendiculaire ; mais fi *f* eft plus

PLANC. IV. FIGURE IV.

grande que $g$, le mouvement oblique participera plus du mouvement perpendiculaire, que du mouvement horifontal, comme auffi il tiendroit plus de l'horifontal que du perpendiculaire, fi $g$ fe trouvoit plus grande que $f$. De ce que nous venons de dire on peut conclure ce principe general, fçavoir, que fi un corps tel qu'il foit, étant porté par un mouvement oblique, rencôntre un obftacle qui faffe varier l'une des deux forces par lefquelles il eft cenfé pouffé, le mouvement oblique fera changé, & deviendra plus ou moins vertical, felon que la force verticale aura été augmentée ou diminuée refpectivement à la force horifontale. Ces chofes une fois obfervées.

PLANC. IV. Soit la fphere $s$ qui donne obliquement
FIGURE III. fur le plan $p\,l$. mobile & qui peut céder, il eft évident que fi ce plan ne cede qu'après la fin de la compreffion & du rétabliffement de la fphere $s$, ce mobile rejaillira fuivant la ligne $z\,x$, en faifant l'angle de réflexion $y\,z\,x$ égal à l'angle d'incidence $y\,z\,s$ ; car en fuppofant le reffort parfait, il eft clair que le mouvement vertical fera le même avant & après le choc ; donc fi vous lui ajoutez le mouvement horifontal qui n'a pas été changé par le plan qui lui eft parallele, on aura le mouvement réflechi également oblique au plan $p\,l$, que l'étoit le mouvement direct.

2°. Si le plan $p\,l$ céde immédiatement après le dernier inftant de la compreffion, la fphere *s* ne fera point réflechie, rien ne lui rendant le mouvement vertical qu'elle a perdu par la compreffion ; mais comme fon mouvement horifontal n'a point été alteré, elle continuera à fe mouvoir fuivant la ligne *z l.*

3°. Si le plan *p l* céde après le dernier inftant de la compreffion, & avant la fin du rétabliffement, la fphere *s* fe réflechira par une ligne plus inclinée que la ligne d'incidence ; elle ira vers *a*, vers *b*, ou vers *c*, felon que le plan aura cédé dans un inftant auquel le rétabliffement étoit plus ou moins avancé.

4°. Si le plan au lieu de céder, donnoit à la fphere *s* un nouveau mouvement vertical, ce mobile fe réflechiroit par une ligne moins inclinée que la ligne d'incidence, elle iroit vers *m*, ou vers *n*, fuivant que l'augmentation de force verticale feroit plus ou moins confidérable ; ce dernier cas n'a point lieu dans la Nature, du moins pour les réflexions. Nous verrons néanmoins qu'il peut avoir lieu d'une maniere équivalente pour les réfractions. Voilà ce qui doit arriver à une fphere qui donne contre un plan mobile, & qui cede après la compreffion totale & le rétabliffement entier, lorfque ce plan céde après la compreffion entiere & avant le commencement de la reftitution, lorfqu'enfin ce plan céde après la compreffion entiere & après le rétabliffement commencé. Voyons préfentement ce qui arrive lorſque ce plan céde pendant le tems de la compreſſion de la ſphere.

PLANC. IV,
FIGURE V. Soit la ſphere *s* qui donne obliquement ſur le plan *p l* mobile ou qui peut céder; ſi ce plan céde dans l'inſtant indiviſible du choc, c'eſt à-dire, avant le commencement de la compreſſion, la ſphere ne ſera point réflechie, elle continuera ſa route en ligne droite, & ira en *x* par *z*; car puiſque le plan céde dans l'inſtant indiviſible du choc, c'eſt comme s'il ne ſe fût point trouvé ſur le paſſage de la ſphere, & comme il céde avant le commencement de la compreſſion, il ne prend rien du mouvement vertical de la ſphere: ce mobile continuera donc ſon chemin en ligne droite.

2°. Si le plan céde après le commencement de la compreſſion, la ſphere ne continuera pas ſon mouvement en ligne droite; car comme ſa force verticale a été diminuée par la compreſſion, & que l'enlevement du plan fait que cette perte n'eſt point compenſée, elle ſera réflechie quoique en deſſous de *p l*, elle ira en *a*, en *b*, ou en *c*, ſelon que la compreſſion aura été plus avancée lors de l'enlevement du plan.

3°. Si le plan céde ou eſt enlevé après la compreſſion totale, la ſphere *s* qui n'a plus de mouvement vertical, ſera portée par ſon mouvement horiſontal le long de la ligne *z l*.

PLANC. V.
FIGURE I. 4°. Si le plan en cédant dans l'inſtant indiviſible du choc, communiquoit à la

fphere *s* un nouveau mouvement vertical,
la fphere iroit au-deffous de *x z*, vers *a*, vers
*b*, ou vers *c*, felon que la quantité du mouvement vertical acquis, feroit plus grande
ou plus petite. Nous aurons occafion dans
peu d'obferver que ce dernier cas peut
avoir lieu ; & nous devons remarquer que
les différentes routes que nous avons fait
tenir à la fphere *s*, font fondées fur ce principe inconteftable & démontré, qui dit que
tout mobile follicité par deux forces vers
des points qui ne font pas diamétralement
oppofés, doit obéïr à chacune de ces deux
forces, & prendre un chemin qui réponde
à l'une & à l'autre ; nous voulons dire, qu'il
doit prendre une détermination qui fatisfaffe d'une maniere proportionnée aux deux
forces qui le pouffent.

Un principe très-important & auquel on
doit bien faire attention par rapport aux
plans qui cédent pendant la compreffion
du mobile incident, c'eft que plus la maffe
du corps choqué eft grande, & la vîteffe
verticale de la fphere petite, plus ce corps
eft de tems à céder, & plus par conféquent
la fphere perd de fon mouvement vertical :
au contraire, plus la maffe du corps choqué
eft petite, & la vîteffe verticale de la fphere
grande, moins de tems le corps eft à céder,
& moins auffi la fphere perd de fon mouvement vertical : d'où nous devons conclure
que fi deux ou plufieurs fpheres tomboient
fur des maffes égales avec des vîteffes inégales, celles-là perdroient plus de leur mou-

vement vertical, qui auroient le moins de vîteſſe, parce que les maſſes choquées feroient plus de tems à leur ceder. Il ſuit encore du même principe que ſi deux ou pluſieurs ſpheres tomboient avec des vîteſſes égales ſur des maſſes inégales, celles-là perdroient plus de leur force verticale qui choqueroient les plus grandes maſſes, parce que ces maſſes feroient le plus de tems à céder. Ce principe nous fera d'un grand uſage, ainſi que les deux conſéquences que nous en avons tiré.

On s'eſt ſans doute apperçû que lorſque les plans choqués ne cédent en aucune maniere, ou ne cédent du moins qu'après le commencement de la reſtitution des corps incidens, on a les cas dès réflexions en deſſus ou des réflexions proprement dites, & que lorſque les plans cédent pendant le tems de la compreſſion, on a les cas des réflexions en deſſous, ou des réfractions. Or, comme les liquides ſont des plans qui cédent, nous avons donné toutes les loix des réfractions, tant de la lumiere que des corps ſenſibles; il ne reſte qu'à faire les applications convenables. Nous donnerons néanmoins plûtôt l'hiſtoire de cette queſtion d'optique, en expoſant les ſentimens des Philoſophes les plus célébres ſur cette matiere. Nous ſuppoſons ici qu'on a à preſent ce que nous avons dit dans l'article 6. Chapitre II. de notre Traité de la lumiere.

Si l'on conſidére attentivement les différentes opinions des Philoſophes & des Géometres fur les réfractions, on s'apperçoit qu'on peut les ranger toutes fous deux claffes. La premiere, eft de ceux qui ne donnent qu'une caufe purement métaphifique de la réfraction ; la feconde, eft de ceux qui demandent une caufe mécanique de cet effet, & celle-ci peut fe divifer en plufieurs efpeces. Nous les expoferons toutes après que nous aurons affigné le principe duquel nous avons tiré la caufe générale des réfractions.

### Principe general des réfractions.

Tout corps qui fe meut dans un milieu quelconque, perd d'autant plus de fon mouvement que le milieu dans lequel il fe meut, eft plus denfe.

Nous fuppofons ici que le mouvement du corps dont nous parlons lui vient d'ailleurs que de l'impulfion des parties du liquide dans lequel il fe trouve.

Il n'eft perfonne qui ne convienne de la vérité de ce principe. On fçait que plus un milieu eft denfe, plus auffi il apporte de réfiftance au mouvement du corps qui le divife : or plus ce mobile apporte de réfiftance au mouvement du mobile, plus ce corps doit employer de force pour vaincre cette réfiftance, ou ce qui eft le même, plus ce mobile perd de fon mouvement.

*Corollaire* I. Donc, lorfqu'un corps paffe d'un milieu moins denfe, dans un milieu plus denfe, fon mouvement eft retardé ou diminué.

Cela eſt clair : le milieu plus denſe apportant plus de réſiſtance, doit retarder le mouvement du mobile.

*Corollaire* II. Donc, lorſqu'un corps paſſe d'un milieu plus denſe dans un milieu moins denſe, ſon mouvement eſt acceleré.

Il eſt certain qu'une diminution de réſiſtance équivaut à une augmentation de force : il en eſt du mouvement comme du bien d'un homme qu'on peut augmenter en lui donnant des ſommes poſitives, ou en diminuant ſes ſommes négatives, en payant ou en lui remettant ſes dettes. Pour rendre ceci ſenſible, ſuppoſons qu'une certaine force déterminée faſſe parcourir à un corps une toiſe dans une ſeconde, tandis qu'il eſt plongé dans l'eau, on conçoit que la même force fera parcourir dans le même tems un plus grand eſpace à ce corps, lorſqu'il ſera plongé dans l'air. Il eſt donc certain que ſi ce corps paſſoit de l'eau dans l'air avec cette force déterminée, ſon mouvement ſeroit accéleré.

On s'apperçoit ſans doute que la cauſe de la réfraction, tant de la lumiere que des corps ſenſibles, coule de ce principe comme de ſa ſource. Examinons quels ſont les ſentimens de différens Auteurs ſur cette matiere.

M. Hobbés voulant expliquer la réfraction d'un corps ſenſible qui paſſe obliquement d'un milieu aiſé dans un milieu difficile, de l'air par exemple, dans l'eau, conſidérez le mouvement de ce corps lors de ſon paſſage d'un de ces milieux dans l'autre, comme compofé de trois directions, où comme produit par trois forces, dont la premiere le pouffe vers l'horifontale, la feconde, vers la perpendiculaire de haut en bas, & la troifiéme, vers la perpendiculaire de bas en haut. Pour cela, foit le mobile $m$, qui paffe obliquement de l'air $d\,a\,b$ dans l'eau $e\,a\,b$, felon la détermination $m\,c$. Soit $a\,b$ la furface qui fépare les deux milieux; par le point d'incidence $c$. menez $d\,e$ perpendiculaire à la furface $a\,b$. Menez encore $m\,o$ parallele à la ligne $a\,c$, & $m\,n$ parallele à la ligne $d\,c$; continuez directement $m\,c$ jufques en $f$.

PLANC. **V.** FIGURE II.

Il eft d'abord manifefte que tandis que le mobile $m$ refte plongé dans l'air, fon mouvement eft compofé des deux directions $m\,o$, $m\,n$, dont la premiere le porteroit vers l'horifontale, & la feconde vers la perpendiculaire de haut en bas : mais lorfqu'il vient à rencontrer la furface de l'eau en $c$, & qu'il pouffe ce liquide vers $e$ par fa force verticale $m\,n$ ou $o\,c$, l'eau réagit fur lui & le repouffe de $c$ vers $d$, en forte qu'on doit le confidérer alors comme follicité par trois forces, dont la premiere $x$ le porte de $c$ vers $b$, la feconde $y$ de $c$ vers $e$, & la troifiéme $z$, de $c$ vers $d$.

Si le mobile $m$, lors de fon paffage de l'air dans l'eau, n'étoit pouffé que par les deux forces $x$, $y$; il continueroit fon mouvement en ligne droite de $m$ par $c$ en $f$; mais fi à ces deux forces, vous ajoutez la troifiéme $z$, il faut qu'il aille en $g$ au-deffus de *f*, en s'éloignant de la perpendiculaire *de*, l'angle de réfraction *g c e* étant plus grand que l'angle d'incidence *d c m*.

Telle est l'explication que M. Hobbés a donnée de la réfraction des corps sensibles. On sent qu'elle est mécanique, solide, & naturelle ; elle est à peu près semblable à celle que nous avons donnée dans notre Traité de la lumiere, quoiqu'elle soit fondée sur une théorie bien différente. Nous avons admis les trois forces *x*, *y*, *z*. Il est vrai que, comme nous avons considéré le mobile à moitié plongé dans l'eau, au lieu que M. Hobbés ne le considére que lorsqu'il atteint la surface de ce liquide, nous avons dû avoir égard à une quatriéme force *z*, laquelle repousse le mobile de *b* vers *c* ; mais ces différens nombres de forces, ne changent en rien les explications.

Notre explication qui paroît d'abord nous conduire & qui nous conduira infailliblement à la solution de tous les cas possibles de la réfraction, nous indique plusieurs vérités que nous allons énoncer par des Corollaires.

Même Figure *Corollaire* III. Si la force *z* est égale à la force *y*, il n'y aura ni réfraction ni réflexion, mais la sphere *m* glissera le long de la surface de l'eau, en arrivant de *c* en *s* en autant de tems qu'elle seroit arrivée de *n* en *c*. (Nous faisons ici abstraction de la pesanteur du mobile) car ce corps étant en *c*, est sollicité par deux forces égales *y*, *z*, vers les points *d*, *e* qui sont diamétralement oppofés : il demeurera donc en repos quant à fon mouvement vertical qui fera totalement détruit, mais comme la force $x$ n'a été alterée en aucune maniere, elle aura tout fon effet, elle portera le corps $m$ de $c$ en $s$ en autant de tems qu'elle en auroit employé pour le porter de $n$ en $c$ ; car $n c$ eft égal à $c s$.

*Corollaire* IV. Si la force $z$ eft moindre que la force $y$, il y aura réfraction, le mobile $m$ pénétrera dans l'eau, mais néanmoins toujours au-deffus de $f$ en faifant ainfi que nous l'avons dit, l'angle de réfraction plus grand que l'angle d'incidence.

*Corollaire* V. Si la force $z$ eft plus grande que la force $y$, il y aura réflexion en deffus de $a b$, & cette réflexion fera d'autant plus forte, ou ce qui revient au même, l'angle de réflexion fera d'autant plus petit, que la force $z$ fera plus grande que la force $y$. Nous fuppofons toujours le fecond milieu pénétrable.

Nous pouvons remarquer ici que la valeur de $z$ peut augmenter de deux manieres par rapport à la réfraction. 1°. Par une augmentation actuelle & effective, comme fi $y$ reftant la même, on oppofe un milieu plus denfe que celui où $y$ étoit égale à $z$. 2°. en diminuant $y$, la force $z$ reftant la même, comme il arrive, lorfqu'après avoir fuppofé que $y$ eft égale à $z$, lorfque le mobile tombe fous l'angle de quarante-cinq dégrés, on vient à augmenter la grandeur de l'angle d'incidence, il n'y a alors qu'une réflexion en deſſus; & plus l'incidence eſt oblique, plus y devient petite en elle-même, ou plus z devient grande par rapport à y, quoiqu'elle reſte toujours la même. Il ſuffit d'avoir des connoiſſances médiocres de la compoſition des mouvemens, pour ſaiſir ces vérités, & pour n'être pas ſurpris qu'un mobile tel qu'il ſoit, ne pénétre pas dans un liquide ſur lequel il tombe avec une certaine obliquité, quoiqu'il s'enfonçât dans ce liquide, lorſque l'obliquité de ſon incidence étoit moindre; & ceux-là feront voir qu'ils ignorent les principes des réfractions, qui viendront nous dire que c'eſt du vuide que la lumiere rejaillit, parce qu'elle ne paſſe pas du verre dans l'air ſous une certaine obliquité, quoiqu'elle y paſſe ſous une obliquité moins conſidérable que la premiere.

*Corollaire* VI. Si .., eſt nulle ou égale à rien, il n'y aura ni réflexion ni réfraction; le mobile ira en droite ligne de *m* par *c* en *f*.

*Corollaire* VII. Si *z* de poſitive, devient négative; en ſorte qu'elle ſoit moins que rien, ce qui arrivera ſi le ſecond milieu apporte moins de réſiſtance au mouvement du mobile que le premier, il y aura réfraction en deſſous de *f*.

Nous voilà inſenſiblement arrivés à la réfraction de la lumiere; mais revenons aux réfractions en général, & pour avoir une idée diſtincte de la raiſon, qui fait qu'un mobile qui paſſe obliquement d'un milieu dans un autre, s'approche ou s'éloigne de

la

la perpendiculaire, il n'y a qu'à confidérer que le fecond milieu n'eft oppofé qu'au
mouvement vertical de ce mobile, lequel,
après la rencontre de ce milieu, doit fuivre
une détermination proportionnée à fa force
horifontale qu'on confidere comme invariable, & à fa force verticale augmentée
ou diminuée par ce fecond milieu.

M. Defcartes a expliqué les réfractions
des corps fenfibles de la même maniere que
M. Hobbés. Ce dernier auroit bien pû prendre l'idée du Philofophe François ; il étoit
contemporain de M. Defcartes, & il fe mit
fur les rangs pour attaquer fa Dioptrique,
ainfi qu'on peut le voir dans le troifiéme
Volume des Lettres de M. Defcartes : nous
ajoûterons que M. Hobbés reconnoiffoit que
le reffort étoit la caufe de la réflexion.

M. Jean Bernoulli le pere, a trouvé une
folution très-ingénieufe du problême de la
réfraction (a). Il fuppofe deux loix de mouvement, dont la premiere, eft que la réaction eft toujours égale à l'action, la feconde, que lorfque deux forces égales ou
inégales agiffent librement l'une fur l'autre,
elles fe difpofent de telle façon, que leurs
puiffances deviennent égales, en forte que
par-là elles parviennent à l'équilibre. Ces
deux loix de mouvement étant une fois ad-
mifes, M. Bernoulli explique fuivant les
regles de l'équilibre, la réfraction & la proportion conftante qui fe trouve entre les

(a) Actes de Leypfik 1701. pag. 19. & fuiv.

*finus* des angles d'incidence, & les *finus* des
angles de réfraction; mais comme il ne fait
l'application de fes principes qu'à la réfraction de la lumiere, nous ne parlerons point
encore de fon fentiment.

M. de Mairan a trouvé dans les loix de
la percuffion & de la réflexion, une caufe
des réfractions purement mécanique, & infiniment plus folide que toutes celles qu'on
avoit publiées avant lui (*a*).

Pour avoir une idée de la maniere dont
les réfractions des corps fenfibles s'opérent,
fuivant l'illuftre Académicien dont nous
venons de parler, il n'y a qu'à rappeller
dans fa mémoire ce que nous avons dit à
la page 24. au fujet des réflexions des corps
qui donnent fur des plans qui cedent pendant la compreffion du corps incident, &
qu'à faire attention que les liquides font
des plans qui cedent pendant la compreffion;
car on comprendra qu'un corps qui paffe obliquement de l'air dans l'eau, doit s'éloigner
de la perpendiculaire, c'eft le fecond cas de
l'endroit que nous venons de citer. On doit fe
reffouvenir encore que tout le refte étant
égal, plus la maffe du corps choqué eft grande, plus ce corps ou ce plan eft de tems à
céder, ce qui nous donne des forces réfringentes proportionnées aux denfités des milieux, & comme la raifon des denfités d'un

(a) Memoires de l'Academie 1722. & 1723. par M.
de Mairan.

milieu à un autre milieu, eſt conſtamment la même, quelle que ſoit l'incidence, on ne doit pas être ſurpris ſi dans toutes les in-cidences auſquelles la réfraction a lieu, il y a un rapport conſtant entre les *ſinus* des angles d'incidence & les *ſinus* des angles de réfraction. Eſt-il poſſible de trouver des principes plus ſimples, plus ſolides, plus mécaniques & plus naturels ? Nous verrons dans la ſuite comment & avec quelle faci-lité ils s'étendent ſur les réfractions de la lumiere. Examinons plutôt ce qu'ont penſé les plus habiles Philoſophes ſur cette queſ-tion, une des plus difficiles de la Phiſique.

La cauſe de la réfraction de la lumiere a fait naître des plus grandes conteſtations entre les Sçavans, que ne l'a fait la réfrac-tions des corps ſenſibles. Lorſque M. Deſ-cartes publia ſa Dioptrique, & qu'il avança que la lumiere ſe meut plus aiſément dans l'eau que dans l'air, & dans le verre encore plus aiſément que dans l'eau, il s'éleva contre lui une grande foule d'adverſaires à la tête deſquels étoit M. Fermat Conſeil-ler au Parlement de Toulouſe, & trés-re-commandable par ſes profondes recherches dans la Géometrie. On peut voir l'Hiſtoire de ce procès Philoſophique élegamment décrite dans le Mémoire que M. de Mairan donna en 1723. ſur les réfractions, on en trouve les pieces dans le troiſiéme Volume des Lettres de M. Deſcartes.

M. Deſcartes étoit très perſuadé, & en

cela il avoit raiſon, que puiſque la lumiere eſt réfraĉtée en s'approchant de la perpendiculaire, lorſqu'elle paſſe de l'air dans l'eau, & encore lorſqu'elle paſſe de l'eau dans le verre, il falloit qu'elle rencontrat moins de réſiſtance dans l'eau que dans l'air, & dans le verre encore moins de réſiſtance que dans l'eau. M. Fermat ſoûtenoit au contraire que la lumiere trouve plus de réſiſtance dans l'eau que dans l'air, & dans le verre encore plus de réſiſtance que dans l'eau ; il vouloit que les réſiſtances des différens milieux, par rapport à la lumiere, fuſſent proportionnées à leurs denſités : le préjugé étoit pour lui ; mais comme il ne pouvoit trouver ni dans la mécanique ni dans la Phiſique aucune cauſe de la réfraĉtion qui fût dépendante de ſes principes, & ne pouvant d'ailleurs tenir plus long-tems contre M. Deſcartes, il eut recours à un principe moral & à une cauſe finale. Pluſieurs Philoſophes avoient pris ce parti avant M. Fermat, mais ils ne l'employerent que pour l'Optique, & pour la Catoptrique. M. Leibnits l'a embraſſé & ſoutenu depuis M. Fermat. Voici la façon dont ces Philoſophes raiſonnoient en ſuppoſant que la Nature tend toujours à ſes fins par les voyes les plus courtes, principe qui eſt la baſe de toutes leurs hipotheſes.

Il eſt de la ſageſſe de la Nature que la lumiere aille d'un point à un autre par le chemin direĉt, ou par le chemin le plus

court, ou par celui de la plus courte durée, c'eſt-à-dire, par celui qu'elle parcourt
en moins de tems ; or la lumiere qui ſe
rompt en paſſant de l'air dans l'eau , ne ſuit
ni le chemin direct, ni le chemin le plus
court ; il faut donc qu'elle ſuive celui de
la plus courte durée : mais il eſt démontré
que pour que la lumiere qui ſe meut obliquement, aille en moins de tems qu'il eſt
poſſible d'un point donné dans un milieu
quelconque à un point donné dans un autre
milieu, il faut qu'elle ſoit réfractée de telle
ſorte que le *ſinus* de l'angle d'incidence , &
le *ſinus* de l'angle de réfraction ſoient entr'eux comme les différentes facilités de ces
milieux à ſe laiſſer pénétrer par la lumiere.
Donc puiſque la lumiere s'approche de la
perpendiculaire, lorſqu'elle paſſe obliquee-
ment de l'air dans l'eau, ou de l'eau dans
le verre , & qu'ainſi le *ſinus* de l'angle
de réfraction , eſt plus petit que le *ſinus*
de l'angle d'incidence , on doit conclure
que la facilité que l'eau a à ſe laiſſer pénétrer par la lumiere, eſt plus petite que celle
de l'air, & par conſéquent, que l'eau eſt
par rapport à la lumiere, un milieu plus
difficile que l'air, & le verre un milieu encore plus difficile que l'eau.

Nous ne nous arrêterons pas à faire voir qu'-
un principe moral, qu'une cauſe finale de laquelle nous n'avons aucune juſte idée, vû toutes les différentes manieres dont le ſouverain
moteur peut combiner les cauſes ſecondes ,

ne doit pas l'emporter fur un principe géométriquement démontré , & qui eft entierement à notre foible portée. Nous nous contenterons de prouver que l'eau eft un milieu
plus facile que l'air par rapportà la lumiere.

Un plongeur armé d'un fufil à vent, lâche
obliquement fon coup vers un blanc qui eft
dans l'air, après qu'on s'eft affuré par le
moyen d'une perche , d'une ligne droite
vraye du fufil au blanc ; il eft d'expérience
que la balle dont le fufil eft chargé ne donne
pas dans le blanc , mais qu'elle porte en
deffus , enforte qu'il fe fait une réfraction
vers la perpendiculaire , le *finus* de l'angle de
réfraction eft ainfi plus petit que le *finus* de
l'angle d'incidence. Que devient donc alors
le raifonnement des partifans des caufes finales? Il faudroit fuivant leurs principes, que
l'air réfiftât plus fortement que l'eau au mouvement de cette balle , où que la réfraction fe
fift par un éloignement de la perpendiculaire,
que le *finus* de l'angle de réfraction fût plus
grand que le *finus* de l'angle d'incidence. Le
premier eft contraire à la raifon & au bon
fens, & l'expérience dément le fecond. D'où
nous devons conclure que les principes qui
conduifent à ces abfurdités , doivent être re-
jettés comme des principes très-mauvais.

Voici préfentement comment nous raifonnons. Il eft certain que l'eau réfifte plus
fortement que l'air au mouvement de la balle
dont nous venons de parler , &il eft d'expérience que lorfque cette balle paffe oblique-

ment de l'eau dans l'air, elle s'approche de la perpendiculaire, & qu'elle s'éloigne au contraire de cette perpendiculaire lorſqu'elle paſſe obliquement de l'air dans l'eau. Il eſt donc certain qu'un corps, qui en paſſant obliquement d'un milieu dans un autre, ſouffre une réfraction qui l'approche de la perpendiculaire, paſſe d'un milieu plus réſiſtant, dans un milieu moins réſiſtant, comme auſſi il paſſe d'un milieu aiſé dans un milieu plus difficile lorſqu'il ſouffre une réfraction qui le porte loin de la perpendiculaire. Donc, puiſque la lumiere ſouffre une réfraction qui l'approche de la perpendiculaire lorſqu'elle paſſe obliquement de l'air dans l'eau, & une réfraction qui l'éloigne de cette perpendiculaire lorſqu'elle paſſe obliquement de l'eau dans l'air. Il eſt manifeſte que l'eau eſt un milieu plus aiſé que l'air par rapport au mouvement progreſſif de la lumiere. Nous reviendrons ſur cette matiere.

M. Jean Bernoulli, le pere, Profeſſeur des Mathématiques à Bâle, après avoir établi les deux loix de mouvement dont nous avons parlé à la page 33. explique la réfraction des rayons de la maniere ſuivante. Soit le plan *c d.* qui ſépare l'air *r c d.* de l'eau *s c d.* PLAN Soit encore le rayon *a e* qui tombe oblique- FIGU ment ſur le plan *c d.* & qui va ſe terminer par la réfraction en *b.* Il eſt évident que le rayon *e b.* eſt repouſſé de *b* en *e* par la réſiſtance du milieu dans lequel il ſe trouve, avec une force égale à celle qu'il employe

pour furmonter cette réfiſtance : comme
aufſi le rayon *a e* eſt repouſſé de *c* en *a* par
la réfiſtance du milleu *r c d.* avec une force
égale à celle dont il a beſoin pour furmonter cette réfiſtance de *a* vers *e.* C'eſt une fuite de la Loi qui dit que la réaction eſt toujours égale à l'action. Voilà donc le point *e*
qui peut être conſidéré comme pouvant fa-
çilement couler de *c* vers *d*, & de *d* vers *c*,
ſollicité par deux forces inégales *a e*, *b e*
dont la premiere le pouſſe vers *d.* tandis que
la feconde tâche de le porter vers *c.* ces forces ſont inégales parce qu'elles ſont proportionnées aux réſiſtances ou aux denſités des
milieux. Il faut donc en conſéquence de la
feconde loi, que puiſque ces forces agiſſent
librement l'une ſur l'autre, elles ſe diſpoſent
de telle maniere qu'elles parviennent à l'é-
quilibre, & nous concevons que ſi le rayon
*a e* étoit continué directement en *B.* il n'y
auroit point équilibre, parce que la force
*B e* étant plus grande que la force *a e*, à cauſe
de la plus grande réſiſtance de l'eau *s c d.* &
ſe trouvant d'ailleurs appliquée auſſi avantageuſement que la force *a e*, le point *e* auquel
ſe fait le choc, feroit plus fortement pouſſé
vers *c.* que vers *d.* Il faut donc que puiſque
la force *B e.* reſte la même, elle ſoit appliquée moins avantageuſement que la force
*a e*, afin que par là ces deux forces inégales
puiſſent parvenir à l'équilibre. Pour cela, il
faut qu'elle ait une direction moins horifontale, ou ce qui eſt le même, il faut qu'elle

s'approche de la perpendiculaire *r s.* & l'é-
quilibre fera parfait lorſque le rayon *e* B,
ayant pris la fituation *é b ,* le *finus* de l'angle
de réfraction *s e b.* eſt au *finus* de l'angle d'incidence *r e a* comme la réſiſtance du milieu
*r c d* eſt à la réſiſtance du milieu *s c d.* C'eſt
ce que M, Bernoulli démontre par le moyen
de deux poids inégaux qui tirent vers des
points différens, un anneau auquel ils ſont
attachés. Pour expoſer ſa preuve.

Soit *c d.* une verge roide dans laquelle PLANC. V
entre l'anneau *e.* lequel peut couler libre- FIGURE III
ment de *c* en *d* ou de *d* en *c.* ſoient encore
les deux cordes *e a m , e b n.* leſquelles ſont
attachées par une de leurs extrémités à l'anneau *e,* & qui portent par leur autre extrémité
les poids inégaux *m , n ,* après avoir paſſé par
deſſus les poulies *a , b.* Ces poids marquent
les inégales réſiſtances des milieux, l'anneau
*e* répond au point *e* de la figure précédente ,
la verge *c d.* repréſente la ſurface ſéparatrice
des deux milieux *r c d , s c d.*

On comprend aiſément que dans la ſuppoſition préſente l'anneau *e* ſe trouve ſollicité par deux forces inégales *m , n.* vers les
points oppoſés *c , d.* & l'expérience nous apprend que cet anneau ſe place à un point de
la verge *c d.* tel qu'après avoir mené la perpendiculaire *r s,* le *finus* de l'angle *r e a* repré-
ſentant l'angle d'incidence eſt au *finus* de
l'angle *s c b.* qui répréſente l'angle de réfraction en raiſon réciproque des puiſſances qui
tirent, leſquelles expriment les réſiſtances

des milieux, ou comme le poids *n* eſt au poids *m*.

Nous ne jugeons pas néceſſaire de rapporter ici la démonſtration de M. Bernoulli, Nous nous contenterons de dire que ſon explication eſt très-ingénieuſe quoique partant d'après-coup, & que quoiqu'elle paroiſſe entierement mécanique, elle eſt pourtant toute métaphiſique, elle a en effet les cauſes finales pour baſe ainſi que M. Bernoulli paroît en convenir (*a*).

Quoiqu'il ſoit vrai que lorſque deux puiſſances inégales tirent ou pouſſent obliquement un certain point, elles ſont en équilibre lorſque les *ſinus* des angles que les lignes de direction de ces puiſſances ſont avec la perpendiculaire *r s*, ſont entr'eux réciproquement comme ces puiſſances, il ne s'enſuit pas que lorſque l'action de la lumiere eſt parvenue en *e* ( *Fig.* 4. ) elle doive ſe détourner vers *b.* au lieu de continuer directement ſa route vers *B*. C'eſt au point *e* que ſe fait le changement de détermination, c'eſt-à-dire, avant la formation de la fibre lumineuſe *e b.* car l'action de la lumiere eſt plûtôt en *e* qu'en *b*. & elle a été déja réfractée lorſqu'elle parvient en *b*. On ne voit pas d'ailleurs que la plus grande réſiſtance de

(*a*) *Cæterum non inutile erit, ſi jam oſtendero & ipſam illam metaphiſicam hypotheſim de compendioſiſſima naturæ via, ex meo equilibrii principio, comodiſſimè & ſine longa demonſtratione deduci poſſe. Imò ſponte indè fluere. I. Bernoulli, act. erud.* 1701. *pag.* 21.

l'eau puiſſe donner une augmentation de force verticale à la lumiere réfraŝtée, ce qu'exigent les réfraŝtions vers la perpendiculaire.

M. Bernoulli ſuppoſe encore que l'eau
réſiſte plus que l'air au mouvement de la lumiere. Si cela eſt, comment le mouvement
de la lumiere ſe trouvera-t'il accéléré dans
l'eau ainſi que l'a démontré M. Neuton ; &
nous avons prouvé que ſi l'eau apportoit
plus de réſiſtance au mouvement de la lumiere que l'air, les rayons ſeroient réfraŝtés
loin de la perpendiculaire lors de leur paſſage de l'air dans l'eau, ce qui eſt contraire à
l'expérience ; d'où nous devons conclure
que l'eau eſt un milieu plus aiſé que l'air,
par rapport à la lumiere. En ce cas la théorie de M. Bernoulli ſe trouve porter ſur un
faux principe. Car il faut dire alors, que
lorſque la lumiere paſſe obliquement de l'air
dans l'eau, le *ſinus* de l'angle d'incidence
eſt au *ſinus* de l'angle de réfraŝtion en raiſon
direŝte & non pas en raiſon réciproque des
réſiſtances de ces milieux.

Comme la ſolidité des différentes théories
ſur leſquelles on a fondé juſques ici l'explication des réfraŝtions de la lumiere, dépend de la
connoiſſance exaŝte des proportions ſuivant
leſquelles l'air, l'eau, &c. réſiſtent à la propagation de la lumiere, c'eſt-à-dire, que comme
pour en bien juger, il faut connoître ſi l'eau
eſt un milieu plus aiſé ou plus difficile que l'air
par rapport à la lumiere ; nous allons rapporter un fait qui pourra paroître déciſif, ren-

voyant nos Lecteurs à beaucoup d'autres preuves que nous avons détaillées, tant dans cette Differtation, que dans le Chapitre 7. n. 78. de notre Examen où nous avons démontré d'après M. Neuton que l'eau réfifte moins que l'air au mouvement de la lumiere, & le verre encore moins que l'eau.

PLANC. III.
FIGURE II. Soit le rayon de lumiere *m m.* qui étant entré de l'air dans le criftal *a b c* doit en fortir pour rentrer dans l'air fous un angle plus grand que de 40 dégrés 50 minutes. Il eft d'expérience que ce rayon eft prefque tout réflechi à la rencontre de l'air qui répond à la face *b c.* & qu'il rentre prefque tout entier dans le criftal à peu près comme vous le voyez dans la figure citée (*a*) & cela en conféquence de la force *z.* ( *Corollaire 5.* ) qui eft plus grande que la force *y.* Qu'on laiffe dans l'air la face *a b.* par laquelle le rayon entre dans ce criftal, & qu'on plonge dans l'eau la face *b c.* par laquelle ce rayon doit fortir du criftal : il eft encore d'expérience que la plus grande partie du trait de lumiere *m m* pénétre dans l'eau quoiqu'il fe préfente fous l'angle de 40 dégrés 50 minutes. Il faut donc que puifque *y.* la force verticale a refté la même, l'incidence étant également oblique dans les deux cas, il faut que *z.* la réfiftance fe trouve moindre dans le fecond ; cas puifqu'elle eft furmontée, c'eft-à-dire, que l'eau réfifte moins au mouvement pro-

---

( *a* ) Neuton Optique liv. 2. part. 3. prop. 8. pag. 308.

greſſif de la lumiere que l'air, que l'eau a une facilité plus grande que l'air à ſe laiſſer pénétrer par la lumiere, que l'eau eſt un milieu plus aiſé que l'air par rapport à la lumiere. Il ne paroît pas qu'on puiſſe infirmer cette démonſtration, quelque ſubtilité qu'on employe.

Comme M. Bernoulli n'examinoit la réfraction de la lumiere qu'en Géométre, il ne ſe mit point en peine de montrer d'où procédent les deux forces *a e*, *b e*. ni de déterminer les lieux où ſont leurs points d'appui; & c'eſt ce que M. ſon fils a fait dans la Diſſertation qui remporta le prix de l'Academie Royale des Sciences en 1726. Nous en parlerons en ſon lieu. Planc. v. Figure iii

M. de Mairan convaincu par une infinité de raiſons très-ſolides, que les parties propres des corps ne ſont pas le ſujet immédiat de la réflexion, & de la réfraction de la lumiere, s'eſt perſuadé qu'il y a un liquide très-ſubtil lequel non-ſeulement remplit les pores de tous les corps, mais qui revêt & enveloppe encore ces corps, formant autour d'eux une eſpece d'Atmoſphere, & c'eſt ce liquide qui ſuivant les principes de ce Sçavant Académicien, occaſionne les réflexions & les réfractions de la lumiere. Par-là il fait rentrer la lumiere dans le cas de tout autre mobile qui ſe détourne de ſon chemin à la rencontre d'un nouveau milieu.

Nous ne ſçaurions révoquer en doute l'éxiſtence de l'Atmoſphere dont parle M. de

Mairan. Nous en avons donné des preuves
& des exemples très-simples dans notre examen (*a*). Nous allons en ajouter deux autres
qui ne seront ni moins sensibles ni moins
convaincans.

Qu'un Vaisseau vogue à pleines voiles, &
que du haut du grand mât on abandonne
une pierre à elle-même. Il est d'expérience
que cette pierre tombe au pied du mât. Ce
fait certain & constant comme il l'est ne
prouve-t'il pas invinciblement que le Vaisseau est environné d'un Atmosphere qui
oblige la pierre de suivre le mouvement du
Vaisseau, quoiqu'elle n'y tienne en aucune
maniere visible ? Cet Atmosphere n'est pas
sensible, même quant à ses effets, aux yeux
de ceux qui sont dans le Vaisseau, la pierre
leur paroît tomber par une ligne parallele au
mât ; mais il est très-sensible pour ceux qui
sont sur le rivage, lesquels voyent tomber
cette pierre par une ligne courbe bien différent de la ligne circulaire.

Lorsque pendant l'Eté on se promene à
la campagne un peu après le coucher du
Soleil, on voit bien souvent voltiger au-
dessus de sa tête une grande quantité de
moucherons fort incommodes : ils vous suivent par-tout, & on peut dire qu'ils sont
comme entraînés par une espece de tourbillon qui environne votre corps. Vous per-
dez votre peine si vous tentez de les écarter
ou de les dissiper : ils paroissent opiniâtrez

(*a*) Chap. 2. n. 40. pag. 64.

à vous suivre, ils sont emportés dans votre Atmosphere. Marchez-vous ? Ils vous suivent. Vous arrêtez-vous ? Ils vous attendent. Retournez-vous sur vos pas ? Ils reculent ; marchez enfin de tel côté que vous voudrez, compagnons aussi fideles qu'importuns, ils ne vous quitteront point. Leur nombre augmente au contraire d'un moment à l'autre, à proportion qu'il s'en trouve de nouveaux dans le voisinage de votre Atmosphere. Il n'y a bien souvent que la nuit qui puisse vous en délivrer. N'y voyant plus ils tombent au hazard.

Lorsqu'on fait attention aux mouvemens de ces insectes, n'est-on pas obligé de reconnoître cet Atmosphere dont parle M. de Mairan. On peut lire ce que nous en avons dit dans notre Examen à l'endroit que nous avons cité il n'y a qu'un moment. Et concevons que c'est cet Atmosphere qui est le sujet immédiat de la réflexion & de la réfraction de la lumiere laquelle, ainsi que nous l'avons déja dit, rentre par-là dans le cas de tout autre mobile qui se détourne de son chemin lorsqu'il passe d'un certain milieu dans un autre milieu plus ou moins aisé. Nous n'avons ainsi qu'à appliquer aux rayons ce que nous avons dit des corps qui donnent contre un plan qui cede pendant le tems de la compression.

Soit un trait de lumiere $sz$ qui passe obliquement d'un milieu quelconque dans un autre milieu, que nous supposons plus rési- Planc. IV. Figure V.

ftant, plus difficile que le premier, du milieu aifé *p y l.* dans le milieu difficile *p r l.*
Qu'eft-ce qui doit arriver à ce rayon lors de
fon paffage du premier de ces milieux dans
le fecond ? Nous découvrons d'abord que
le milieu *p r l.* doit retarder & ainfi faire diminuer le mouvement vertical de ce rayon ,
car comme fes parties font plus long-tems à
céder à l'action du rayon que les parties du
milieu *p y l.* ce qui fait que nous l'avons
nommé milieu plus difficile , il eft évident
que le mouvement vertical de ce rayon en
eft plus retardé & plus diminue : or, comme
après l'immerfion , le trait de lumiere *s z.*
doit fuivre une détermination qui participe
de fon mouvement horifontal que nous confidérons comme invariable , & de fon mouvement vertical diminué par la rencontre du
milieu *p r l.* Il eft manifefte qu'il décrira dans
ce fecond milieu une ligne plus inclinée
au plan *p l.* que la ligne qu'il décrivoit dans
le milieu aifé , ou ce qui revient au même ,
ce rayon au lieu de continuer directement
fon chemin en ligne droite vers *x.* fe détour-
nera & fera porté loin de la perpendiculaire
*y r* vers *a* , vers *b.* ou vers *c.* felon que le
fecond milieu *p r l.* aura été plus de tems à
céder, c'eft-à-dire qu'un trait de lumiere qui
paffe obliquement d'un milieu aifé dans un
milieu plus difficile , doit fouffrir une réfraction qui l'éloigne de la perpendiculaire, &
que fon mouvement doit être rallenti.

L'expérience nous apprend que la lumiere
qui

qui paſſe obliquement de l'eau dans l'air eſt
réfractée loin de la perpendiculaire. Il eſt
donc certain que l'air eſt un milieu plus difficile, par rapport à la lumiere, que l'eau.
mais qu'on y faſſe attention ; ce ne ſont pas
les parties de l'air qui réſiſtent plus fortement au mouvement de la lumiere, non,
mais c'eſt le liquide réfringent qui, tandis
qu'il eſt dans les pores de l'air, offre des
chemins moins aiſés au rayon qui veut le pénétrer, que lorſqu'il ſe trouve dans les pores
de l'eau. C'eſt en ce ſens là qu'on doit prendre nos propoſitions, lorſque nous diſons
qu'un milieu eſt plus ou moins facile qu'un
autre milieu à ſe laiſſer pénétrer par la lumiere.

Soit le trait de lumiere *s z* qui paſſe obli- PLANC. V.
FICURE 1.
quement d'un milieu quelconque plus difficile *y p l* dans un milieu plus aiſé *r p l*. Il eſt
manifeſte que comme dans ce cas la force
verticale du rayon *s z* ſe trouve reſpectivement augmentée en conſéquence de la moindre réſiſtance que le milieu *r p l* apporte à
ſa progreſſion, il faut que ce rayon décrive
dans le ſecond milieu une ligne moins inclinée au plan *p l* que la ligne qu'il décrivoit
dans le milieu plus difficile *y p l*. On comprend, en effet, que le mouvement vertical de ce rayon doit être reſpectivement
augmenté ſi le ſecond milieu le retarde
moins que le premier ; or, c'eſt ce qui arrive par la ſuppoſition, il faut donc que ce
trait de lumiere ſe détourne de ſon chemin,

*d*

& qu'au lieu d'aller directement en x. il aille
en *a*, en *b*, ou en *c*. suivant que la réfiftance du milieu r *p l*. fera moindre que celle
du milieu y *p L* c'eft-à-dire que le rayon qui
paffe d'un milieu plus difficile dans un milieu plus aifé doit fouffrir une réfraction qui
l'approche de la perpendiculaire.

Nous devons remarquer ici que comme
le rayon incident n'agit fur le milieu réfringent que par fon mouvement vertical, ce
milieu ne peut que favorifer ou qu'empêcher ce mouvement, d'où nous devons conclure que puifque le mouvement vertical fe
trouve diminué dans les réfractions qui fe
font loin de la perpendiculaire, il faut que
les milieux qui occafionnent ces réfractions
foient dits & cenfés plus difficiles que ceux
que le rayon quitte ; comme auffi on doit
dire que ces milieux là font plus aifés, lefquels occafionnent des réfractions vers la
perpendiculaire, puifque dans ces réfractions
le mouvement vertical fe trouve augmenté,
Il eft ainfi prouvé que l'eau réfifte moins
au mouvement progreffif de la lumiere que
l'air : mais encore une fois, ce n'eft qu'en
tant que le liquide réfringent s'oppofe moins
au paffage de la lumiere lorfqu'il eft dans les
pores de l'eau, que lorfqu'il fe trouve dans
les pores de l'air.

On peut nous demander ici, & cette queftion fe préfente d'elle-même, quelles raifons
nous autorifent à dire que le liquide réfringent exifte ; que dans les pores de l'eau il ré-

ſiſte moins au mouvement de la lumiere que
lorſqu'il eſt dans les pores de l'air, & dans
les pores du verre encore moins que dans
les pores de l'eau ; comment il peut ſe faire
que les forces réfringentes des différens milieux étant proportionnées à leurs denſités,
ce liquide réfringent ſe diſpoſe de telle maniere dans les pores de ces différens milieux,
que la facilité plus ou moins grande qu'il
préſente à la lumiere, ſoit exactement dans
la même proportion que les denſités de ces
milieux ; pourquoi eſt-ce que ce liquide ſe
diſpoſe dans les pores de l'eſprit de térébenthine, & des autres corps gras & ſulphureux,
de maniere qu'il offre à la lumiere une facilité plus grande que ne l'exige la proportion des denſités ; pourquoi eſt-ce enfin que
ce liquide s'oppoſe d'autant plus fortement à
la propagation de la lumiere, que les pores
des corps dans leſquels il ſe trouve, ſont plus
grands, & que ces corps ſont moins denſes.

Nous devons reconnoître que ces queſtions
ſont très-difficiles à réſoudre, & qu'elles pa-
roiſſent des miſtéres auſſi cachés que les réfractions mêmes : ſi nous conſidérons néanmoins la maniere dont ſe fait la réfraction
de la lumiere, ſi nous examinons la nature
des corps, & le nombre de leurs parties propres comparées au nombre, & à la grandeur
de leurs pores ; ſi nous faiſons attention au
différent tiſſu de ces parties, & à la différente configuration de ces pores ; nous trouverons que ſi toutes ces difficultés ne s'éva-

*d ij*

nouiſſent pas entierement, elles ſeront
moins extrêmement diminuées.

Nous connoiſſons d'abord à n'en pouv
douter que les parties propres des corps
ſont pas le ſujet immédiat de la réfracti
de la lumiere, & nous ſommes convainc
d'un autre côté qu'il n'y a que la rencont
d'un corps qui puiſſe faire changer de dét
mination à un autre corps. Nous voilà do
autoriſés à dire qu'il y a un corps autre q
les parties propres de l'air, de l'eau, du v
re, &c. qui occaſionne les réfractions de
lumiere, & puiſque ce corps céde aiſémen
ne devons nous pas dire qu'il eſt un liqui
& un liquide très-ſubtil, lequel environi
les corps réfringents étant certains que pl
ſieurs corps ont un Atmoſphere. On v
ainſi que c'eſt ſur les loix de la Phiſique
de la Mécanique qu'eſt établie l'éxiſten
du liquide réfringent.

Si Meſſieurs les Neutoniens admette
ſans façon une certaine qualité, on ne ſça
quelle, qu'ils appellent attraction, propri
té qui ne porte ſur aucun fondement ſ
lide, & cela pour expliquer la réfraction
ne nous ſera-t'il pas permis d'admettre u
liquide réfringent, lequel remplit non-ſeul
ment les pores des corps tranſparens, ma
qui forme encore autour de ces corps un
eſpece d'enveloppe? nous connoiſſons di
tinctement qu'il y a une néceſſité indiſper
ſable de l'admettre, & que ſon exiſtenc
eſt démontrée par ſes effets que nous apper

cevons ne pouvoir dépendre d'aucune autre cause phifique.

Nous fommes fondés fur la raifon & fur l'expérience, lorfque nous difons que ce liquide offre des chemins plus aifés à la lumiere lorfqu'il eft dans les pores de l'eau, que lorfqu'il eft dans les pores de l'air. Car la raifon nous dit que fi les chofes font telles que nous le prétendons, il faut que la lumiere foit réfractée vers la perpendiculaire lorfqu'elle paffe obliquement des pores de l'air dans ceux de l'eau, & qu'au contraire elle foit réfractée loin de la perpendiculaire lorfqu'elle paffe obliquement des pores de l'eau dans les pores de l'air : or l'expérience juftifie tout cela, les chofes fe paffent de la maniere que la raifon nous a indiqué qu'elles devoient fe paffer.

Mais d'où vient que le liquide réfringent a d'autant plus de facilité à fe laiffer pénétrer, que les corps dans les pores defquels il fe trouve font plus denfes & plus péfans? Nous répondons qu'il faudroit abandonner toutes les explications phifiques, fi on ne devoit admettre que celles qui fatisfont également fur tous les faits qui concernent la queftion qu'on veut expliquer : on doit s'en tenir à ce que l'on connoît diftinctement, quoiqu'on n'apperçoive pas la folution de certains faits qui ont quelque rapport caché avec ce qu'on connoît ; furtout lorfque ces faits n'ont rien de contraire ou d'oppofé à ce qu'on apperçoit diftinctement.

On ne doit pas s'imaginer pourtant que
la queſtion ſoit inſoluble. Comme nous ne
cherchons qu'une raiſon phiſique de ce phénoméne. Nous pourrons en approcher de ſi
près qu'elle paroîtra tout à fait vrai-ſemblable.

Il eſt d'expérience que lorſque la lumiere
paſſe de l'éther dans l'air, elle ſouffre une
réfraction qui l'approche de la perpendiculaire, & encore, qu'elle ſouffre des ſemblables réfractions lorſqu'elle paſſe des couches
ſupérieures de l'Atmoſphere dans les inférieures, même avant que d'être parvenue à
la région des vapeurs. Si nous conſidérons
préſentement en quoi eſt-ce que l'air differe
de l'éther, & les couches ſupérieures de
l'air, de ſes couches inférieures, nous trouverons que l'air eſt peſant & non pas l'é-
ther, que les couches inférieures de l'air
ſont plus peſantes que les couches ſupérieures ; M. Boile ayant prouvé par un grand
nombre d'expériences, que les parties ſupérieures des liquides peſent ſur les inférieures (*a*). Mais que peut-on conclure d'une
plus grande péſanteur ? C'eſt une plus grande quantité de matiere ſous un égal volume,
des parties qui ſe touchent de plus près, des
pores moins grands. C'eſt pourquoi le liquide réfringent qui ſe trouve comme fixé dans
dans ces pores a un mouvement plus réglé
& comme moins interrompu, ce qui fait que
la lumiere le pénétre avec beaucoup plus de
facilité ; c'eſt ainſi que nous voyons que la

(*a*) R. Boile parad. hydros. parad. 1.

lumiere pénétre plus aisément l'eau froide
que l'eau chaude qui par sa raréfaction donne lieu aux différentes excursions du liquide réfringent , & le rend ainsi moins propre
à laisser passer la lumiere(*a*). Quoiqu'il en soit,
il nous suffit de sçavoir qu'il y a un liquide
particulier qui occasionne les réfractions de
la lumiere en lui présentant des chemins d'autant plus aisés que les corps dans les pores desquels il se trouve sont plus denses (*b*).

Si l'esprit de térébenthine occasionne des
réfractions plus grandes en proportion que
l'eau , c'est que la facilité que le liquide réfringent présente à la lumiere, peut non-seu-
lement être proportionnée à la densité des
corps dans les pores desquels il se trouve ,
mais encore à une certaine disposition qu'il
prend dans les pores de ces corps , s'ajustant
mieux avec les parties des uns , qu'avec les
parties des autres ; c'est pourquoi ce liquide
peut prendre une situation si avantageuse
dans les pores de l'esprit de térébenthine ,
de l'huile d'olive , &c. que le défaut de densité sera plus que compensé , on ne devra
donc pas être surpris si la lumiere qui traver-
se ces corps , souffre des réfractions qui
sont plus grandes que ne l'exige la proportion des densités.

Quelqu'un nous dira peut-être , que le li-

(*a*) L'eau froide occasionne des réfractions plus fortes
que l'eau chaude.

(*b*) On trouvera dans la suite une autre solution de ce
problême conformément à nos principes.

quide réfringent fe trouvant en plus grande
quantité dans les corps les plus rares, doit
y occafionner des réfractions plus grandes.
Nous répondons à cela que la force réfringente de ce liquide ne dépend pas de fa
quantité, mais bien de fa propre nature &
de la fituation qu'il prend dans les pores
des corps tranfparents. Une petite quantité
d'eau occafionne des réfractions auffi fortes
que fi elle étoit en une plus grande maffe,
& comme ceci pourroit faire illufion à plufieurs, nous allons faire voir que le liquide
réfringent fe trouve en plus grande quantité
qu'on ne le croit ordinairement, dans les
corps les plus denfes, qu'il eft à très-peu près
en égale quantité dans des corps dont les
denfités font fort inégales, & qu'il n'eft pas
impoffible qu'il ne foit en plus grande quantité dans un corps plus denfe que dans un
corps plus rare.

S'il eft vrai, ainfi que l'a cru M. Saurin (a),
qu'il n'y a aucun inconvénient à penfer que
les parties propres des corps qui nous paroiffent les plus folides, n'occupent pas la
cent milliéme partie de l'efpace qu'elles paroiffent occuper, enforte que fuivant cette
fuppofition, les parties propres d'un volume
d'or d'un pouce cubique, n'occupent que la
cent milliéme partie de l'efpace d'un pouce
cubique, les $\frac{99999}{100000}$ reftans feront remplis du
fluide réfringent. D'où nous devons conclure
que dans les corps même les plus folides, la
quantité du fluide réfringent eft fi grande,

(a) Mem. Acad. 1709. pag. 408.

par rapport à la quantité de leurs parties propres, que celles-ci peuvent êtré comptées
pour rien.

M. Keill (*a*) parlant du rapport qui fe
trouve entre les parties propres des corps
& leurs pores, démontre qu'il n'eſt pas impoſſible que les pores d'un corps, & le fluide
qui remplit ces pores, foient à très-peu près
en égale quantité dans des corps très-iné-
gaux en folidité, & tels par exemple, que
fous le même volume, l'un contienne 10000
ou 100000 fois plus de matiere propre que
l'autre. Il eſt donc démontré que le liquide
réfringent pourra fe trouver à très-peu près
en égale quantité dans deux corps d'un même volume, mais dont l'un fera 10000 ou
100000 fois plus denſe que l'autre.

Nous pouvons ajouter, enfin, que la denfité du liquide réfringent ne dépend pas de
la denſité du corps dans les pores duquel
il fe trouve, ni même de fa quantité, & que
comme il eſt très-probable, qu'il n'y a que
les pores qui ont une certaine figure, une
certaine continuité & une certaine difpofition, qui puiſſent admettre ce liquide réfringent, il peut arriver qu'un corps confidérablement plus denſe qu'un autre, admettra
une plus grande quantité de ce liquide réfringent, parce qu'il aura un plus grand
nombre de pores propres à le recevoir &
à l'admettre. D'où nous devons conclure
en dernier lieu, que les difficultés qu'on avoit

(*a*) M. Keill. introd. ad. ver. phific. feĉt. 5. theor. 2.

propofées ne font pas auffi infolubles qu'elles le paroiffoient ; & quand bien même il
refteroit quelque chofe à expliquer fur la
proportion qui fe trouve entre les facilités
que le liquide réfringent offre à la lumiere,
& les denfités des corps dont il remplit les
pores, la théorie de M. de Mairan n'en feroit pas moins folide, ni l'exiftence du liquide réfringent moins prouvée. Il eft d'expérience que le liquide réfringent fe laiffe
pénétrer avec d'autant plus de facilité, que
les corps, dans les pores defquels il fe trouve, font plus denfes, cela nous fuffit, le fait
étant conftant devons-nous le rejetter parce
que nous n'en appercevons peut - être pas
diftinctement la caufe ? Venons préfentement au fentiment de M. Jean Bernoulli le fils.

    M. Jean Bernoulli le fils a expliqué la ré-
fraction de la lumiere de la même maniere
que nous avons vû que M. fon pere l'avoit
fait. Il eft vrai qu'il y a ajouté plufieurs chofes du fien (*a*). Pour cela foit *r c d*. l'air &
PLANC. V. *s c d*. l'eau. La ligne *c d* répréfentant le plan
FIGURE V. qui fépare ces deux milieux. Soit encore le
rayon de lumiere *a e* qui tombant obliquement fur la furface *c d*. doit pénétrer dans
l'eau. M. Bernoulli prouve d'après M. fon
pere que ce rayon doit fe terminer en *b*,
il confidére les deux extrémités *a, b*. du rayon
*a e b*. comme des points d'appui immobiles

<hr />

(*a*) M. Jean Bernoulli Docteur en Droit. Differtation fur la propagation de la lumiere, qui a rempor-
té le prix de l'Academie Royale des Sciences, en 1736.

& il regarde le corpuscule *e* conçu sur la surface *c d.* comme le point auquel se fait le
conflit des deux forces *a e*, *b e*, estimant la
force *b e* plus grande que la force *a e*. Voici
comment il conçoit les choses.

Ayant reconnu dès le commencement que
le véhicule de la lumiere n'est autre chose
qu'une infinité de corpuscules parfaitement
durs & ainsi sans ressort, lesquels sont ré-
pandus dans le vaste océan de l'éther, qui
selon lui, est un amas de petits tourbillons
semblables à ceux du P. Malebranche, &
ayant considéré les rayons de la lumiere comme une suite de ces petits tourbillons dis-
posés en ligne droite, entre lesquels il se
trouve de distance en distance des petits
corpuscules lesquels laissent entr'eux des intervalles mille fois plus grands que leur diamétre. Ces intervalles étant remplis de petits tourbillons, vous devez concevoir que
la ligne droite menée d'un point à un autre,
enfile une infinité de ces petits tourbillons,
ce qui forme le rayon de la lumiere, & comme le mouvement de la lumiere est un mouvement alternatif, un mouvement de compression & de ressort; M. Bernoulli veut que
les petits corpuscules qui sont par eux-mêmes incapables d'un tel mouvement, en deviennent susceptibles en conséquence du ressort des petits tourbillons intermédiaires. Or
le ressort de ces petits tourbillons n'est autre
chose que la force centrifuge de leurs parties, dont la mesure est le quarré de la vî-

teſſe de leurs parties diviſé par le rayon du cercle qu'elles décrivent. C'eſt pourquoi on conçoit que la vîteſſe reſtant la même dans ces parties, le reſſort des tourbillons peut-être conſidérablement augmenté en diminuant leurs diamétres, en rendant ces tourbillons plus petits, & c'eſt ce que M. Bernoulli croit qu'il arrive aux petits tourbillons qui forment la partie du rayon qui eſt dans l'eau : car il préſume que dans les corps diaphanes, les pores ſont d'autant plus ou moins étroits, que ces corps ſont plus ou moins denſes, plus ou moins ſolides ; d'où il conclut que les petits tourbillons qui ſont dans les pores de l'eau, ſont plus petits que ceux qui ſont dans les pores de l'air, parce que l'eau, comme plus denſe que l'air, a ſes pores plus petits & plus étroits, c'eſt pourquoi les petits tourbillons contenus dans ſes pores ont une force centrifuge plus grande, & ainſi un reſſort plus vif. On doit raiſonner du verre par rapport à l'eau comme nous venons de raiſonner de l'eau par rapport à l'air.

Ces principes une fois établis, il eſt évident en raiſonnant comme M. Bernoulli, que la force *b e.* de la partie du rayon de lumiere qui eſt dans l'eau, eſt plus grande que celle de la partie *a e*, qui eſt dans l'air, parce que les petits tourbillons qui ſont entre les corpuſcules *n. n. n.* &c. ſe trouvant plus reſſerrés que ceux qui ſont entre les corpuſcules *m. m. m.* &c. ont leurs diamétres plus pe-

tits, & ainſi leur reſſort plus grand & plus
vif. C'eſt pourquoi ſi le rayon étoit continué directement en *f.* le point *e.* ſe trouveroit pouſſé plus fortement vers *c.* que vers *d.*
mais la nature a pourvû à cet inconvenient
qui interromproit ou même qui détruiroit le
rayon *a e f.*, en faiſant prendre à la partie qui
eſt dans l'eau une ſituation moins avanta-
geuſe, c'eſt-à-dire, en la faiſant approcher
de la perpendiculaire *r s.* & cela d'autant
plus que le ſecond milieu eſt plus denſe ;
enſorte que cette partie *e b.* s'approche plus
de la perpendiculaire dans le verre que dans
l'eau, parce que le verre étant plus denſe
que l'eau, il a en conſéquence des ſuppoſitions précédentes ſes pores plus petits que
ceux de l'eau, l'éther, ou les petits tourbillons qu'ils contiennent doit être par conſéquent plus comprimé, ces tourbillons doivent être plus petits que ceux qui ſont dans
les pores de l'eau, leur reſſort doit être ainſi
plus fort ; il faut donc que la partie du rayon
qui eſt dans le verre prenne une ſituation encore plus déſavantageuſe que celle qui eſt
dans l'eau, qu'elle s'approche encore plus
de la perpendiculaire *r s.* afin que par ce
moyen l'équilibre ſe trouvant entre les deux
forces *a e*, *b e.* le rayon *a e b.* ſoit conſervé
en ſon entier. Telle eſt l'explication que M.
Bernoulli le fils, donne de la réfraction de
la lumiere, nous verrons dans peu la ſuite de
ſes recherches ſur cette matiere.

On a ſans doute remarqué que dans cette

explication, il est souvent fait mention d'é-
galité de forces & de tendence à l'équilibre.
Il paroît néanmoins qu'elle n'est pas mécanique. Nous sentons, en effet, qu'une cause
de la réfraction qu'on fait dépendre de certains tourbillons dont l'éxistence n'est pas
bien établie, de certains petits corpuscules
qu'on suppose parfaitement durs, & dont on
n'apperçoit ni la réalité ni l'éxistence, de plusieurs points d'appui dont on n'a pas des
idées bien distinctes, d'une tendence à l'é-
quilibre dont on n'apperçoit qu'une cause finale ; nous sentons qu'une telle cause n'est
pas fort mécanique, ou que du moins, elle
est fort éloignée : elle explique, en effet, la
situation que le rayon rompu a par rapport
au rayon incident, mais elle ne nous explique pas la raison qui fait que ce rayon devient un rayon rompu ; la réfraction est faite
ainsi que nous l'avons déja remarqué avant
la production de la force *b e* , c'est-à-dire ,
avant aucune tendence à l'équilibre. Est-il
d'ailleurs, bien certain que la petitesse des
pores est toujours proportionnée à la densité
des corps ? C'est un principe fort douteux,
& quand bien même on l'admettroit , on
trouveroit en lui une objection insoluble
dans l'hipothese de M. Bernoulli , car l'eau
étant plus dense que l'huile d'olive, que l'esprit de térébenthine, &c. devroit avoir ses
pores plus petits que les corps que nous venons de nommer , il faudroit par conséquent
que l'éther contenu dans les pores de l'eau

fût plus élaftique que celui qui eft dans les pores de l'huile d'olive, de l'efprit de téré-benthine, &c. & ainfi que l'eau occafionnât dans la lumiere des réfractions plus fortes que ces corps, tandis que l'expérience nous apprend qu'elle en occafionne de moindres. On n'a qu'à faire attention à cette expé-rience pour être perfuadé que la réfraction de la lumiere ne dépend pas de cette ten-dence à l'équilibre dont nous parle M. Ber-noulli.

Eft-il bien vrai encore que les petits tour-billons font plus refferrés & plus comprimés dans les pores du verre que dans les pores de l'eau, & dans les pores de l'eau plus que dans les pores de l'air, & cela parce que le verre eft plus denfe que l'eau, & l'eau plus denfe que l'air, puifque nous venons de fai-re voir par l'expérience de l'huile d'olive que l'éther eft plus comprimé, que les pe-tits tourbillons font plus refferrés dans les pores de certains corps, que dans les pores d'autres corps plus denfes. Il paroît même que ces tourbillons ne fçauroient en confé-quence de leur extrême petitéffe, être com-primés ni dans les pores du verre, ni dans ceux de l'eau, &c. du moins femble-t'il qu'on pourroit l'inférer des Article XX. & XXII. de la Differtation de M. Bernoulli, où il dit que ces tourbillons font fi petits qu'ils peuvent paffer très-libremenr par les pores les plus étroits des autres corps flui-des ou folides, & qu'en conféquence de leur infinie petiteffe, ils trouvent les pores des corps groffiers trop ouverts pour s'y laiffer comprimer.

Comme il eft très-probable que toutes les parties d'un même rayon, quoique fe trouvant dans différens milieux font leurs vibrations en tems égaux, la chofe étant abfolument néceffaire pour la formation de la fibre lumineufe, & que d'ailleurs le reffort des petits tourbillons qui entrent dans la compofition de la fibre lumineufe qui eft dans le verre, &c. eft plus vif que celui des petits tourbillons qui forment la fibre lumineufe correfpondante qui eft dans l'air, & encore, comme de deux refforts égaux en tout, mais dont l'un eft plus vif que l'autre, le plus vif fait fes vibrations en moins de tems ; M. Bernoulli, pour conferver le finchronifme entre les deux fibres $a e$, $b e$, fuppofe que la fibre $b e$. s'allonge dans une certaine proportion, ce qui met ces deux fibres comme à l'uniffon. Il prouve fon fentiment par l'exemple des cordes de même groffeur & de même matiere, mais d'inégale longueur, lefquelles font leurs vibrations ifochrones, ou en tems égaux, lorfque leurs longueurs font entr'elles comme les racines quarrées de leurs tenfions. La penfée eft trè-ingénieufe & même très-folide, s'il eft vrai que la fibre $b e$. doit s'allonger pour celle-là feul, que fi celle-là n'arrivoit pas elle ne pourroit pas faire fes vibrations en un tems égal à celui que la fibre $a e$ employe

PLANC. V.
FIGURE V.

ploye à faire les fiennes. Mais cette folution nous paroît trop méthaphifique ; nous comprenons fort diftinctement que deux ou plufieurs cordes de même matiere & de même groffeur , mais d'inégale longueur , feront leurs vibrations en tems égaux , fi leurs longueurs font en raifon fous-doublée de leurs tenfions , c'eft-à-dire que fi on a deux cordes *x* & *z.* de même groffeur & de même matiere , mais inégalement tendues , ( car PLAN c'eft ici de quoi il eft queftion ) enforte que FIGUI la tenfion de *x* foit à la tenfion de *z.* comme 4. eft à 9. il faut que les longueurs de ces cordes foient entr'elles comme 2. eft à 3. lefquels nombres expriment les racines des quarrés 4 , 9 , afin qu'elles puiffent faire leurs vibrations en tems égaux , afin qu'elles foient finchrones ; mais on ne conçoit pas pour cela que *x* & *z.* étant égales même en longueur , *z.* doive s'allonger pour cela feul , qu'elle eft plus tendue. Si elle s'allonge dans la proportion que nous venons de dire , elle fera fes vibrations égales en promptitude à celles de la fibre *x* , mais nous ne concevons pas qu'elle doive s'allonger comme de propos délibéré , pour parvenir au finchronifme.

M. Bernoulli dit à l'occafion de l'allongement de la fibre *b e.* , qu'on peut faire une remarque fort curieufe & paradoxe , c'eft que la vîteffe réelle de la propagation de la lumiere , qui eft différente en paffant par différens milieux , doit être plus grande quand le rayon rompu s'approche de la perpendiculaire & plus petite lorfqu'il s'en éloigne. M. de Mairan l'avoit déja remarqué en 1722 & en 1723 comme le prouvent invinciblement les deux fçavans Mémoires que ce profond Géométre donna alors fur la réflexion & fur la réfraction. Toute fa théorie fur les réfractions ne porte que fur une vîteffe augmentée ou diminuée, augmentée fi le rayon rompu s'approche de la perpendiculaire, & diminuée s'il s'en éloigne.

Lorfque nous lûmes pour la premiere fois la Differtation de M. Bernoulli, nous nous attendions à voir citer M. de Mairan dans les articles où il eft parlé de la réflexion, de la réfraction & des couleurs des rayons de la lumiere, & ce ne fût qu'avec beaucoup d'étonnement qu'en y rencontrant fa doctrine & fon fiftême fur les réfractions, nous n'y trouvâmes pas fon nom. En effet, M. Bernoulli ne parle que d'après M. de Mairan & conformément à fes principes qu'il a fidélement & exactement fuivis, lorfqu'il a fait dépendre les différens dégrés de réfrangibilité des rayons, de leur différente vîteffe; lorfqu'il a dit que les rayons étérogénes ne font difcernés par la réfraction qu'en conféquence de l'inégalité de leurs vîteffes; lorfqu'il a crû enfin que la différence des couleurs doit fe prendre de la vîteffe plus ou moins grande des rayons qui portent ces couleurs, & ce qu'il y a encore de plus furprenant, c'eft que M. Bernoulli a penfé la même chofe que M. de Mairan, fur l'analogie que ce dernier avoit dit il y a plufieurs années fe trouver entre les couleurs & les tons, entre la lumiere & le fon, entre les fibres lumineufes & les fibres fonores, conformément aux principes, non du P. Malebranche, mais de M. Neuton ; analogie que nous apperçûmes en 1736. mais dont nous fîmes honneur à M. de Mairan, comme de fon propre bien & comme d'une invention qui lui appartenoit à très-jufte titre.

Le mérite perfonnel de M. Bernoulli eft trop reconnu, fon nom eft en trop grande vénération dans le monde fçavant, fes lumieres font trop au-deffus du médiocre pour qu'on puiffe le foupçonner d'avoir voulu fe faire honneur des découvertes d'autrui, nous fommes même très-perfuadés qu'il rendroit à M. de Mairan ce qui lui eft dû s'il en trouvoit une occafion favorable & digne du fujet.

Nous avons déja parlé des partifans des caufes finales. Nous ne nous amuferons pas à réfuter leur fentiment, en fait de phifique on demande des explications phifiques fondées fur la mécanique & fur l'expérience, & non pas des explications méthaphifiques fondées fur un principe moral ; nous remarquerons néanmoins que le théoréme que ces M<sup>rs</sup>. là ont avancé ne peut pas s'étendre fur toutes les réfractions, qu'il n'eft pas général, ou que s'il eft général il eft abfolument faux. On doit fe rappeller ici que ce principe porte que le *finus* de l'angle d'incidence doit être au *finus* de l'angle de réfraction, comme les facilités de ces milieux, ou comme la facilité du milieu dans lequel fe fait l'incidence, eft à la facilité du milieu dans lequel fe fait la réfraction, car ce principe n'eft point général fi on ne peut point l'appliquer à la réfraction des corps fenfibles, cela eft clair. 2°. Si on peut appliquer ce principe aux réfractions des corps fenfibles, il eft abfolument faux ; pour le démontrer, PLANCHE I. foit la pierre *m*. qui paffe obliquement felon FIGURE I. la détermination *m o* de l'air *r a b* dans l'eau *s a b*, il eft d'expérience que la réfraction l'éloigne de la perpendiculaire *r s*, qu'elle va en *n*. & non en *g*. où elle auroit été s'il n'y eut point eu de réfraction, faifant l'angle de réfraction *s o n* plus grand que l'angle d'incidence *r o m*, c'eft pourquoi le *finus n z*. de l'angle *s o n* eft plus grand que le *finus m y*. de l'angle *r o m*, on a ainfi par les principes des partifans des caufes finales l'analogie fuivante. La facilité que l'air a à fe laiffer pénétrer par la pierre *m*. eft à la facilité que l'eau a à fe laiffer pénétrer par la même pierre, comme le *finus m y*. eft au *finus n z*. mais le *finus m y*. eft plus petit que le *finus n z*. donc la facilité que l'air apporte au mouvement de la pierre *m* eft moindre que la facilité que l'eau apporte au mouvement de cette même pierre, ce qui eft tout-à-fait oppofé au bon fens On peut démontrer de même que le principe de ceux qui préten-

dent que les *sinus* des angles d'incidence &
de réfraction sont réciproquement entr'eux
comme les résistances des milieux, est faux ;
car selon leur principe on auroit l'analogie
suivante. La résistance de l'air ( même supposition & même figure ) au mouvement de
cette pierre, est à la résistance de l'eau par
rapport au mouvement de cette même pierre , comme le *sinus n z* est au *sinus m y.* :
mais le *sinus n z.* est plus grand que le *sinus
m y.* donc la résistance que l'air apporte au
mouvement du mobile *m* est plus grande
que celle que l'eau apporte au mouvement
du même mobile. Nous avions donc raison
de dire que les principes de réfraction qui
ont pour fondement les causes finales , ou
ne sont pas généraux , ou sont du moins en-
tiérement opposés à la vérité & à l'expérience ; nous avons démontré même qu'ils
portent tous sur une supposition qui est
tout-à-fait contraire au loix des mécaniques.

La matiere que nous traitons nous fournit le sujet d'une réflexion M. Fermat sçavant Géométre & subtil Métaphisicien , ne
pouvant se deffendre contre M. Descartes ,
au sujet de la réfraction , mandia pour ainsi
dire , le secours de M. de la Chambre , qui
étoit le plus pitoyable Phisicien du monde.
Son traité de la lumiere prouve en même
tems , & combien grande étoit son ignorance sur la question qui divisoit M. Descartes
& M. Fermat , & combien ce dernier se sen-

toit peu en état de tenir plus long - tems contre M. Defcartes, il auroit mieux fait de croifer plûtôt les armes.

Nous ne dirons rien ici du fiftême qui fait dépendre la réfraction des rayons de la lumiere d'une certaine vertu attractive inhérente à la matiere ; on trouvera cette queftion difcutée dans notre Examen.

M. Carré de l'Academie Royale des Sciences a eu un fentiment affez particulier fur les réfractions de la lumiere ; ennemi déclaré des caufes finales & partifant de M. Defcartes, il avança que l'air étoit le feul corps perméable à la lumiere, que l'air étoit le feul corps qui pouvoit laiffer paffer les rayons de lumiere, & que tous les autres corps n'étoient tranfparents qu'en conféquence de l'air qui étoit dans leurs pores, & il crut que l'air préfentoit à la lumiere des chemins d'autant plus aifés, qu'il étoit plus comprimé, & qu'il étoit d'autant plus comprimé dans les pores des corps, que ces corps étoient plus denfes (a). Ces principes une fois admis il ne paroiffoit plus furprenant que l'eau fût un milieu plus aifé par rapport à la lumiere que l'air, & le verre encore un milieu plus aifé que l'eau. M. Carré s'eft trompé fans doute, mais du moins il eft louable d'avoir indiqué, quoique de loin, que pour expliquer les réfractions de la lumiere, il falloit avoir égard, non aux parties propres des corps, mais à un certain li-

_____
(a) Hift. Acad. an. 1702. pag. 14.

quide qui remplit les pores des corps réfringents, on pourroit même dire que le peu
qu'il a donné fur les réfractions peut avoir
fourni le fujet de plufieurs utiles méditations
fur cette matiere.

M. Hobbés a donné à gauche lorfqu'il a
voulu parler de la réfraction de la lumiere,
il étoit fçavant, mais il étoit contemporain
de M. Defcartes, il attaqua fa Dioptrique,
eft-il furprenant qu'il fe foit rangé du côté
des adverfaires du Philofophe François ?
Il pencha du côté des caufes finales, il nous
a neanmoins laiffé deux théorêmes fur cette matiere que nous croyons devoir rapporter ici, ils font folides & ils peuvent avoir
leur utilité.

Le premier de ces théorêmes eft que fi
deux lignes, deux rayons par exemple, font
également inclinés à la furface féparatrice de
deux milieux de denfité différente, & dont
l'une paffe d'un milieu difficile dans un milieu aifé, & la feconde d'un milieu aifé dans
un milieu plus difficile, le *finus* d'incidence
& moyen proportionnel entre les deux *finus*
de réfraction.

Soit deux rayons de lumiere *m o*, *c o* éga- PLANC
lement inclinés au plan *a b* qui fépare les FIGUR
deux milieux *r a b*, *s a b.* qui ont des denfités différentes, le premier eft de l'air & le
fecond de l'eau ; du point *o* pris pour centre
décrivez le cercle *r a s b.* menez par le point
*o* la perpendiculaire *r s*, que le rayon *m o*
paffe de l'air dans l'eau, l'expérience nous

apprend qu'il fouffre une réfraction qui l'approche de la perpendiculaire *r s* de telle forte que le *finus m n* de l'angle d'incidence eft au *finus x z* de l'angle de réfraction comme 4. à 3.

Soit encore le rayon *c o* qui paffe de l'eau dans l'air, l'expérience nous fait voir qu'il fouffre une réfraction qui l'éloigne de la perpendiculaire de telle forte que le *finus d c*, ou *m n* (qui lui eft égal à caufe de l'égalité des angles *r o m*, *s o c*,) de l'angle d'incidence eft au *finus p q* de l'angle de réfraction comme 3. à 4. On a donc les deux analogies fuivantes *p q*, *m n* = *d c*, :: 4, 3 & *m n*, *x z* :: 4. 3. donc par la raifon d'égalité on a *p q*, *m n* :: *m n*, *x z*. ou ∸ *p q*, *m n*, *x z*. ce que difoit le premier théorême de M. Hobbés.

Le fecond théorême eft que fi l'angle d'incidence eft demi droit & que le rayon paffant d'un milieu aifé dans un milieu plus difficile, la réfiftance du fecond foit à la réfiftance du premier, comme la diagonale d'un quarré eft au côté de ce quarré, il n'y aura pas de réfraction, & le mobile ou le rayon coulera le long de la furface réfringente, ce principe eft tout-à-fait clair. M. Hobbés en tire la conféquence fuivante, fçavoir que dans une plus grande inclinaifon que de 45 dégrés tout reftant comme dans la fuppofition précédente, il y aura une réflexion en deffus & le même arrivera fi en laiffant la même incidence, on augmente la raifon des denſités. Si M. de Voltaire eut connu ces vérités il n'auroit certainement pas avancé que c'eſt du vuide que la lumiere rejaillit comme il l'a fait à la page 39. de ſes Elémens de la Philoſophie de M. Neuton. Les expériences qu'il donne comme déciſives, prouvent tout autre choſe que la réflexion de la lumiere par le vuide.

Tels ſont les ſentimens des plus célébres Auteurs ſur la queſtion des réfractions de la lumiere ; il eſt aiſé de s'appercevoir après ce que nous avons dit, que toutes ces hipotheſes ſont ſujettes à une infinité d'inconvéniens & qu'il n'y a que celle de M. de Mairan qu'on puiſſe adopter. Il nous reſteroit encore à parler de notre ſentiment ſur cette matiere, ou pour mieux dire, il nous reſte encore à expliquer notre penſée & à faire voir que notre ſentiment eſt conforme pour la plus grande partie à celui de M. de Mairan, & que pour le reſte il n'a rien qui ſoit contraire aux principes que ce profond Géométre a établis ſur cette matiere ; mais nous expliquerons plûtôt les principaux phénoménes de la réfraction & de la réfrangibilité des rayons.

L'expérience nous apprend au ſujet de la réfraction des rayons. 1°. Que ces réfractions ne s'opérent que lors du paſſage de la lumiere d'un milieu dans un autre milieu. 2°. Qu'elles ſont preſque toujours proportionnées aux denſités des milieux réfringens. 3°. Qu'il y a un rapport conſtant en-

tre les *sinus* des angles d'incidence & les *sinus*
des angles de réfraction lorfqu'un rayon paffe d'un certain milieu déterminé dans un
autre milieu déterminé fous des angles inégaux, ou avec des déterminations plus ou
moins obliques. 4°. Que les rayons de différente efpece font inégalement réfrangibles. Tels font les principaux phénoménes
de la réfraction. Et quoique nous en ayons
déja donné, ou du moins indiqué la folution, nous les expliquerons ici de fuite afin
qu'on en apperçoive plus aifément la connexion avec les loix des mécaniques.

1°. Puifque ce n'eft que le plus ou le moins
de réfiftance du fecond milieu qui occafionne la réfraction de la lumiere, il n'eft pas
furprenant que le changement de détermination qu'elle éprouve dans la réfraction
n'ait lieu que lors de fon paffage d'un milieu dans un autre ; ce n'eft que dans cet
inftant que la différence des denfités eft fenfible, & qu'elle peut avoir fon effet ; car dès
que le rayon eft entierement plongé dans
le milieu réfringent, il fe trouve dans un
milieu homogéne, il doit ainfi continuer
fon chemin en ligne droite.

2°. Comme les rayons ne font réfractés
qu'à l'occafion de la réfiftance plus ou moins
grande qu'ils rencontrent dans le milieu
dans lefquels ils paffent, & que ces réfiftances font ordinairement proportionées aux
denfités de ces miliéux, il eft évident que
les réfractions doivent auffi être proportion-

nées aux denſités des milieux, obſervant
néanmoins que les réſiſtances que le liquide
réfringent apporte au mouvement progreſſif
de la lumiere, ſont d'autant plus grandes que
les corps dans les pores deſquels ils ſe trouve ſont moins denſes, avec les reſtrictions
& dans le ſens que nous l'avons expliqué,
tant dans cette Diſſertation que dans notre
Examen.

3°. La réſiſtance plus ou moins grande
des milieux réfringens étant conſtamment la
même. Quelle que ſoit l'obliquité de l'incidence, les réfractions doivent être toujours
proportionnées entr'elles. Il faut remarquer
que lorſque nous diſons que les réſiſtances
des milieux réfringens ſont conſtamment les
mêmes, quelle que ſoit l'incidence, nous ne
parlons que des réſiſtances conſidérées en
elles-mêmes & non par rapport à l'obliquité de l'incidence. Plus cette obliquité eſt
grande, & plus auſſi eſt forte la réfraction,
mais l'excès de réfraction eſt proportionné
à l'excès d'obliquité de l'incidence.

4°. Nous avons obſervé que ſi pluſieurs
ſpheres tomboient ſur des maſſes égales avec
des incidences également obliques, mais
avec des vîteſſes inégales, celles-là perdroient plus de leur mouvement vertical, &
par conſéquent ſouffriroient les plus grandes réfractions qui auroient le moins de vîteſſe : or comme les différens rayons ont des
vîteſſes inégales, ainſi que nous devons le
reconnoître, il faut que ceux qui auront le

plus de vîteffe fe détournent le moins de
leur chemin , fouffrent les réfractions les
moins fortes , & que ceux qui ont le moins
de vîteffe foient le plus fortement réfractés.

L'expérience nous apprend que de tous
les rayons colorés les rouges font ceux qui
fatiguent le plus la vûe , comme auffi les
violets font ceux qui la repofent le plus.
Cette vérité a été apperçue dès le commencement de la phifique, c'eft elle qui a donné lieu au fiftême ancien qui faifoit dépendre la diverfité des couleurs du différent
mélange de la lumiere & de l'ombre. Ne
devons nous donc pas reconnoître que les
rayons rouges ont une plus grande vîteffe
que les rayons violets , que les rayons rouges font ceux qui ont le plus de vîteffe de
tous , & les rayons violets la vîteffe la moins
grande , & que les rayons des couleurs
moyennes , entre le rouge & le violet , ont
des vîteffes moyennes plus ou moins grandes , fuivant que leur couleur fe trouve plus
près ou plus loin du rouge dans l'image prif-
matique. Cette inégalité de vîteffe fuffit pour
expliquer tous les phénoménes & tous les
fimptomes de ces rayons. On conçoit par
fon moyen qu'ils doivent affecter inégalement la vûe , les uns plus fortement & les
autres avec moins de force , puifque de plufieurs maffes égales , celles-là choquent le
plus rudement , qui ont le plus de vîteffe.

Les rayons doivent encore fouffrir des réfractions inégales en conféquence de l'iné-

galité de leur vîtesse. Car le liquide réfringent étant moins de tems à ceder aux rayons
qui ont plus de vîtesse, qu'à ceux qui en ont
moins, il doit faire perdre aux premiers
beaucoup moins de leur mouvement vertical, & les faire ainsi moins détourner de leur
chemin, qu'il ne le fait aux seconds. Ces
rayons doivent donc être discernés par la réfraction, ils doivent souffrir des réfractions
inégales, ils doivent aboutir à des points
différens & nous montrer leurs couleurs,
que la confusion dans laquelle ils étoient
avant la réfraction nous empêchoit de distinguer.

Quoique les rouges soient de tous les
rayons ceux qui ont le plus de vîtesse, &
les violets ceux qui en ont le moins, il ne
faut pourtant pas s'imaginer que les rayons
violets soient d'un septiéme plus réfrangibles que les rayons rouges, ainsi que le veut
M. de Voltaire, car l'expérience nous apprend qu'ils ne le sont pas d'un quarantiéme.

On pourroit penser que nous disons ici
le contraire de ce que nous avons avancé
dans notre Traité de la lumiere dans lequel
nous avons fait dépendre les différens dégrés de réfrangibilité du différent ressort des
parties de la lumiere, tandis que nous prétendons ici qu'ils dépendent de la différente vîtesse, & cela d'autant mieux que dans
la page 303. de ce Traité, nous avons dit
formellement que la diversité des rayons ne
dépendoit pas de leur differente vîtesse.

Mais on n'a qu'à confidérer qu'on doit diftinguer deux fortes de vîteffe dans les rayons, une du rayon confideré en fon entier laquelle eft proportionnée à la promptitude plus ou moins grande avec laquelle fes parties font leurs vibrations, l'autre eft celle de fes parties par laquelle elles parcourent un plus grand efpace dans un tems donné, en faifant leurs vibrations plus profondes quoiques ifochrones à celles qui fe font dans des efpaces moindres.

La premiere de ces vîteffes eft celle avec laquelle la lumiere fe répand, elle dépend de la vivacité du reffort de fes parties, & c'eft d'elle que nous parlons lorfque nous difons que les différentes réfrangibilités des rayons dépendent de leurs différentes vîteffes, la feconde eft celle à raifon de laquelle la lumiere eft forte ou foible, & une même couleur brillante ou fombre, & c'eft de celle-là que nous parlons lorfque nous difons que la diverfité des couleurs ne dépend pas de la différente vîteffe des parties des rayons.

Il eft tems de terminer cette Differtation en expofant notre penfée fur les couleurs & en juftifiant notre hipothefe fur cette matiere.

En lifant notre Traité de la lumiere & des couleurs on trouvera. 1°. Que les parties propres des corps ne font pas le fujet immédiat de la réfraction où de la réflexion de la lumiere (*a*). 2°. Que les couleurs des

(*a*) Trait. de la Lum. chap. 2. pag. 126,

rayons & leurs différens dégrés de réfrangibilité dépendent du différent reſſort de leurs
parties (*a*). 3°. Qu'en expliquant la réfraction,
nous l'avons fait dépendre d'une réflexion
qui ſe fait ſur un côté du pore dans lequel
le rayon entre obliquement (*b*) : on ne trouve en tout cela qu'une mécanique très-ſim-
ple ; tout y eſt conforme à la raiſon & à
l'expérience.

L'expérience nous découvre d'abord que
les parties propres des corps ne réflechiſſent
pas les rayons de lumiere, & la raiſon nous
dit qu'un corps, que la lumiere ne ſçauroit
être réflechie qu'à la rencontre d'un corps :
or ce corps qui réflechit la lumiere eſt où
la lumiere elle-même, nous voulons dire
les parties de ce liquide, que nous avons
prouvé être engagées entre les parties de
tous les corps, ou ce ſera un corps, un liquide différent. Il ne paroît pas que ce puiſſe être le dernier, car ce liquide ne ſçauroit
réflechir la lumiere qu'il ne ſoit lui-même
réflechi par les parties propres des corps ;
mais s'il eſt réflechi par ces parties il n'y a
point de raiſon capable de nous prouver
que les parties de la lumiere ne peuvent pas
être réfléchies auſſi par les parties propres
de ces corps. Ce liquide doit être, en effet,
analogue à la lumiere, ſans cela il ne pourroit point agir ſur elle. Donc , ſi les
parties propres des corps peuvent réflechir
ce liquide , elles pourront auſſi réflechir les

(*a*) En pluſieurs endroits du chap. 2. & 4.
(*b*) Ibid. chap. 2. prop. 2. du § 6. pag. 151.

parties de la lumiere : ce qui fe prouve d'autant mieux que ce liquide ne peut-être autre
que la lumiere ; il prend les couleurs des objets & les porte jufqu'aux rayons réflechis ,
& il n'y a que la lumiere qui puiffe porter
les couleurs.

Nous avons dit que ce liquide ne fçauroit
réflechir les rayons de la lumiere , qu'il ne
ne foit réflechi lui-même par les parties
propres des corps , & nous avons dit vrai ,
en effet, ou l'action des rayons incidens parvient par l'entremife de ce liquide jufques
aux parties des corps colorés , ou non. Si c'eft
le dernier , on ne doit pas voir ces corps ,
fi c'eft le premier , il faut que ce liquide foit
réflechi par les parties propres des corps il-
luminés & colorés , & comme ce liquide
prend la couleur de ces corps & la tranfmet
aux rayons réflechis , il faut , ainfi que nous
l'avons déja remarqué , qu'il ne foit pas différent de la lumiere. Car comme l'action
des rayons incidens parvient jufques aux parties propres des corps par l'entremife de
ce liquide réflechiffant , la réaction des parties propres des corps fera tranfmife aux
rayons réflechis par le moyen de ce même liquide. Il faut donc reconnoître que
les rayons qui font mis en action par les
corps luminéux , font réflechis par les parties de la lumiere , que nous avons prouvé
être engagées entre les parties de tous les
corps (a).

(a) Traité de la lumiere chap. 1. pag. 13.

Une

Une preuve bien fenfible que l'action de la lumiere pénétre jufques aux parties propres des corps , c'eft que la lumiere nous échauffe , c'eft qu'elle caufe des maladies mortelles en attaquant le cerveau ou du moins , les membranes qui enveloppent ce vifcere qui eft le fiége de l'ame & de nos fenfations , c'eft qu'elle liquifie les corps les plus durs , qu'elle enflame & confume les corps combuftibles : car on conçoit aifément que fi l'action des rayons étoit réflechie par un certain liquide qui environne les corps fans pénétrer jufques dans leur fubftance , fans parvenir jufques à leurs parties propres , la lumiere ne feroit prefque plus d'aucun ufage dans la nature , nous ne fentirions pas la douceur de fes influences, nous n'y verrions même plus , nous ferions enfevelis dans les plus épaiffes ténébres ; envain le foleil fe trouveroit-il tous les jours à notre orient,& s'inclineroit-il vers l'occident après s'être élevé jufques au midi ; fa préfence nous feroit inutile , il auroit à combatre un ennemi invincible , ce liquide réflechiffant qui empêcheroit fes rayons de pénétrer jufqu'aux parties propres des corps. De là la mer ne feroit plus qu'un vafte monceau de glace, les fleuves & les rivieres feroient bientôt prifes , la terre engourdie & dépouillée des ornemens & des richeffes dont elle comble l'homme , nous même nous ne refpirerions plus , & la natureferoit aux mêmes termes où elle fe trouvoit avant que Dieu eut

*f*

débrouillé le cahos en créant la lumiere ; elle feroit vaine & aride & les ténébres environneroient l'abîme ou le cahos. Nous avons donc trop d'intérêt à reconnoître que l'action des rayons parvient jufques aux parties propres des corps, & puifque nous fommes certains d'un autre côté que ce qu'on nomme les parties propres des corps ne peuvent point réflechir la lumiere, ne doit-on pas dire, ainfi que nous l'avons fait, que ce font les parties de la lumiere qui font engagées entre les parties des mixtes, & qui fe jouent tout autour d'eux, qui réflechiffent la lumiere, qui renvoyent l'action des rayons lumineux. Qu'on nous juge avec connoiffance de caufe, après un examen convenable, fans préjugé, fans aucun efprit de parti ou de fiftême, & nous nous flatons d'emporter les fuffrages.

Après avoir prouvé invinciblement que les parties de la lumiere font répandues dans tous les corps, après avoir démontré que les rayons font colorés pouvoit-on donner une explication plus fimple des couleurs des corps qu'en les faifant dépendre de la différente efpece de lumiere qui fe trouve engagée entre leurs parties ( *a* ), furtout lorfqu'on reconnoît, ainfi qu'on doit le faire, que ce ne font pas les parties propres des corps qui réflechiffent la lumiere ? Pouvoit-

_____

(*a*) Traité de la lumiere chap. 4. prop. 14. pag. 343. & fuivante.

on faire dépendre la variété des couleurs dans les rayons de la lumiere d'une cause plus phisique, & plus plausible, qu'en les faisant dépendre du différent ressort des parties de ces rayons (*a*), surtout lorsqu'on a prouvé que ces parties sont toutes d'une égale grosseur (*b*) ? L'expérience ne nous apprend-elle pas que si on a plusieurs cordes de même matiere, égales en grosseur & en longueur, mais qui sont inégalement tendues, qui ont différens dégrés de tension; l'expérience ne nous apprend-elle pas que ces cordes donnent des tons différens? N'avons-nous donc pas en cela une démonstration complette de notre sentiment sur la diversité des couleurs dans les rayons de la lumiere. Les différentes tensions des cordes ne font que rendre leur ressort inégal, ou inégalement vif, & cette inégalité suffit pour que ces cordes qui sont égales dans tout le reste donnent différens tons: cette inégalité, pourquoi ne suffiroit-elle pas pour que les rayons de la lumiere donnent & représentent différentes couleurs. On n'a qu'à réflechir avec un peu d'attention pour être parfaitement convaincu qu'on ne sçauroit expliquer la nature des couleurs d'une maniere plus simple, plus naturelle, plus solide, & plus mécanique.

On nous dira peut-être qu'en cela notre sistême n'est pas différent de celui du P.

(*a*) Traité de la lumiere chap. 4. prop. 13. pag. 330.
(*b*) Ibid. chap. 1. prop. 5. pag. 75.

*f ij*

Malebranche dont nous avons combattu les principes ; nous répondons que cela pourroit paroître vrai à ceux qui ne considéreront les chofes que fuperficiellement ; mais qu'on trouvera les deux fiftêmes bien différens lorfqu'on y voudra regarder de près. Le P. Malebranche a raifonné des couleurs comme on raifonnoit des tons, & fans s'embarraffer de ce qu'il y avoit de plus effentiel dans la queftion, il a cru que la différence des couleurs dépendoit du plus ou du moins de promptitude dans les vibrations des rayons qui portoient ces couleurs. Il nous a dépeint l'état réel des rayons étérogénes, mais il ne nous a point indiqué ce qui procuroit un femblable état à ces rayons. Il nous a dit que les rayons qui portoient les différentes couleurs étoient différens entr'eux, mais il n'a point parlé de la caufe originaire de ces différences. Il a cru que toute forte de rayons pouvoient porter toute forte de couleurs, & que toute forte de parties de lumiere pouvoient entrer indifféremment dans la compofition de toute forte de rayons, comme on a cru jufques ici que toute forte de molécules d'air peuvent entrer dans la compofition de toute forte de fibres fonores, & qu'un même rayon fonore peut porter tantôt un ton, & tantôt un autre ton ; pour nous, nous avons raifonné fur des principes tous différens. Le P. Malebranche, enfin, n'a point expliqué la caufe qui fait qu'un rayon fait fes vibrations plus ou moins promptes qu'un autre rayon, ou s'il l'a fait, il s'est trompé en faisant dépendre les couleurs des corps, & non des rayons : selon lui ce sont les corps qui colorent les rayons, tandis que suivant notre hipothese ce sont les rayons qui colorent les corps, nous avons enfin, donné une cause mécanique de la différente promptitude des rayons de différente espece, & c'est ce qu'on peut dire qui manquoit au sistême ingénieux du célébre M. Neuton. Ce sçavant & appliqué observateur voulut tirer de ses expériences une raison phisique de la diversité des couleurs. Pour cela il supposa dans la lumiere des parties de différente grosseur, donnant aux plus grandes un mouvement plus rapide, une plus grande vîtesse. Les rayons rouges, selon lui, sont ceux dont les parties sont les plus grosses & qui ont le plus de vîtesse ; comme aussi les parties des rayons violets sont celles qui ont les masses les plus petites & le moins de vîtesse. Cela devoit être ainsi suivant son sistême de l'attraction. Heureux en expériences, infatigable dans les observations, sublime dans ses calculs, M. Neuton ne réussissoit pas si bien en explications phisiques.

M. Jean Bernoulli le fils, a voulu expliquer cette même cause de la même maniere que M. Neuton, mais ils donne aux rayons rouges les corpuscules les plus petits, & aux rayons violets les corpuscules les plus gros. Le sistême des petits toubillons qu'il

*f iij*

embraſſa demandoit qu'il pensât ainſi. D'autres ont eu recours à d'autres principes qui
ne ſont ni plus ſolides , ni plus certains.

Nous n'avons pas eu beſoin de faire toutes
ces ſuppoſitions ; il nous ſuffit que les parties des différens rayons ayent différens dégrés de reſſort pour expliquer la variété des
couleurs & pour rendre raiſon de l'inégale
promptitude des vibrations des différens
rayons ; les rayons rouges comme ceux dont
les parties ont le reſſort le plus vif ſeront
de tous les rayons ceux qui en un certain
tems déterminé, feront un plus grand nombre
de vibrations, comme les rayons violets en feront le moins de tous, le reſſort de leurs parties étant le moins vif ; pour les autres rayons,
ils auront un reſſort d'autant plus vif, & feront par conſéquent un nombre de vibrations d'autant plus grand dans le même tems
déterminé, que la couleur dont ils ſont teints
eſt placée plus près du rouge dans l'image
colorée que la lumiere réfractée par un priſme préſente à nos yeux.

Nous ne devons pas diſſimuler que la maniere dont nous avons dit que ſe fait la réfraction de la lumiere ne paroiſſe un peu extraordinaire, nous n'avons, néanmoins, rien
avancé de contraire à la mécanique. Il eſt d'a-
bord certain que la réfraction n'eſt qu'une
réflexion, tous les bons Phiſiciens en conviennent. Il ne s'agit donc que de déterminer
comment ſe fait cette réflexion , que nous
avons dit être occaſionnée par le côté

du pore dans lequel le rayon entre obliquement ; on ne doit pas s'imaginer que
nous prétendions que ce foit le côté du pore
qui renvoye l'action de la lumiere par lui-
même, il ne le fait qu'en tant qu'il fert comme d'un appui aux extrémités des deux
parties du rayon qu'il fépare en quelque façon, enforte que la partie qui eft dans l'eau
ayant une vîteffe verticale augmentée, fe
plie un peu vers la perpendiculaire, comme elle fe plieroit en s'en éloignant fi fa
force verticale étoit diminuée, conformément aux principes que nous avons établis.
Enforte que la molécule commune ou
moyenne entre les deux parties gliffe un
peu, pour ainfi dire, tout le long du pore felon une détermination verticale. Rien de
plus naturel, ni de plus fimple.

Concevez que le vafte liquide qui eft le
véhicule de la lumiere remplit non-feulement les pores de tous les corps, mais encore, qu'il fe joue autour d'eux, & qu'il entre dans la compofition de leur fubftance ;
nous avons fouvent établi ce principe, &
vous aurez alors un fujet propre à occafionner les réfractions, car ce liquide étant
moins interrompu auprès des corps que dans
les pores de l'air, fon mouvement y eft
moins empêché, ce qui fait que lorfque
fon action parvient près des furfaces des
corps, elle eft moins retardée ; c'eft pourquoi fi l'incidence eft oblique, les rayons
acquiérent une augmentation de mouve-

ment vertical, ce qui doit les réfracter vers
la perpendiculaire lorfqu'ils ont à paffer de
l'air dans l'eau, le verre, &c. Les deux parties du rayon rompu forment un angle dont
le fommet eft cenfé porter fur la furface féparatrice des deux milieux, & c'eft de cette
maniere que nous l'avons entendu lorfque
nous avons dit dans notre Traité de la lumiere
que les rayons font réfractés en tant qu'ils
font réflechis par un des côtés du pore dans
lequel ils entrent.

Remarquez que plus un corps eft denfe
& plus auffi l'enveloppe de lumiere qui le
revêt eft continue ; car plus un corps eft
denfe plus auffi font ferrées & fréquentes les
parties de lumiere qui font engagées entre
fes parties propres ; c'eft pourquoi l'Atmofphere de lumiere qui les environne, & qui
n'eft formé qu'en conféquence des parties
de lumiere qui entrent dans la compofition
des mixtes, fe trouve plus uni & moins interrompu. De-là les forces réfringentes des
milieux qui paroiffent opérer les réfractions
font proportionnées à leurs denfités, de-là
les corps fulphureux, fpiritueux, & gras oc-
cafionneront des réfractions plus fortes que
ne l'éxige la proportion des denfités ; car
comme ces corps contiennent une très-grande quantité de lumiere, leur atmofphere
eft très-uni ; ce qui doit opérer des réfractions très-fortes & beaucoup plus confidérables qu'on ne devoit l'attendre de leurs denfités.

Quelqu'un pourroit peut-être s'imaginer que nous abandonnons ici les principes de M. de Mairan ; mais on n'a qu'à y faire attention , & on trouvera que notre sentiment ne porte que sur les démonstrations de ce sublime Géométre.

Voilà ce que nous avions à dire au sujet de la réflexion & de la réfraction de la lumiere & nous terminerions ici cette Préface si nous n'avions jugé à propos de dire quelque chose au sujet de notre Examen , & d'exposer les motifs qui nous ont portés a le rendre public , quelqu'intention que nous eussions qu'il ne fut connu que du petit nombre de personnes pour lesquelles nous avions mis par écrit ces réflexions sur l'Ouvrage de M. de Voltaire.

Nous n'ennuirons pas le Lecteur par le récit de l'aventure qui a donné lieu à faire cet examen , nous lui dirons simplement que c'est l'amour de la vérité , l'intérêt des commençans & l'honneur de M. Descartes qui nous ont portés à le rendre public.

Tout commençant qui aprés avoir lû les éloges magnifiques qu'on a fait du Livre de M. de Voltaire , viendra à étudier ce Livre, embrassera aveuglement les opinions qu'on y enseigne , & il croira suivre le bon chemin , le chemin de la vérité lorsqu'il adoptera les principes extraordinaires qui sont contenus dans cet Ouvrage ; il reconnoîtra dans la matiere cette propriété qu'on nomme attraction , & il croira avoir sur ce

point autant de certitude que fur les propofitions géométriques le plus rigoureufe-
ment démontrées ; il fe perfuadera fans peine que la lumiere n'eft qu'une pluye de feu ,
après qu'il aura lû qu'il eft démontré que
la lumiere émane du Soleil ; il admettra
aifément le vuide , quand il aura appris
que c'eft du vuide que la lumiere rejaillit',
& que tout eft impoffible dans le plein ; il
recevra enfin une infinité d'erreurs dans lefquelles il s'affermira d'autant plus aifément
qu'il les regardera comme des vérités démontrées.

N'eft-ce donc pas défendre la vérité & en
même tems rendre un fervice important à
ceux qui commencent à étudier la Phifique
par eux-mêmes , que de leur faire voir qu'il
n'eft pas démontré que la lumiere émane
du Soleil , que ce n'eft pas du vuide que
la lumiere rejaillit , &c. ? On fçait , & on
ne le fçait que trop , que les premieres impreffions font celles dont on fe défait le plus
difficilement. N'eft-il donc pas effentiel que
ces impreffions partent d'un principe vrai
& certain ?

Nous avons entendu faire fouvent un
certain raifonnement en faveur du Neutonianifme , lequel a fait illufion à plufieurs
commençans ; nous jugeons qu'il ne fera pas
inutile d'en examiner la folidité.

Le fiftème de l'attraction , nous dit-on ,
quadre parfaitement avec les obfervations
& avec les expériences , il convient exacte-

ment avec les principes de la Géométrie,
avec les loix de la mécanique, & avec les
calculs de l'Algébre. Cela ne prouve-t'il
pas évidemment qu'il y a dans la matiere
une propriété qu'on n'avoit pas bien connue
avant M. Neuton, une attraction qui produit tous les effets que nous voyons s'opérer dans la nature, attraction qui donne
le ton à toutes les parties de l'Univers &
qui les retient dans l'ordre admirable que
nous leur voyons garder ? Seroit-il possible
que tout s'accordât si exactement avec une
qualité occulte, avec une propriété chimé-
rique ? Non sans doute. C'est être dérai-
sonnable que de ne vouloir pas admettre l'attraction, c'est être injuste que de
traiter de supposition le sistême de l'attraction ; car peut-on appeller du nom de supposition des faits tant de fois démontrês ?
D'ailleurs tout Géométre est attractionnaire
toute l'Europe Géométre est Neutonienne.
Est-il possible que tant de grands Hommes
soient dans l'erreur ? Tel est le raisonnement
qu'on employe, & c'est ce raisonnement
qui avec le désir qu'on a de se singularifer,
a fait plus de Neutoniens que la véritable
connoissance des démonstrations de M. Neuton. Mais on doit observer que comme le
sistême de l'attraction n'est que le sistême de
l'impulsion renversé, on ne doit pas être
surpris si tout ce qui a été démontré de
l'impulsion s'accorde avec l'attraction : ne
sçait-on pas, en effet, que les démonstra-

tions des mécaniques restent les mêmes, so
qu'on suppose, qu'on pousse les corps d
haut en bas avec un bâton, soit qu'on veui
le que ces corps soient tirés en bas avec un
corde.

Que les Neutoniens ne nous disent pa
que nous avons tort de traiter leur attrac
tion de supposition, car il ne fût peut-êtr
jamais de supposition plus gratuite, pour n
dire rien de plus, que celle d'une propriét
de la matiere qui n'est pourtant pas maté
rielle, & qui agit indépendamment de la ma
tiere, propriété qu'on veut être universel
le, qu'on multiplie néanmoins à tous mc
mens, & dont on a inventé autant d'espece
qu'il y a des questions à expliquer. En effet
on trouve des attraction *centrales*, il y en a d
*superficielles*, on vous en donnera de *ad distan*.
de *contact*, de *simpathiques*, *d'antipathiques*
& nous ne sçavons encore de combien d'au
tres especes, on vous en assignera certai
nes qui agissent jusqu'à une certaine distanc
mais qui dans une distance différente de
viennent des répulsions. Ensorte que pou
vouloir faire tout dépendre de l'attraction
& pour rendre cette qualité occulte univer
selle, on la change, on la défigure, on l
déguise & on la multiplie si fort qu'on n
sçauroit distinguer quelle est celle dont no
Neutoniens font tant de bruit.

Une autorité respectable par rapport à l
question présente est celle du sçavant M
Bernoulli le pere, son témoignage ne sçau

roit être fufpect. On fçait qu'il connoiffoit M. Neuton & qu'il connoît parfaitement le Neutonianifme. Voici comment il parloit en 1701. c'eft-à-dire, vingt-fix ans avant la mort de M. Neuton. *M. Neuton, dit-il, n'explique pas la nature ni le principe de l'attraction, mais il fuppofe l'un & l'autre, & j'avoüe que dès qu'on aura paffé cette fuppofition à M. Neuton, fon explication fera très-belle & qu'elle fatisfera entierement un Mathématicien.* C'eft ainfi que raifonnent les Géométres, c'eft de cette façon que l'Europe Géométre eft Neutonienne, & nous-mêmes nous nous ferons gloire d'être Neutoniens de cette efpece; mais qu'on en refte-là & qu'on ne tranfporte point cette fuppofition dans la Phifique, & qu'on ne prétende pas en faire dépendre les différens effets de la nature.

Nous avons fouvent dit dans notre Examen que Meffieurs les Neutoniens ne fçauroïent nous donner un feul exemple décifif du mouvement occafionné par attraction, ils font réellement dans l'impoffibilité de le faire ; nous en avons fourni plufieurs démonftrations, & quoique nous n'ayons point parlé de la fufpenfion de l'eau dans les tuyaux capillaires que Monfieur de Voltaire rapporte dans fes éclairciffemens, ni de

(a) Quid enim, & unde illa vis attractiva, ab illo ( Neutonio ) non exponitur fed fupponitur, qua conceffâ fateor, perelegantem effe Neutonianam hypothefim quæ Mathematiquo planè fatisfaciat. *J. Bernoulli,* act. erud. an. 1701. p. 22.

la goute de l'huile de térébenthine qu'on fait tomber sur l'extrémité d'une des plaques de verre dont Monsieur Neuton fait mention dans son Optique ; on sent que ces expériences ne prouvent rien ; autant aimerions nous dire que c'est d'une semblable attraction que dépend la suspension de l'eau dans les pompes ; & si ce que M. Neuton dit est vrai, il faudra se donner bien de garde d'approcher des angles rentrans des Edifices. On en seroit fortement attiré, & le choc pourroit être nuisible. Mais ne nous arrêtons pas plus long-tems sur cette matiere.

Nous avons dit que l'honneur de M. Descartes étoit un des motifs qui nous ont portés à rendre notre Examen public. Ceux qui ont lû les Ouvrages Philosophiques de M. de Voltaire, sçavent avec combien peu de ménagement il a parlé de ce grand Philosophe. Il a été l'observer jusques dans sa Vie privée, pour en rapporter certaines circonstances, qui vrayes ou fausses, jettent du ridicule sur sa vie, & s'il le loüe quelques fois, ce n'est que pour élever plus haut M. Neuton, à qui il le fait servir de marche-pied. On trouvera au commencement du Chapitre I. de notre Examen un fragment de l'histoire de M. Descartes & de sa doctrine, lequel quoique très abregé donnera une idée assez juste de ce grand Philosophe.

Nous avons entendu dire qu'on avoit été choqué de la comparaison que M. de Fontenelle à fait de M. Descartes & de M. Neu-

ton dans l'éloge qu'il fit de ce dernier , &
qu'il prononça dans l'Académie Royale des
Sciences , dont M. Neuton étoit membre.
Peut-être qu'on n'a pas eu tout-à-fait tort de
se récrier. Mais ce qui paroîtra surprenant,
c'est que ceux qui devoient être naturellement choqués de la comparaison, n'ont rien
dit , & que ceux qui devoient sçavoir bon
gré à M de Fontenelle de ce qu'il avoit élevé M. Neuton jusqu'à M. Descartes soient
précisément ceux qui se sont récriés. M. Descartes étoit grand Géométre & grand Philosophe. M. Neuton étoit grand Géométre &
grand observateur. Nous ne comprenons pas
au reste ce qu'on entend par la Philosophie
Angloise à laquelle on s'attendoit que M.
de Fontenelle donneroit la supériorité. Est-
ce le sistême de l'attraction & du vuide ?
Mais ne peut-on pas demander si c'est raisonner en Phisicien que de fonder ses explications sur le rien & sur une supposition purement gratuite. M. Bernoulli convient ainsi
que nous l'avons déja remarqué , que dès
qu'on aura passé à M. Neuton son attraction
qu'il suppose , mais dont il n'indique pas
la nature , l'explication que ce Géométre
donne contentera un Mathématicien : à
quoi nous ajoutons qu'elle ne satisfera pas un
Phisicien qui demande des raisons mécaniques des effets qu'on prétend expliquer. On
ne sçauroit disconvenir que la Phisique mo-
derne ne l'emporte infiniment sur la Phisique ancienne ; or cette premiere n'a l'avan-

tage fur la feconde que parce qu'elle a rejetté les qualités, les formes, les vertus occultes & qu'elle leur a fubftitué les figures, les
mouvemens & les loix des mécaniques.

Il ne nous refte plus qu'à rendre compte
de la méthode que nous avons fuivie & de
l'ordre que nous avons gardé dans cet Ouvrage. Le Livre de M. de Voltaire peut-être
confidéré comme divifé en deux parties. La
premiere qui comprend quatorze Chapitres,
traite de la lumiere. Les douze Chapitres
reftans qui forment la feconde partie, roulent
fur le fiftême du monde. Nous ne nous fommes propofez pour le préfent que d'examiner la premiere partie, nous réfervant d'e-
xaminer la feconde dans la fuite fi nous
nous appercevons que le Public reçoive fa-
vorablement ces premieres obfervations.
Nous avertiffons au refte que nous n'examinons le Neutonianifme que dans M. de Voltaire ; M. Neuton ne fçauroit être nuifible
aux commençans en faveur defquels nous
publions cet Examen.

Nous avons divifé notre Ouvrage en autant de Chapitres que M. de Voltaire a divifé le fien. Nos Chapitres on les mêmes ti-
tres que ceux de cet Auteur, & nous traitons l'un & l'autre les mêmes matieres dans
les mêmes Chapitres. Cet ordre nous a paru
très-naturel, tout-à-fait propre à notre
deffein ; il eft vrai que nous anticipons quelques fois fur les matieres, & que quelques fois auffi nous renvoyons certains faits
aux

aux Chapitres fuivans, felon que nous l'avons jugé néceffaire pour rendre plus intelligible ce que nous en avions à dire. Nous fuppofons ainfi, que ceux qui liront notre Ouvrage auront devant leurs yeux, ou du moins fort préfent à leur efprit, le Livre de M. de Voltaire. Nous fouhaiterions même qu'on lût cet Examen en fuivant la méthode que nous avons gardée en le compofant, ce feroit le moyen le plus fûr & le plus aifé pour en pouvoir juger fainement ; nous voulons dire, que nous fouhaiterions qu'on commençât par fe rendre familier tout ce que M. de Voltaire dit dans les quatorze premiers Chapitres de fes Elémens, qu'on en lût enfuite attentivement le premier Chapitre, & de fuite le premier Chapitre de notre Examen, & ainfi des autres.

Comme nous ne voulions examiner que les matieres qui concernent la nouvelle Philofophie, nous ne nous fommes pas arrêtez fur certains points de Métaphifique qu'on trouve de tems en tems dans cet Ouvrage ; nous avons même négligé certaines queftions qui nous ont paru indifférentes, c'eft pourquoi on ne doit pas croire que nous approuvions tout ce que nous n'avons pas relevé. Nous nous flatons qu'on fera perfuadé que ce n'eft ni par amour propre, ni par envie que nous avons compofé cet Ouvrage ; mais que ce font les motifs que nous avons rapportez dès le commencement qui nous ont portés à le rendre public. Nous efpérons même que Monfieur de Voltaire en fera convaincu. Nous honorons infiniment fon mérite, & nous le prions d'être perfuadé que fi nous fçavions louer comme nous fçavons eftimer, on verroit un éloge parfait d'un Illuftre Poëte & d'un Excellent Ecrivain.

# FIN.

Fig. 1.ᵉʳᵉ

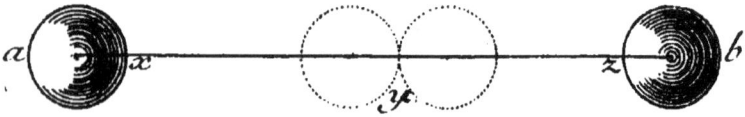

Fig. 3.ᵉ

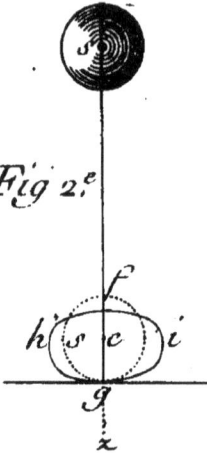

Fig. 2.ᵉ

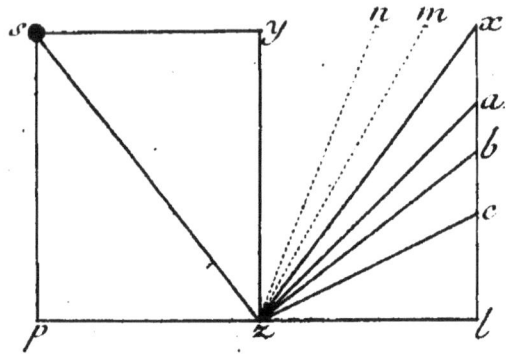

Fig. 4.ᵉ

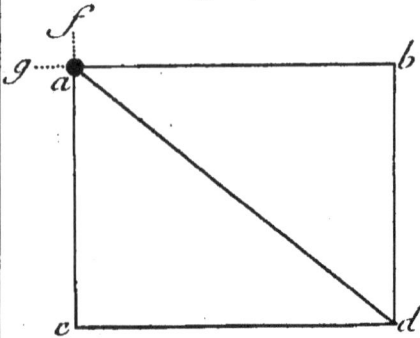

Fig. 5

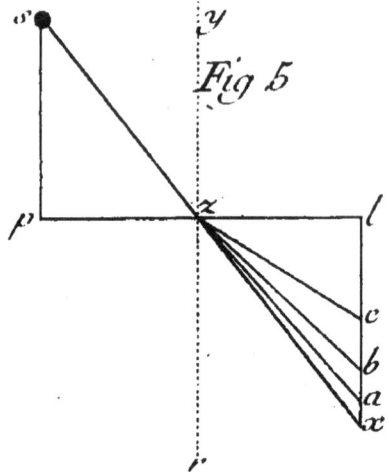

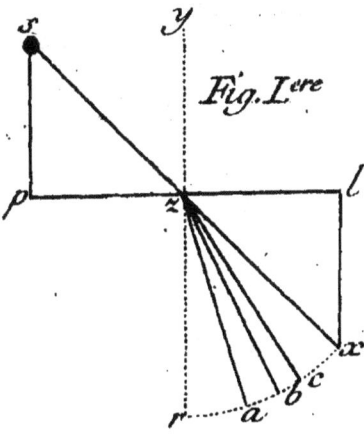

Fig. I.ᵉʳᵉ

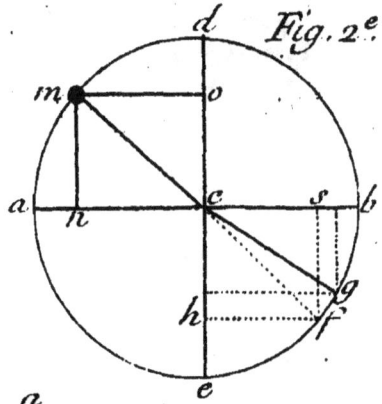

Fig. 2.ᵉ

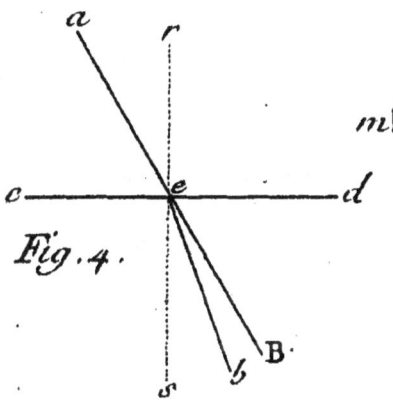

Fig. 4.

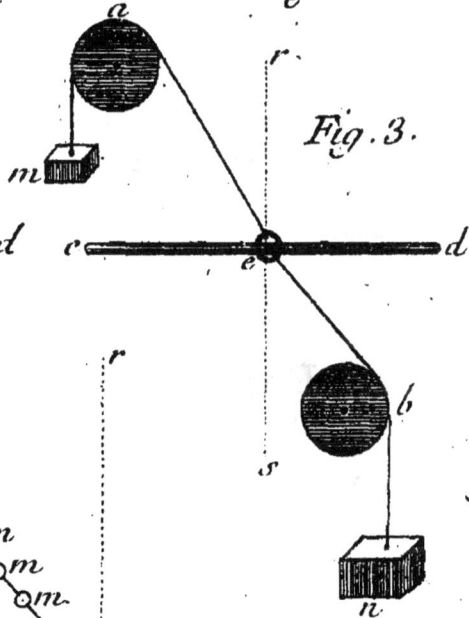

Fig. 3.

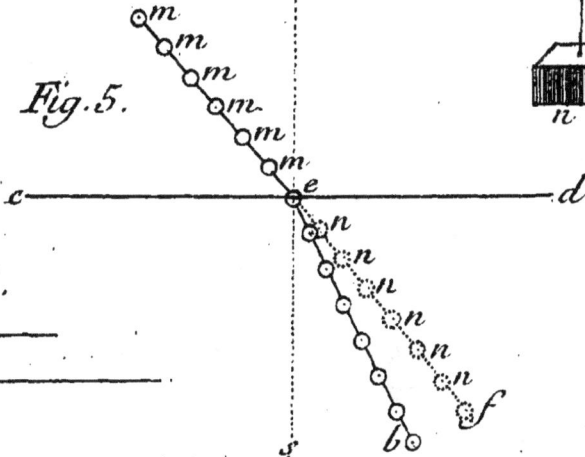

Fig. 5.

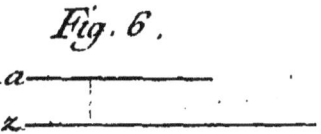

Fig. 6.

# TABLE

## DES CHAPITRES
### ET DES TITRES.

Préface ou Differtation fur les réflexions & les réfractions de la lumiere.

---

## CHAPITRE PREMIER.

# TABLE.

# TABLE.

## CHAPITRE II.

LA propriété que la lumière a de ſe réflechir n'étoit pas véritablement connue. Elle n'eſt pas réflechie par les parties ſolides des corps, comme on le croyoit. 60

## CHAPITRE VI.

COmment nous connoissons les distances, les grandeurs, les figures, les situations. 98

## CHAPITRE VII.

DE la cause qui fait briser les rayons de la lumiere en passant d'une substance dans une autre, que cette cause est une loi générale de la nature inconnue avant M. Neuton ; que l'inflexion de la lumiere est encore un effet de cette cause, &c. 113

# TABLE.

## CHAPITRE VIII.

SUites des merveilles de la réfraction de
la lumiere. Qu'un ſeul rayon de la lumiere contient en ſoi toutes les couleurs poſſibles ; ce que c'eſt que la réfrangibilité. Découvertes nouvelles. 205

*h*

## CHAPITRE IX.

## CHAPITRE X.

PReuves qu'il y a des atomes indivisibles, & que les parties simples de la lumiere sont de ces atomes. Suite des découvertes.

## CHAPITRE XI.

DE l'Arc-en-Ciel. Que ce météore est une suite nécessaire des loix de la ré-frangibilité.

## CHAPITRE XII.

N Ouvelles découvertes fur la caufe des couleurs, qui confirment la doctrine précédente. Démonftration que les couleurs font occafionnées par l'épaiffeur des parties qui compofent les corps.     281

## CHAPITRE XIII.

S Uite de ces découvertes; action mutuelle des corps fur la lumiere.     293

## CHAPITRE XIV.

D U rapport des fept couleurs primitives avec les fept tons de la Mufique.     297

Fin de la Table.

CHAPITRE I.

Am Crois ar fecit · · J. S.B.Scotin

# CHAPITRE I.

*Ce que c'est que la Lumiere, & comment elle vient à nous.*

I.
Définition
singuliére de
la lumiere par
M. de V..

'Est avec raison qu'on se rit dans les Elémens de la Philosophie Neutonienne, de certaines défi- nitions que les Anciens ont don- nées de la lumiere. On ne définit, en effet, les choses que pour en faire appercevoir dis- tinctement la nature ; c'est pourquoi nous sommes en droit de rejetter les définitions de la lumiere, que les Anciens nous ont données, elles sont trop obscures, elles ne

A

nous expliquent rien, & nous ne comprenons pas mieux par leur moyen ce que c'eſt que lumiere, que nous le comprenons par l'énonciation du mot Lumiere. Il en eſt de même de la définition que les nouveaux Neutoniens nous donnent. Ils ne nous expliquent rien lorſqu'ils nous diſent que *la lumiere eſt le feu lui-même.* Parler ainſi, c'eſt ne rien dire, il reſte toujours à définir le feu, & ſi la lumiere eſt le feu, le feu ſera la lumiere; toute la définition ſe réduit donc à ce que la lumiere eſt la lumiere. Eſt-elle préférable à celle qui dit que la lumiere eſt l'acte du tranſparent, en tant que tranſparent?

Nous remarquerons dans peu, qu'il eſt de l'intérêt de Meſſieurs les Neutoniens de ne pas déterminer ce qu'on doit entendre par lumiere, & de ne pas fixer ſa nature; ils trouvent trop bien leur compte à l'équivoque. Fixer la nature des choſes & le ſens des termes, ſeroit ruiner la plus grande partie de leurs raiſonnemens; ainſi, c'eſt à nous à ſuppléer à leur défaut, & pour ne leur laiſſer aucun moyen d'éluder la force de nos preuves & de nos raiſonnemens, nous établirons de tems en tems certains points fixes auſquels nous les raménerons. Nous donnerons néanmoins, plûtôt un petit abrégé

de l'Hiſtoire de Deſcartes, & du Carthé-
ſianiſme, pour empêcher le Lecteur de ſe
laiſſer prévenir par les idées peu avantageu-
ſes qu'on en donne dès le commencement
du Livre que nous nous ſommes propoſés
d'examiner.

Lorſqu'on voudra juger ſans prévention
du mérite de M. Deſcartes, on reconnoîtra
que ce génie ſublime eſt le pere de la bonne
Philoſophie, & que c'eſt à lui que nous
ſommes redevables, non-ſeulement des découvertes qui ont été faites de ſon tems,
mais encore de celles qu'on fait tous les
jours & qu'on pourra faire dans la ſuite. Oüi
nous le diſons, & nous ne craignons pas de
le dire; les découvertes de M. Neuton ne
font qu'une ſuite des méditations de M. Deſcartes. Si le Philoſophe François n'eût jamais écrit, le nom de Neuton ne ſeroit pas
ſi reſpectable.

Le grand Deſcartes parfaitement convaincu que la Phiſique qu'on enſeignoit de ſon
tems, n'étoit qu'un vaſte vuide, qu'un tas
de propoſitions mal liées, dont l'obſcurité
faiſoit tout le mérite, perça les ténébres à la
faveur deſquelles l'ignorance ſe faiſoit reſ-
pecter, il découvrit les erreurs des anciens,
il les mit au grand jour ces erreurs, & fit

I I.
Hiſtoire de
M. Deſcartes
& du Carthé-
ſianiſme.

A ij

tomber ainſi le bandeau fatal de la prévention, qui empêchoit nos progrès dans la
Phiſique & dans les autres Sciences ; il accoûtuma les hommes à raiſonner, à examiner leurs connoiſſances, & à ſe défaire de
leurs erreurs. Quand M. Deſcartes n'auroit réüſſi qu'à nous faire oublier l'ancienne
Philoſophie, ne faudroit-il pas convenir que
nous aurions des obligations infinies à ce
grand Homme. Qu'on remonte juſqu'au
commencement du ſiécle de M. Deſcartes,
qu'on examine quel étoit alors l'état de la
Philoſophie. Ce ſeroit l'état de la Philoſophie d'aujourd'hui, ſi M. Deſcartes n'eût
parlé.

Ce ne fut point aſſez, pour M. Deſcartes,
que d'avoir démaſqué l'erreur, & d'avoir fait
connoître le menſonge, il voulut encore
faire régner la vérité. Il déchire le voile qui
couvroit la nature, & il nous fait voir un
Pays immenſe qu'on ne ſçauroit parcourir
qu'en pluſieurs ſiécles. Semblable à Chriſtophe Colomb, à qui nous ſommes véritablement redevables de toutes les découvertes
qu'on fait journellement dans l'Amérique,
M. Deſcartes nous découvre un nouveau
Monde. Pouſſé par ſon heureux génie, ſoutenu par ſes ſublimes connoiſſances, il entre

dans les terres nouvellement découvertes. Il
en rapporte la Dioptrique & les Météores,
trésors plus précieux que ceux que Colomb
rapporta des Indes.

Il étale ces richesses aux yeux des mortels
& il leur fait comprendre, par-là, quelle est
la fécondité de la nouvelle Philosophie, &
combien stérile est l'ancienne. On s'éleve de
toutes parts contre lui. Il éprouve du côté des
ignorans & des sçavans, les mêmes contradictions que Colomb essuya à la Cour d'Es-
pagne; mais vains efforts ! Semblable au Soleil qui ne paroît jamais plus brillant que
lorsqu'il vient à dissiper des nuages qui
l'obscurcissoient, M. Descartes tire une gloire nouvelle de la défaite de ses adversaires
qu'il oblige de céder à la force de ses raisons.
Plus le nombre de ces adversaires est grand,
plus leur nom est célèbre, plus leur mérite
est distingué, & plus les triomphes de M.
Descartes font glorieux & dignes de lui.

Qu'il est charmant, pour un Philosophe,
de se représenter le changement que M.
Descartes occasionna dans les Sciences ! Dès
qu'on se place dans le véritable point de vûe,
on entend d'un côté une troupe d'ignorans
payés pour gâter l'esprit de ceux dont on leur
confioit l'éducation, élever une voix imbé-

cile contre le nouveau Philofophe. Ils préparent par leur défaite le chemin à la vérité;
d'un autre côté, on apperçoit un grand nombre de génies folides défabufés de la Philofophie ténébreufe de l'école, mais prévenus
contre le Carthéfianifme, qui font tous leurs
efforts pour le combattre; ils s'appliquent à
l'étude, ils mettent leur talent à profit, ils
méditent fur les Sciences, ils en approfon-
diffent les principes, ils y font des grands
progrès,& ils deviennent des Sçavans du premier ordre. De-là les Hobbés, les Fermats,
les Gaffendis, les Roberbals, &c. Comme la
guerre fait de grands Capitaines, même chez
les ennemis, le Carthéfianifme produit des
grands Philofophes parmi fes adverfaires. Ils
attaquent tous M. Defcartes, ils déclarent
tous la guerre au Carthéfianifme, tantôt à
découvert, tantôt en fe tenant fous le voile,
& connoiffant combien eft redoutable l'ad-
verfaire qu'ils ont à combattre, & combien
fortifié eft le pays qu'ils veulent ruiner, ils
fe liguent enfemble, il entrent en négocia-
tion, ils délibérent fur la maniere la plus
propre pour fondre fur M. Defcartes,& pour
détruire fes principes. Ceux qui n'ont pas
pris parti font attentifs aux divers événemens
de cette guerre philofophique, ils attendent

pour se déterminer, que la victoire ait décidé pour Aristote ou pour M. Descartes. Telle étoit la situation des Provinces de l'Empire Romain, lorsque l'ambition du beau-pere & du gendre fit voir dans les champs de Pharsale l'Aigle contre l'Aigle, & les Romains contre les Romains, elles attendoient la fin de la guerre pour suivre le parti du vainqueur.

Du fonds de sa solitude, M. Descartes rend inutiles tous les efforts & tous les artifices de ses adversaires, il paroît & il les dissipe, il les combat & ils sont défaits, les plus opiniâtres se rendent, ils croisent les armes, & M. Descartes qu'une victoire complette rend maître de la campagne, se trouve environné d'une foule de disciples dont le nombre augmente d'un jour à l'autre.

Paisible possesseur de ses conquêtes, tranquille dans ses découvertes, M. Descartes songe à pénétrer plus avant dans le Monde qu'il venoit de découvrir ; mais cette vaste étendue de génie qui lui faisoit tout embrasser, lui fait aussi sentir qu'il ne peut tout connoître par lui-même. Il voit de loin ce pays heureux & fortuné, dans lequel il souhaitoit mener lui-même ses disciples ; mais il est convaincu que sa vie n'est pas assez

A iiij

longue pour un tel deſſein, il ſçait qu'il faut
pluſieurs âges pour parcourir toute la nature, & qu'un particulier ne peut fournir ni à
la dépenſe ni au grand nombre d'expériences
qu'il convenoit de faire.

M. Deſcartes ſongea dès-lors à donner un
corps de doctrine proviſionnel, laiſſant à ſes
diſciples le ſoin & le moyen de le corriger
& de le perfectionner. Ne pouvant tout connoître, il indiqua le chemin qui conduit à
toutes les connoiſſances ; ne pouvant tout
découvrir, il enſeigna la route qu'il falloit
tenir pour faire des découvertes, en un mot,
il donna ſa méthode.

N'eſt-ce pas dire que M. Deſcartes eſt le
pere de la Philoſophie, lorſque nous diſons
que c'eſt M. Deſcartes qui a donné cette ex-
cellente méthode par laquelle on a découvert,
& par laquelle on découvre tous les jours tant
de ſublimes vérités ; méthode à laquelle nous
devons tous les progrès qu'on fait dans les
Sciences ; méthode que M. Neuton a ſuivie
dans ſes études & qui lui a été ſi fort utile.

III.
On raiſon-
ne mal ſur le
compte de M.
Deſcartes,
dans les Elé-
mens de la
Philoſophie
de Neuton.

On ſe trompe donc lorſqu'on prétend que
*ce ſiécle eſt autant ſupérieur à Deſcartes, que Deſ-*
*cartes l'étoit à l'antiquité.* M. Deſcartes s'eſt
écarté du chemin que les Anciens avoient
frayé, & dans le ſiécle qui a ſuivi M. Deſ

cartes, on n'a fait des progrès dans les Sciences qu'en suivant la route tracée par M. Descartes ; c'eſt par M. Deſcartes qu'on avance dans les Sciences. Il faut lui rapporter originairement toutes les connoiſſances, comme on doit rapporter originairement à Colomb toutes les nouvelles découvertes qu'on fait en Amérique. M. Deſcartes n'avoit appris, des Anciens, qu'à mal raiſonner, qu'à s'égarer ; mais M. Deſcartes a fourni, a donné, & a enſeigné à ceux qui lui ont ſuccédé, des moyens pour s'avancer, pour devenir ſçavans, & pour découvrir des nouvelles vérités. Nous le répétons ici, ce que nous avons indiqué plus haut. On ne feroit encore que béguayer en Phiſique, ſi M. Deſcartes n'avoit enſeigné à parler Phiſique.

Connoiſſant, par ſa propre expérience, qu'il y a des génies ſupérieurs qui peuvent s'élever juſqu'aux plus ſublimes contemplations, M. Deſcartes alie la Phiſique avec les Mathématiques, & comme il prévoit que ſes diſciples pourroient être épouvantés par les difficultés, il débrouille le cahos de l'Algébre ancienne, il débarraſſe cette ſcience de tous les ſignes incommodes & fatiguans dont elle étoit chargée, il donne des noms très-familiers & des ſignes très-ſimples aux gran-

deurs ; la science qui paroiſſoit autrefois in-
acceſſible , eſt devenue , graces au génie de
M. Deſcartes , un jeu des commençans. Sa
Géométrie eſt un chef-d'œuvre ; il faut poſ-
féder parfaitement tout ce que les Anciens
Géométres on dit , pour oſer ouvrir la Géométrie de M. Deſcartes.

IV.
Même ſujet. Notre ſiécle n'eſt donc pas autant ſupérieur à M. Deſcartes , que M. Deſcartes l'é-
toit à l'antiquité. Il a ſurpaſſé tous les Géométres & tous les Philoſophes Anciens ,
mais aucun de ſes ſucceſſeurs ne l'a encore
effacé. M. Deſcartes a tout tiré de ſon propre fonds lorſqu'il s'eſt élevé au-deſſus des
Anciens , & ceux qui ont ſuivi M. Deſcartes
n'ont pû encore s'élever au-deſſus de lui ,
malgré tous les ſecours qu'il leur a fournis.
Ils ont été , à la vérité plus loin que lui , mais
ce n'eſt qu'en ſuivant le chemin qu'il leur
avoit indiqué. M. Deſcartes accompagne ſes
diſciples par-tout , lors même qu'il paroît
qu'ils ſont obligés de l'abandonner , il les
a averti de ne rien admettre pour vrai , que
ce qu'ils connoîtroient évidemment être vrai;
il a ainſi ſoumis ſes Ouvrages à l'examen ,
diſons plus , il les y a ſoumis d'une maniere
non équivoque & formelle. Marchez, dit M.
Deſcartes à ſes diſciples , mais marchez d'un

pas affuré, je vous ai mis dans le chemin qui conduit à la vérité, la route que je vous ai indiquée eſt infaillible, il ne m'a été permis de la faire qu'en partie, je n'ai pû que faire des conjectures ſur ce qui me reſtoit à parcourir, allez donc, réformez ce qu'il y a à réformer, corrigez ce qu'il y a à corriger, laiſſez-vous conduire par ma méthode, ne vous éloignez jamais d'elle, elle vous conduira au vrai. Tel eſt le langage que M. Deſcartes a tenu à ſes diſciples, & dès qu'on voudra être équitable, on reconnoîtra que tout le tems qu'on ſuivra la méthode de M. Deſcartes, on ſera Carthéſien, & que ſi ce grand-Homme s'eſt trompé en pluſieurs points, ce n'a pas été par un défaut de méthode, ou de raiſonnement, mais par une ſuite néceſſaire du manque d'expériences & d'obſervations. Revenons à notre ſujet.

On s'eſt déja apperçu que ce n'eſt point définir la lumiere que de nous dire que la lumiere eſt le feu lui-même. Qu'eſt-ce donc que le feu & la lumiere ? Ces termes ſont équivoques, car par le mot de lumiere, l'un peut entendre une choſe, & l'autre une autre. Tantôt par lumiere on entend une ſenſation, un ſentiment, une perception que

V.
Ce que c'eſt que feu & lumiere.

nous avons à l'occafion de certaines impreſſions qui ſe font dans nos yeux, cette lumiere n'eſt pas du reſſort de la Phiſique ; par
lumiere on entend quelquefois une diſpoſition qu'ont certains corps qu'on appelle
lumineux, à raiſon de laquelle ils ſont propres à occaſionner en nous le ſentiment de
lumiere ; c'eſt dans ce ſens que nous diſons
que la lumiere eſt dans le Soleil, que le Soleil eſt le pere de la lumiere ; en Phiſique
on entend plus communément par lumiere,
le corps qui porte juſqu'à nous l'action des
corps lumineux, ou ce liquide ſubtil par l'entremiſe duquel les corps lumineux agiſſent
ſur nous, c'eſt ce qu'on appelle ( *vehiculum
luminis* ) c'eſt en ce ſens que nous diſons que
la lumiere eſt répandue dans toute la nature, qu'elle eſt même engagée entre les parties des mixtes, à quoi nous pouvons ajouter que l'exploſion de ces parties de lumiere
engagées entre les parties des mixtes, eſt ce
qu'on peut appeller feu.

VI.
On manque
d'ordre & de
méthode.
Un Auteur qui travaille pour les commençans, & qui veut donner des Elémens
mis à la portée de tout le monde ; car, s'ils
ſont à la portée des commençans, & de ceux
qui ne connoiſſent de Neuton & de la Philoſophie que le nom ſeul, à la portée de qui

ne les feront-ils pas ? auroit dû pour procé-
der avec ordre & avec méthode, donner
une bonne définition de la lumiere, expliquer clairement ce que c'eſt que lumiere,
faire remarquer que le mot lumiere ſe prend
en différentes ſignifications, & fixer le ſens
dans lequel on le prend. Le célébre M. Bernoulli a cru devoir le faire, lui qui parloit
aux plus ſçavans hommes de l'Europe. Parler à des commençans, leur parler lumiere,
& ne leur point expliquer ce que c'eſt que la
lumiere, n'eſt-ce pas parler pour parler &
non pour les inſtruire, ou du moins, n'eſt-
ce pas parler pour n'être pas entendu ?

La paſſion entraîne ordinairement les hommes au-delà de leurs principes ; un Auteur
qui n'écrit que par paſſion ſe trompe ſouvent, on ſçait que toutes les paſſions aveu-
glent, elles nous mettent en contradiction
avec nous-mêmes, & nous font avancer des
principes qui renverſent tous nos raiſonne-
nemens. C'eſt ce qui eſt arrivé à notre Auteur : il dit à la page 16. que M. Deſcartes
a eu raiſon, lorſqu'il a avancé que la lumiere
eſt une matiere fine & déliée qui eſt répandue par-tout, & à la page 18. il ſoutient
qu'il eſt abſolument faux que la lumiere ſoit
répandue par-tout. Eſt-il poſſible de ſe con-

VII.
Contradic-
tion au ſujet
de la défini-
tion de la lu-
miere.

tredire plus manifeftement ? Ou M. Defcartes a eu raifon de dire que la lumiere eft
répandue par-tout, ou non ? s'il a eu raifon,
s'il a raifonné jufte lorfqu'il l'a dit, il falloit
embraffer fon fentiment; le combattre n'eft-
ce pas nous dire qu'on attaque la vérité.
Que fi, au contraire, M. Defcartes s'eft trompé lorfqu'il a dit que la lumiere eft répandue
par-tout, pourquoi nous dit-on qu'il a eu raifon de l'avancer. En attendant que l'Auteur
dont nous parlons fe mette d'accord avec
lui-même, nous remarquerons qu'il a très-
mal expofé le fiftême de M. Defcartes.

VIII.
On expofe
mal le fiftê-
me de M.
Defcartes.

M. Defcartes a fuppofé deux mouvemens
dans fes cubes; le premier eft un mouvement par lequel chaque cube fut déterminé
à tourner fur fon propre centre, & par le
fecond un grand nombre de ces cubes fut
porté au tour d'un centre commun, fi on fépare ces deux mouvemens, on ne comprendra jamais le fiftême de M. Defcartes; notre Auteur n'a cependant parlé que du premier, encore fe trompe-t'il lorfqu'il dit que
la partie la plus épaiffe de ces cubes, forma
le troifiéme élément de M. Defcartes; car
ce furent les fpheres qui réfultérent de cet
arrondiffement qui formérent la partie la plus
épaiffe de ces cubes. On n'a pour s'en con-

vaincre, qu'à confidérer la raifon qui fe trouve entre un cube & la fpherè infcrite dans
ce cube. Il n'eſt pas néceſſaire d'être autant
Géométre que M. Defcartes, pour éviter de
femblables méprifes.

Rien n'eſt plus indigne d'un Philofophe,
continue-t-on, que le fiſtême de M. Defcartes, quelque ingénieux qu'il foit, n'étant
prouvé en aucun de fes points, autant va-
loit adopter le froid & le chaud, le fec &
l'humide. Ce fiſtême eſt faux.

IX.
On a avan-
cé des propo-
fitions qu'on
ne prouve
pas.

Qu'eſt-ce donc qu'il y a de faux dans le
fiſtême de M. Defcartes ? Seroit-ce la créa-
tion des cubes ? Mais M. Defcartes l'a-t-il
donnée comme vraie ? l'a-t-il donnée autrement que comme une fuppofition ? Seroit-
ce l'exiſtence de la matiere fubtile ? Exiſtence qui eſt démontrée par une infinité d'effets, exiſtence que M. Neuton a reconnue,
puifqu'il fait dépendre la péfanteur des corps
du reſſort ou de l'élaſticité de cette matiere.
Ecoutons M. Neuton, & que ceux qui donnent à ce Philofophe des fentimens qu'il n'a
point eu, apprennent à le comprendre „ La
„ force élaſtique de l'éther, dit M. Neuton,
„ eſt exceſſivement grande, elle peut fuffire
„ à pouſſer les corps avec toute cette puiſ-
„ fance que nous appellons G R A V I T E' (a).

(a) Neuton, Optique, pag. 520.

Qu'eſt-ce donc qu'il y a de faux? On devoit nous l'indiquer , & prouver que cela étoit faux ; ainſi qu'on le prétend. Quoi, eſt-ce ſe proportionner aux connoiſſances des com-mençans que d'exiger d'eux qu'ils devinent les raiſons qui prouvent que le ſiſtême de M. Deſcartes eſt faux? Eſt - ce être équi-table que de les obliger à ſouſcrire à la con-damnation de la doctrine de M. Deſcartes , ſans connoiſſance de cauſe ? Mais conti-nuons.

x.
Premiere
raiſon réfu-
tée.

Nous avons vû (n. VII.) que notre Auteur jugeoit que M. Deſcartes avoit raiſon lorſ-qu'il a avancé que la lumière étoit répandue par-tout. Il dit préſentement que c'eſt une er-reur de le croire ; il en rapporte cinq rai-ſons qui ſont à ſon avis des démonſtrations. Examinons-en la valeur. Il dit en premier lieu , que ſi la lumiere étoit toujours répan-due , toujours exiſtente dans l'air , nous ver-rions clair la nuit comme le jour ; puiſque le Soleil , ſous l'hémiſphére, pouſſeroit tou-jours les globules en tous ſens , & que l'im-preſſion en viendroit également à nos yeux.

Ce raiſonnement eſt à peu près le même que celui que feroit un homme qui préten-droit que dans un Canon chargé , il n'y a point de poudre , parce que s'il y en avoit elle élle chafferoit le boulet avec bruit & avec violence, & de même que pour défabufer cet homme on lui diroit qu'il ne fuffit pas qu'il y ait de la poudre dans ce Canon pour que le boulet en foit chaffé avec bruit, mais qu'il faut encore que cette poudre foit mife en action, foit enflammée; nous ferons remarquer à notre Auteur, qu'il ne fuffit pas que le liquide véhicule de la lumiere foit toujours répandu, toujours exiftant dans l'air, pour que nous y voïons; mais qu'il faut encore que ce liquide foit mis en action d'une maniere convenable, ce qui n'arrivant pas lorfque le Soleil a parcouru environ 18. dégrés au-deffous de l'horifon, nous n'y devons pas voir après ce tems-là, car l'action du Soleil ne peut point venir à nous directement à caufe de l'opacité de la terre, & parce que le rayon le plus près de nous eft la tengente du globe terraquée, rayon qui n'a aucune direction vers nous; Elle ne peut pas venir non plus par réfraction puifque les incidences font trop obliques; nous ne devons donc pas y voir pendant la nuit, quoique notre hémifphére foit tout environné du liquide qui eft le véhicule de la lumiere. Et nous prions M. de Voltaire de confidérer, que pour que nous y

B

voïons, il ne fuffit pas que les parties du véhicule de la lumiere ayent un mouvement en tout fens, ainfi qu'il croit que cela fuffit, en quoi il paroît n'avoir pas compris M. Defcartes; car fi cela fuffifoit, nous ne connoîtrions pas de nuit; tous les Carthéfiens reconnoiffant un pareil mouvement dans les parties du véhicule de la lumiere, foit que le Soleil nous favorife de fa préfence, foit que fon abfence faffe, tout languir dans notre hémifphére; non cela ne fuffit pas, il faut encore que les parties de la lumiere foient pouffées alternativement & en ligne droite vers nos yeux avec une vîteffe convenable. Or, n'eft-il pas évident que le Soleil ne peut point communiquer un femblable mouvement aux parties de la lumiere qui nous environnent, lorfqu'il eft confidérablement enfoncé fous l'horifon. Les rayons qui rafent la terre n'ont aucune direction vers nous, ils vont fe perdre dans les efpaces immenfes des cieux, à moins que quelques corps, tel que la Lune ou les autres Planetes ne les arrêtent & ne les renvoyent vers nous. Il eft donc certain que quoique le véhicule de la lumiere foit répandu partout, foit toujours exiftant dans l'air, nous ne devons pas pour cela y voir clair la nuit.

La feconde raifon qu'on employe pour prouver que la lumiere, c'eft-à-dire, fon véhicule, n'eft pas répandu dans tout l'Univers, c'eft qu'il eft démontré que la lumiere émane du Soleil. Il faut avouer que c'eft ce qu'on peut appeller aller vîte en befogne. Il ne s'agit point ici de campemens, d'efcarmouchades, de fauffes attaques & de tous les autres petits chocs qui font ordinairement le prélude d'une fanglante bataille & d'une victoire fouvent préjudiciable, même au vainqueur ; c'eft une victoire remportée par la feule préfence du Général. Jamais, dans fa vie, Céfar n'eut fi belle occafion d'écrire. La victoire a annoncé ma venue, *veni*, *vidi*, *vici*. Peut-on, en effet, avancer que le véhicule de la lumiere eft répandu dans tout l'Univers après qu'il eft démontré qu'elle émane du Soleil, & que les parties de lumiere qui font actuellement impreffion fur nos yeux, étoient dans le Soleil, il y a environ 7. ou 8. minutes. Il eft démontré que la lumiere émane du Soleil. Voilà la queftion décidée fans retour. Il eft impoffible de ne pas fe rendre à la force & à l'évidence des démonftrations. Rendons nous donc de bonne grace, il eft glorieux de reconnoître qu'on s'eft trompé lorfqu'on a démontré

que nous étions dans l'erreur. Cela eſt glorieux, il eſt vrai ; mais il y auroit de la fo-
lie à renoncer à des vérités prouvées pour
embraſſer des opinions inſoutenables, démontrées fauſſes par plus d'un endroit, & en
plus d'une maniere. A qui eſt-ce que notre
Auteur en veut impoſer? A qui croit-il per-
ſuader qu'il eſt démontré que la lumiere
émane du Soleil ? Où ſont donc les démonſtrations de cette énorme abſurdité ? Eſt-ce
que les obſervations de M. Romer démontrent que la particule de lumiere qui fait actuellement impreſſion ſur ma rétine étoit
dans le Soleil, il y a environ 7. ou 8. minutes ? Nous ne penſons pas que perſonne oſât
l'avancer. Ces obſervations prouvent tout au
plus qu'il ſe paſſe 7. ou 8. minutes avant
que l'action que le Soleil imprime à la partie de lumiere qui lui eſt contigue, ait paſſé,
ait été portée juſqu'à celle qui eſt contigue
à notre rétine. Ce qui eſt très-probable
chez nous, qui reconnoiſſons que les parties de la lumiere qui ſont répandues par-
tout, ſe touchent immédiatement, & ſont
fort élaſtiques.

C'eſt ici le lieu de vanger M. Deſcartes,
& tous les Carthéſiens qui ſoutiennent que
la lumiere eſt répandue par tout l'Univers.

C'eſt ici le lieu de venger notre ſiſtême. M. de Voltaire a prétendu, quoique ſans fondement, que ſi la lumiere étoit toujours répandue, toujours exiſtante dans l'air, nous verrions clair la nuit comme le jour ; prouvons, ou pour mieux dire, démontrons, que ſi la lumiere n'eſt pas répandue par-tout, comme nous le prétendons ; mais qu'elle émane du Soleil, comme le veut M. de Voltaire, nous ſerions dans des ténébres perpétuelles, que nous n'y verrions point en plein midi, pour nous ſervir de l'expreſſion poëtique de notre Auteur. Nous ne raiſonnerons que conſéquemment à ſes principes, nous citerons les endroits dans leſquels nous avons pris les différentes piéces de nos démonſtrations, & nous prions le Lecteur de nous ſuivre avec attention dans la ſuite des raiſonnemens que nous allons faire. Nous ne croions pas nous tromper en diſant que nos preuves ſont ſans réplique.

XII.<br>Si la lumiere émanoit du Soleil nous n'y verrions pas en plein midi.

*Principes Neutoniens, tirés de l'Ouvrage de M. de Voltaire.*

## I.

La lumiere émane du Soleil (a).     (a) Pag. 194.

Le terme d'émaner eſt équivoque, mais M. de Voltaire a fixé le ſens dans lequel il faut le prendre. Ainfi, ce premier principe dit que la lumiere vient du Soleil à nous, de la même maniere qu'une pierre qu'on abandonne à elle-même du haut des tours de Notre-Dame, vient fraper le pavé.

## II.

La lumiere eft un corps, & un corps pe-

(a) Pag. 127. fant (a).

## III.

La péfanteur eft un effet de l'attraction (b).

## IV.

Tout globe attire en raifon directe de fa maffe. C'eft-à-dire, qu'un globe qui aura dix fois plus de maffe qu'un autre, attirera à

(c) Pag. 278. la même diftance dix fois plus que lui (c).

## V.

La force de l'attraction à différentes dif-tances eft en raifon inverfe des quarrés de ces diftances, ainfi un corps qui fera trois fois plus éloigné du centre de la terre qu'un au-

(d) Même tre, fera neuf fois moins attiré (d).
pag.

## VI.

Tout gravité vers le Soleil (e).

(b) C'eft-là le but du fiftême Neutonien, & la doc-trine répandue dans tout l'Ouvrage que nous examinons.
(c) En une infinité d'endroits.

Ces principes Neutoniens une fois admis nous demandons qu'elle eſt la cauſe qui pouſſe la lumiere hors du Soleil, & qui la fait ainſi éloigner du centre commun de gravitation, en lui donnant une tendence vers le centre de la terre. Eſt-ce une impulſion ? Eſt-ce une attraction ? Les Neutoniens n'ont qu'à opter. Que ce ſoit donc d'abord une impulſion ; en ce cas, nous n'ayons plus beſoin de l'attraction pour expliquer la péſanteur & les autres effets qu'on fait dépendre de cette qualité occulte. Cette cauſe qui pouſſe la lumiere hors du Soleil en la portant vers la terre, qui rend la lumiere peſante, pouſſera les corps vers le centre des planetes dans le voiſinage deſquelles ils ſe trouvent, pouſſera la Lune vers la terre, & réciproquement la terre vers la Lune, pouſſera la Terre & la Lune vers le Soleil. Dites-en autant de toutes les autres planetes, tant principales que ſecondaires ; il faut donc convenir que ſi c'eſt par impulſion que la lumiere eſt pouſſée hors du Soleil, le ſiſtême de l'attraction manque en tous ſes points; car il eſt évident qu'admettre le mouvement par impulſion dans la lumiere, c'eſt abandonner le Neutonianiſme. Ce ſera donc l'attraction qui donnera le mouvement à la lumiere. Confidérons ce point avec un peu d'attention.

La lumiere eſt un corps, la lumiere gravite donc. Tout gravite vers le Soleil, la lumiere gravite donc vers le Soleil. La gravitation, lorſque ſa force n'eſt point contrebalancée, fait avancer les corps vers le centre de leur gravitation, vers le centre du corps qui les attire; la lumiere doit donc s'avancer du Soleil, puiſque nous ne connoiſſons en elle aucune force qui puiſſe contrebalancer la gravitation. La lumiere ne peut donc pas s'éloigner du Soleil pour s'avancer de la terre, elle doit au contraire s'avancer du Soleil, ſuppoſé qu'elle s'en fût une fois éloignée. On comprend ainſi qu'en ſuivant les principes des Neutoniens, nous devons être dans des ténébres perpétuelles, nous n'y devons pas voir clair en plein midi.

La lumiere étant attirée par le Soleil, ne peut point s'éloigner de cet aſtre qu'elle ne ſoit pouſſée par une force ſupérieure & oppoſée à l'attraction; Nous voilà donc forcés de reconnoître, dans la nature, une force centrifuge, ou qui pouſſe les corps loin du centre de leur gravitation, force qui eſt ſupérieure à la gravitation, à l'attrac tion, ou à cette force qui fait tendre les corps vers un centre commun. Si cela eſt, tout l'Univers retombera bien-tôt dans le cahos. Que Meſſieurs les Neutoniens tâchent de ſatisfaire à ces objections. Continuons à prouver par leurs propres principes que nous ſerions dans des ténébres perpétuelles.

Suppoſons que la lumiere pouſſée loin du Soleil par quelque cauſe que ce puiſſe être, ſe trouve à un million de lieuës du centre de cet aſtre, pourra-t'elle paſſer outre ſi la terre l'attire, & que ce ſoit cette attraction qui la fait avancer vers notre globe ? Car dans le ſiſtême Neutonien, il ne peut y avoir aucune cauſe, autre que l'attraction de la terre, qui puiſſe nous procurer l'avantage de jouir de la lumiere. Non ſans doute ; car comme la lumiere ſe trouve alors entre deux puiſſances, entre le Soleil & la terre, & que chacune de ces puiſſances l'attire de ſon côté, il faut qu'elle céde à une de ces deux puiſſances, au Soleil par exemple, ſi la force avec laquelle elle eſt attirée par cet aſtre, eſt plus grande que celle avec laquelle elle eſt attirée par la terre : or, dans la ſuppoſition préſente, l'attraction du Soleil eſt huit cens quarante - une fois plus

XIV.
Seconde
preuve.

grande que l'attraction de la terre , quand bien même on suppoſeroit ces deux globes également maſſifs. En effet , les globes attirent en raiſon inverſe des quarrés des diſtances , & la diſtance de la lumiere au Soleil étant suppoſée comme 1. la diſtance de la lumiere à la terre ſera comme 29. ainſi , la terre attirant alors la lumiere comme 1. le Soleil l'attirera comme 841. quarré de 29. la lumiere retombera donc dans le Soleil , elle ne parviendra jamais à la terre. Nous ſerons ainſi dans des ténébres perpétuelles.

Nous suppoſons ici que le centre de la terre eſt éloigné du centre du Soleil de trente millions de lieuës , comme cette diſtance eſt plus petite que la véritable , nos preuves en ont plus de solidité.

XV.
Troiſiéme
preuve.
Que la lumiere ſoit parvenue par l'impoſſible à quinze millions de lieuës du Soleil , devra-t'elle s'avancer de la terre ? Nous répondons qu'elle doit s'éloigner de la terre & retomber dans le Soleil ; car comme tout globe attire en raiſon directe de ſa maſſe , les diſtances étant ici suppoſées égales , la terre attirant la lumiere comme 1. le Soleil l'attirera comme deux cens cinquante mille , le Soleil étant deux cens cinquante mille

fois plus maſſif que la terre (a), elle céde-
ra donc à l'attraction du Soleil, elle retombera dans cet aſtre. Il eſt ainſi démontré en
rigueur, que dans le ſiſtême de l'émanation
nous n'y verrions pas clair en plein midi.
Que ſeroit-ce ſi on combinoit l'excès de
maſſe avec l'excès de diſtance ? Reprenons toutes ces preuves.

Tout ce que nous venons de dire ſe réduit à ceci. Ou il y a dans la nature une
cauſe qui pouſſe les corps loin du centre
de leur gravitation, ou non. Si c'eſt le premier, tout l'Univers retombera dans le cahos en moins d'une minute : voici pourquoi. La force centrifuge que toutes les parties de l'Univers ont en conſéquence de leur
mouvement circulaire, eſt parfaitement égale à la force de l'attraction. Cette premiere
force centrifuge étant augmentée par l'ad-
dition de cette autre force qui pouſſe les
corps loin du centre de leur gravitation,
l'emportera ſur la force de l'attraction; les
corps céleſtes s'échaperont par les tangen-
tes des courbes qu'ils décrivent, ce qui pro-
duira une confuſion générale dans l'Univers.
Que ſi, au contraire, il n'y a point dans la
nature aucune force qui pouſſe les corps
loin du centre de leur gravitation, la lu-

XVI.
Récapitu-
lation de tou-
tes ces preu-
ves.

(a) Elémens, &c. pag. 280.

miere ne fçauroit s'éloigner du Soleil pour s'avancer de la terre, nous ferions dans des ténébres perpétuelles, ce que nous prouverons dans la fuite, de différentes manieres.

XVII.
Contradiction des Neutoniens fur l'attraction.

Meſſieurs les Neutoniens font admirables, à peine nous ont-ils dit que tout gravite vers le Soleil, que tout eſt attiré par le Soleil, qu'ils enfeignent que la lumiere qui eſt une partie de la fubftance du Soleil, ne gravite pas vers lui, n'eſt point attirée par cet aftre. En attendant qu'ils remédient à ces inconveniens, & qu'ils réfolvent ces difficultés, joüiffons autant de tems que la divine Providence voudra le permettre, des impreſſions bien-faifantes que le Soleil fait fur nous par le moyen de ce liquide fubtil qui eſt répandu dans toute la nature.

XVIII.
Si la lumiere émanoit du Soleil, il n'y auroit jamais des Eclipfes.

On dit, & on peut bien raifonner en le difant, on dit que les Cometes portent des rudes coups aux tourbillons de M. Deſcartes. Mais on peut dire auſſi que les Eclipfes portent des coups encore plus terribles au fiſtême de l'émanation Neutonienne ; car s'il eſt vrai que la lumiere émane du Soleil, on ne conçoit pas que la Lune puiſſe obfcurcir la terre, lorfqu'elle fe trouve entre ce globe & le Soleil. La lumiere qui a un cours très-rapide du Soleil vers la terre, devra fe

plier vers les côtés de la Lune, se réunir
ensuite en dessous de ce globe, & continuer
son cours tout de même que si elle n'eut
point rencontré la Lune en son chemin.
C'est ainsi que l'eau de la Seine se divise &
se partage à la rencontre d'un pilier du
Pont-Neuf, qu'elle se réunit ensuite & continue son cours sans laisser au-delà du pilier
aucun espace à sec ; ou pour ne sortir pas
de notre sujet : c'est ainsi que nous voions
la flâme se plier, se diviser, & se réunir ensuite à la rencontre d'un corps, tel que pourroit être un petit bâton.

Le raisonnement que nous venons de faire,
& qui est si naturel, nous en indique un autre qui lui est tout semblable. Car de même que le pilier du Pont-Neuf, dont nous
venons de parler, est exactement environné
d'eau de tous côtés, de même que le bâton
qu'on expose à la flâme est environné de
tous côtés de lumiere, le globe terrestre
sera aussi tout environné de lumiere, tant
dans l'hémisphere qui est tourné du côté du
Soleil, que dans l'hémisphere opposé. On
auroit donc un jour perpétuel. A quoi nous
pouvons ajouter que les corps opaques ne
donneroient aucune ombre.

XIX.
Nous y ver-
rions clair à
minuit.

Le sistême de l'émission des corpuscules

lumineux eſt ſujet à une infinité d'autres inconveniens que nous ne rapporterons pas,
on les trouve en une infinité d'endroits,
nous pourrions même en aſſigner pluſieurs
qui nous ſont propres, & qui démontrent
la fauſſeté de cette opinion ; mais cela nous
arrêteroit trop long-tems, continuons notre examen.

x x.
Raiſonne-
ment peu ſo-
lide.
Après avoir donné un avis ſalutaire à l'Auteur du Spectacle de la Nature, M. de Voltaire revient à la charge pour prouver que
la lumiere émane du Soleil, & n'eſt pas répandue dans toute la nature. Voici ſon raiſonnement. Il eſt démontré, dit-il, que la
lumiere arrive des étoiles fixes en un tems
très-long. Or, ſi elle fait ce chemin, elle
n'étoit donc pas répandue auparavant. On
ſent bien que cette preuve, qui ne roule
que ſur un équivoque, & qui n'eſt fondée
que ſur une fauſſe ſuppoſition, eſt la même
que celle que nous venons de réfuter ; mais
comme il eſt bon, & même important de
précautionner le Lecteur contre ces erreurs
qu'on annonce comme des vérités démontrées ; nous l'avertiſſons qu'il n'a jamais été
démontré, pas même rendu probable, que
la lumiere émane du Soleil, ni qu'elle vient
des étoiles de la maniere qu'on l'entend

dans l'Ouvrage que nous examinons , & qu'il y a une infinité de preuves du contraire. Il eſt fort aiſé que des commençans prennent le change ſur ces matieres. On trouve dans tous les ouvrages d'Optique , que la lumiere va & vient , qu'elle employe environ huit minutes à venir du Soleil à nous , que la lumiere paſſe de l'air dans l'eau , & autres termes ſemblables , qui pourroient induire en erreur , ſi on n'a pas le ſoin de déterminer le ſens dans lequel il faut les prendre.

Lorſque nous diſons que la lumiere vient du Soleil à nous , nous ne voulons pas dire qu'elle vienne comme un courier vient de Touloufe à Paris , ou en traverſant tout l'eſpace qui ſe trouve entre le Soleil & la terre ; lorſque nous diſons que la lumiere emploie 7. à 8. minutes à venir du Soleil à la terre , nous ne prétendons pas que la particule de lumiere qui eſt préſentement dans le Soleil , ne ſera parvenue à la terre qu'après 7. ou 8. minutes ; quand nous diſons que la lumiere paſſe d'un milieu dans un autre , de l'air dans l'eau , nous ne voulons pas dire que les parties de la lumiere paſſent d'un de ces milieux dans l'autre , comme le fait une Grenouille. Non , ce n'eſt pas-là le

X X I.
En quel ſens on dit que la lumiere va, vient , paſſe, &c.

fens dans lequel on employe , & dans lequel
on doit prendre ces termes d'aller , de venir, de paffer , de traverfer , &c. lorfqu'on
parle de l'action des corps lumineux. Quand
on dit que la lumiere vient du Soleil , on
veut donner à entendre que c'eft le Soleil
qui donne le mouvement aux parties de la
lumiere , qui font répandues dans tout l'U-
nivers ; lorfqu'on dit que la lumiere employe 7. ou 8. minutes à venir du Soleil à
nous , on veut dire qu'il fe paffe 7. ou 8.
minutes avant que l'action que le Soleil imprime à la molecule de lumiere qui lui eft
contigue , ait paffé par toutes les parties
moyennes , jufqu'à la derniere qui eft contigue à notre rétine. Lorfqu'on dit que la
lumiere paffe de l'air dans l'eau , &c. on
veut dire que l'action que le Soleil a imprimé aux parties de la lumiere, fe trouve
dans des parties qui font dans l'air , & enfuite dans des parties qui font dans l'eau ;
que cette action paffe des parties qui font
dans l'air , dans des parties qui font dans
l'eau , &c. On comprendra aifément que le
raifonnement de M. de Voltaire ne dit rien,
dès qu'on aura fixé le fens dans lequel on
doit prendre les termes dont nous venons
de parler. Nous accorderons, fi l'on veut,

qu'il

qu'il fe paffe un tems très-long avant que l'action que les étoiles impriment à la lumiere, ait paffé jufqu'aux parties de ce liquide, qui font à la furface de la terre. Mais il faut qu'on nous accorde auffi qu'il n'eft pas démontré que la partie de lumiere qui frape actuellement notre rétine, étoit dans le Soleil, il y a 7. ou 8. minutes. Après quoi le raifonnement de M. de Voltaire fe réduira à rien. Il ne prouve pas mieux que la lumiere n'eft pas répandue dans tout l'Univers, que celui, qui pour prouver que l'air n'eft pas répandu du corps fonore à notre oreille, employeroit ce raifonnement - ci. Il eft démontré que le fon n'arrive qu'après foixante fecondes de la diftance de dix mille huit cens toifes. Or, fi le fon fait ce chemin, l'air n'eft donc pas répandu du corps fonore jufqu'à l'oreille. Les deux raifonnemens font parfaitement femblables ; car comme cet homme confondroit l'action du corps fonore avec l'air véhicule de cette action, M. de Voltaire confond l'action du corps lumineux avec le liquide véhicule de cette action. Pourfuivons.

M. de Voltaire continue à raifonner fur un fens équivoque : abufant des termes, il

XX
Troi
raifon
rée.

C

confond toujours l'action des parties de la
lumiere , l'action des rayons de la lumiere
avec ces mêmes parties, avec ces mêmes
rayons. Nous lui accorderons , comme dans
l'article précédent, que les rayons qu'on détourne par un prifme démontrent que leur
action eft dirigée vers des nouveaux points;
mais il faut qu'il nous accorde que l'effet
du prifme & de tous les autres corps réfringens , ne prouve pas que la lumiere fe meut
dans le fens qu'il l'a avancé.

XXIII.
Quatriéme
& cinquiéme
raifon réfu-
tées.
La quatriéme & la cinquiéme raifon que
notre Auteur employe pour prouver que la
lumiere n'eft pas répandue dans tout l'Univers , nous fourniffent des preuves démonftratives contre le mouvement de tranfport qu'il attribue aux parties de la lumiere. En effet , fi les rayons ont un véritable mouvement de tranfport , la lumiere qui entre par un petit trou qu'on aura pratiqué dans une chambre obfcure, devra l'illuminer toute entiere , tout de même que l'eau qui entre dans un baffin par
un petit robinet remplit enfin tout le baffin ; on voit par-là que la lumiere ne fçauroit fe répandre exactement en ligne droite.
Tous les liquides fe répandent également de
tous côtés. L'eau qui entre dans le baffin dont

nous venons de parler, fe répand non-feulement en ligne droite, mais encore à droite,
à gauche, &c. Rien de tout cela ne doit
arriver dans notre fiftême ; il n'y aura que
les parties de lumiere qui répondent directement au trou, qui doivent être mifes en
action, & comme ces parties font fort déliées, & d'un reffort très-vif, leur action ne
fçauroit fe porter vers les côtés, elle n'ira
qu'en ligne droite.

C'eft avec raifon que notre Auteur croit
que l'action des corps lumineux, ne fçauroit être portée par le moyen des petits
tourbillons du P. Malebranche; ce qui nous
donne occafion d'obferver que le Journa-
lifte de Trévoux, donne à M. de Voltaire
une critique qui ne lui appartient pas. Voici
comment il parle à la page 1682. Août
1738. *La critique que fait M. de Voltaire
des globules mols à reffort, du P. Malle-
branche, paroît démontrée. L'infinie moleffe
fe concilie - t - elle avec l'infinie élafticité ?*
M. de Voltaire ne l'a pas faite cette critique, il n'en a pas même fait mention ;
elle eft de nous, on la trouve à la page
66. de notre Traité de la Lumiere, où on
lit. Il ( le P. Malebranche ) fuppofe que ces
tourbillons font élaftiques : mais comment

XXIV.
Le Journa-
lifte de Tré-
voux donne à
M. de Vol-
taire un argu-
ment qui nous
appartient,

C ij

eſt-ce que des corps infiniment mols peuvent avoir du reſſort? Nous ne ſçaurions qu'admirer la droiture du Journaliſte. N'aïant pas retrouvé l'occaſion de parler de la diſpute que nous avons avec M. l'Abbé Privat de Molieres, au ſujet des petits tourbillons, & ayant dit ailleurs (a) que notre critique ne paroiſſoit pas victorieuſe, il ne fait aucune difficulté de ſe retracter aujourd'hui. Il a ſaiſi l'occaſion, quoiqu'éloignée, que lui en fournit M. de Voltaire. Il a mieux aimé donner cette critique à un autre, que de la laiſſer plus long-tems dans le mépris. Il eſt rare de trouver tant de bonne-foi dans les Auteurs qui ſe ſont trompés. La plûpart croyent ſe déshonorer en ſe retractant. Il n'appartient qu'aux grands génies de faire, & de penſer le contraire.

XXV.
La condenſation de la lumiere, & la rapidité de ſa propagation prouvent qu'elle n'a pas un mouvement de tranſport.

Quoique nous ayons parlé dès le commencement de cet Ouvrage, de la définition de la lumiere par M. de Voltaire, ce n'eſt, neanmoins, qu'à la page 24. qu'il la donne cette définition. C'eſt en cet endroit-là qu'il dit que la lumiere eſt le feu lui-même, & que les rayons du Soleil, épars dans l'eſpace de l'air, illuminent les objets, & que réunis dans ( par ) un verre ardent, ils fondent le plomb & l'or.

(a) Journ. de Trévoux. 1738. Janv. pag. 23.

C'eſt un fait certain que les rayons du Soleil, dont l'action eſt dirigée vers un ſeul &
même point de la façon que nous l'avons
expliqué dans notre Traité de la Lumiere,
fondent, non-ſeulement, l'or & le plomb,
mais encore, les pierres & les métaux
les plus durs. Mais cela ne prouve-t'il pas
que la lumiere ne ſe répand pas par une
émanation de corpuſcules ? Il faudroit,
en effet, que dans ce ſiſtême, la lumiere
fût beaucoup plus denſe que le marbre au
foyer du miroir ardent qui eſt à l'Obſer-
vatoire. Nous ne nous arrêterons pas plus
long-tems à cette preuve, laquelle, quoique démonſtrative, n'eſt pourtant pas nouvelle. Nous n'inſiſterons pas non plus ſur
celle qu'on peut déduire de la rapidité inconcevable avec laquelle on veut que la
lumiere ſe répand, rapidité par laquelle on
lui fait parcourir plus de quatre millions de
lieues en une minute, ou plus de ſoixante
mille lieues dans une ſeconde, pendant un
battement d'artére. Nous nous contenterons
de faire ici une petite remarque ſur le ſiſtême Neutonien ; remarque intéreſſante,
peut-être même déciſive.

M. Neuton démontre dans la propoſition
quatre-vingt-quinze du premier Livre de ſes

XXVI.
Remarque
importante

Principes , que la vîteffe du rayon qui pénétre dans un milieu en s'éloignant de la perpendiculaire tirée par le point d'incidence , doit être retardée. Cette démonftration prouve auffi que la vîteffe d'un rayon doit être accélerée lorfqu'il pénétre dans un milieu en s'approchant de la perpendiculaire tirée par le point d'incidence. Or , c'eft un fait d'expérience , que la lumiere fouffre des femblables réfractions lorfqu'elle paffe de l'éther dans l'air , de l'air dans l'eau , de l'eau dans le verre. Il eft donc démontré que la lumiere accélere fon mouvement lorfqu'elle paffe de l'éther dans l'air , de l'air dans l'eau , de l'eau dans le verre , &c. Donc fi ces efpaces que nous Carthéfiens rempliffons de parties de lumiere , font vuides ainfi que le veulent les Neutoniens ; il faut convenir que l'air ou le plein réfifte moins au mouvement de la lumiere que le vuide, & qu'un corps réfifte d'autant moins au mouvement d'un autre corps, qu'il eft plus maffif. Car la lumiere qui paffe du vuide dans l'air ne fçauroit accélerer fon mouvement qu'en conféquence d'une réfiftance moindre, qu'elle rencontre dans l'air , & c'eft-là le véritable fentiment des Neutoniens. Nous verrons dans la fuite qu'ils prétendent que

c'eſt du vuide que la lumiere rejaillit, que
c'eſt le vuide qui occaſionne les réfléxions
de la lumiere, que plus un corps eſt maſſif, plus il donne un libre paſſage à la lumiere. Les Neutoniens n'ont-ils pas grand
tort d'exclure le plein, & d'admettre le vuide pour conſerver le mouvement dans la
nature ? Le plein réſiſtant moins au mouvement des corps que le vuide, ils auroient
dû admettre le plein, & rejetter le vuide.

Nous prévoyons que Meſſieurs les Neuto- XXVII.
niens appelleront l'attraction à leur ſecours des Neuto-
pour eſquiver, s'il étoit poſſible, la force niens, inutiles
de notre remarque. Ils ne manqueront pas
de nous dire que ſi la lumiere accélere ſon
mouvement, lorſqu'elle paſſe du vuide dans
l'air, cela n'arrive pas en conſéquence
d'une moindre réſiſtance qu'elle rencontre
dans le plein, mais en conſéquence d'une
plus forte attraction par le plein, & que
comme la lumiere eſt d'autant plus fortement attirée par la terre, qu'elle eſt plus
proche de ce globe, il n'eſt pas ſurprenant
qu'elle accélere d'autant plus ſon mouvement
qu'elle s'approche plus du centre de la terre.
Mais nous leur demanderons ſi la lumiere ne
s'approche de la terre que parce qu'elle eſt
attirée par ce globe : s'ils l'accordent, nous

avons démontré que fuivant cette fuppofition , nous devrions être dans des ténébres
perpétuelles ; que fi au contraire cela n'eft
pas , & qu'on doive reconnoître qu'il y a
une caufe différente de l'attraction qui pouffe la lumiere vers la terre, ils doivent convenir que le plein réfifte moins à fon mouvement que le vuide , que le plein rétar-
de moins le mouvement des corps que le
vuide ; ce que nous avions intention de
prouver, à quoi nous ajouterons deux chofes. 1°. Tous les inconvéniens que nous
avons prouvé accompagner néceffairement
l'exiftence d'une caufe qui pouffe les corps
loin de leur centre de gravitation (n. XIII.)
2°. Que cette prétendue attraction ne fçauroit être la caufe de la réfraction de la lumiere , comme nous le prouverons en fon
tems.

XXVIII.
Sentimens
ridicules des
Neutoniens
fur les pertes
que fait le So-
leil,
Ce feroit ici le lieu de faire voir que
dans le fiftême de l'émiffion des corpufcules , le Soleil feroit épuifé en peu de
fiécles , & combien eft ridicule le fentiment de ceux qui prétendent qu'il tombe
de tems en tems des Cometes dans le Soleil pour ranimer la nature , & pour entre-
tenir le feu de cet aftre. Et quoique nous
reconnoiffions que M. de Voltaire n'a pas

avancé ce fentiment, du moins, en termes for-
mels ; M. Algarotti à qui , felon toutes les apparences, il s'eft communiqué, le dit à la p. 43
du premier volume de fon Neutonianifme, &
le fentiment de M. de Voltaire n'eft pas plus
férieux ; il veut dans fes Lettres Philofo-
phiques , que les planetes foient fecourues
& vivifiées par les fumées qui fortent des
Cometes , lefquelles font rôties par le Soleil ( *a* ). On voit ainfi que les planetes fe
nourriffent de la même maniere que ces
habitans de la Lune dont fait mention
Lucien dans fon hiftoire véritable , lefquels
ne prenoient pour tout aliment folide que
la fumée qui fortoit de certaines Grenouilles
qu'ils faifoient rôtir fur des charbons ar-
dens

Comme le fentiment du Neutonien , M.
Algarotti , a été combattu , réfuté & prouvé faux en tant de manieres , & un fi grand
nombre de fois , nous ne l'attaquerons ici
que d'une maniere nouvelle en fuivant les
principes Neutoniens. Nous remarquerons
neanmoins plûtôt, qu'il eft furprenant qu'on
n'ait point encore obfervé la chûte des
Cometes dans le Soleil. Ce phénomene
devant être plus fenfible que celui de l'au-

(*a*) Lettre 15. pag. 173.

rore boréale, auroit dû fraper les yeux des Obfervateurs. Et quoique le célébre M. de Mairan ait trouvé affez d'obfervations fur les aurores boréales qui ont paru en différens tems, pour en pouvoir dreffer une Table chronologique; nous fommes perfuadés que les Neutoniens ne fçauroient nous fournir une feule obfervation fur quelque Comete tombée dans le Soleil pour *ranimer la vieilleffe des Mondes épuifés.*

XXIX.
Dans ce fiftême tout l'ordre des parties de l'univers feroit renverfé.

Le fiftême Neutonien ne nous annonce que des malheurs au fujet des Cometes. Que notre état feroit trifte fi quelque Comete alloit fe jetter dans le Soleil. Tout l'ordre des parties de l'Univers feroit détruit, le Monde entier ne feroit plus qu'un horrible cahos. Le vulgaire eft fans doute Neutonien, lui qui craint les Cometes à l'égal du tonnerre, & fi les Neutoniens ont raifon, la terreur du vulgaire n'eft plus panique. Oüi, & nous le démontrons. Si la lumiére émane du Soleil, & qu'il tombe de tems en tems quelque Comete dans cet aftre, tout l'Univers doit rentrer dans le cahos.

L'ordre admirable que nous voyons fe trouver entre les parties de l'Univers, ne fçauroit fubfifter tel qu'il eft, s'il n'y a dans

la nature une force oppofée à l'attraction,
laquelle lui foit entierement égale, il faut
de toute néceffité que ces deux forces
foient dans un parfait équilibre ; car le
moindre avantage que l'une des deux ob-
tiendroit fur l'autre, cauferoit un renverfement général dans l'Univers. Pour rendre ceci plus fenfible, ne confidérons que
la terre. Ce globe gravite vers le Soleil ,
eft attiré par le Soleil. Si la force de l'attraction agiffoit feule fur la terre, elle iroit
bien-tôt tomber dans le Soleil avec une vîteffe prodigieufement accélerée, elle feroit
ainfi bien-tôt calcinée & réduite en cendres.
Il faut donc que cette force d'attraction
foit contre-balancée par une autre force qui
lui foit oppofée & égale, laquelle éloigne
autant notre globe du Soleil, que la force
de l'attraction la fait tendre vers cet aftre.
Cette feconde force que M. de Voltaire
nomme force de projectile, feroit parcourir à la terre, fi elle agiffoit feule, une ligne droite, laquelle feroit la tangente de la
courbe qu'elle décrit autour du Soleil. Nous
appellerons cette force rétraction, comme
oppofée à l'attraction.

Le concours des deux forces d'attraction
& de rétraction, fait décrire à la terre une

courbe dont les côtés infiniment petits font les diagonales des parallelogrammes auffi infiniment petits, dont les deux côtés font proportionnés aux deux forces dont nous venons de parler. On comprend que ces parallelogrammes font des quarrés.

Suppofons préfentement que ces quarrés foient transformés en des rectangles par l'augmentation ou par la diminution d'une des deux forces d'attraction & de rétraction, ou pour nous rendre intelligibles à ceux qui ne font pas verfés dans la Géométrie ; fuppofons qu'une de ces deux forces refte la même , tandis que l'autre augmente , & que ce foit d'abord la gravitation qui acquiert des nouvelles forces , qui eft augmentée. L'équilibre fera alors rompu , & la terre fera obligée de s'avancer du Soleil. Il eft vrai qu'elle ne s'en approchera que peu dans le premier inftant , mais quelque peu confidérablement qu'elle s'en approche dans le premier inftant , l'efpace qu'elle parcourt vers le Soleil , donne une nouvelle différence entre les deux forces contranitentes. L'attraction en deviendra plus fupérieure , l'équilibre fera rompu fans retour, parce que la force attractive du Soleil augmentera à tous momens , les globes attirant en raifon

inverse des quarrés des distances. En forte
qu'en fuppofant que la terre ne fe foit approchée du Soleil que de 10. lieues dans
la premiere minute, elle s'en fera approchée de 40. après la feconde minute, de 90.
après la troifiéme, de 160. après la quatriéme, & de trente-fix mille après la premiere
heure, & par conféquent de vingt millions
fept cens trente-fix mille lieues après l'efpace d'un jour naturel, ou après vingt-quatre
heures ; enforte que nous ne tarderions pas
long-tems à nous trouver dans le Soleil,
ou pour mieux dire, notre globe calciné
feroit bientôt uni au Soleil, lequel acqué-
rant par-là une nouvelle force d'attraction,
car les globes attirent en raifon directe de
leurs maffes, appellera à foi toutes les étoiles, & comme dans une machine compofée
de plufieurs pieces qui dépendent toutes
les unes des autres, l'équilibre ne peut
manquer en un point, qu'il ne manque par-
tout, comme dans une pendule, le mouvement qui ceffe dans une piece fait que
toutes les autres pieces ne fe remuent plus,
de même l'équilibre étant rompu entre le
Soleil & la terre, il fe trouvera rompu dans
toutes les parties de l'Univers. Tout fe trouvera ainfi en moins de rien dans le défordre & dans la confufion.

Suppofons préfentement que la rétraction prévaille , nous voilà expofés aux mêmes inconvéniens. La terre s'échapera par la tangente , & donnera ainfi moins de prife à l'attraction ; la rétraction devenant par-là de plus fupérieure en plus fupérieure , éloignera de plus en plus la terre du Soleil. Maintenant , fans nous embarraffer de ce qui nous arriveroit , ou de ce qui nous touche le plus , nous voulons dire , fans confidérer , que nous ferions bientôt pétrifiés , ne confidérons , comme bon Citoyens de l'Univers , que ce qui arriveroit à toutes les parties de cet admirable ouvrage. Nous concevons d'abord que la terre s'approcheroit ou s'éloigneroit de la Lune , fuivant le tems auquel l'équilibre auroit été rompu. La lune iroit s'unir à la terre , dont elle augmenteroit la puiffance , ou devenue planete du premier ordre , de fecondaire qu'elle étoit , elle iroit fe perdre par fon ambition , ou s'agrandir au dépens de quelqu'autre planete moins confidérable. Dites - en autant de la terre que nous avons vû s'affranchir , de plus en plus , des loix de la gravitation en s'éloignant , de plus en plus , du Soleil ; tout fe trouvera ainfi dans le défordre & dans la confufion.

Nous devons donc reconnoître qu'il doit y avoir un équilibre parfait entre l'attrac-tion & la rétraction, afin que l'ordre de l'U-nivers puisse subsister tel qu'il est ; mais cet. équilibre ne peut point se trouver entre les deux forces dont nous venons de parler, si la lumiere émane du Soleil. Il est donc prouvé, que si la lumiere émane du Soleil, tout sera bien-tôt détruit dans l'Univers. Nous venons de dire que si la lumiere éma-ne du Soleil l'équilibre ne sçauroit subsister entre les deux forces d'attraction & de ré-traction, & nous avons dit vrai ; car deux forces qui sont actuellement égales & en équilibre, ne seront pas long-tems égales, ne seront pas long-tems en équilibre, si une d'elles restant la même, on diminue con-tinuellement la seconde, & c'est ce qui ar-rive dans le sistême Neutonien. La force attractive du Soleil diminue continuelle-ment ; car lorsque les Neutoniens nous di-sent que la lumiere émane du Soleil, ils nous disent qu'il s'échape continuellement du Soleil une infinité de parties de sa sub-stance, que la masse du Soleil diminue con-tinuellement, que son attraction devient de plus foible en plus foible, parce que l'at-traction est toujours proportionnée au nom-

X X X. Premiere preuve de cet-te vérité.

bre des parties du corps attirant. Il est donc
prouvé que si la lumiere émane du Soleil,
les forces d'attraction & de rétraction ne
sçauroient être en équilibre, & par conséquent, que dans cette supposition purement gratuite, tout devroit être bientôt
confondu dans la nature.

XXXI.<br>*Subterfuge*<br>*des Neuto-*<br>*niens, inutile.* Comme Messieurs les Neutoniens ne manquent pas de ressources, tâchons de les
forcer dans leurs derniers retranchemens.
Nous prévoyons qu'ils diront que l'émanation continuelle des parties de lumiere qui
sortent du Soleil, ne diminue pas sensiblement le globe solaire ; ce qu'ils prouveront
par l'exemple d'un grain de musc, lequel
élance sans cesse autour de lui des corps
odoriférans sans rien perdre, sensiblement
de son poids. Mais la parité n'est pas juste,
parce que nous concevons que les pertes
que fait ce grain de musc, sont continuellement réparées par des corpuscules qui
voltigent dans l'air, qui vont s'unir à ce
corps, & qui compensent les parties qui en ont
été détachées ; il est neanmoins certain que
ce grain de musc perd sensiblement de son
propre poids, du moins après un certain
tems, & une preuve démonstrative que des
nouvelles parties sont venues remplacer les
corpuscules

corpuſcules qui s'en ſont détachés ; c'eſt que le corps a perdu conſidérablement de ſon odeur avant que ſon poids ait été ſenſible-ment diminué, & il eſt certain que la force de la lumiere ne diminue jamais en elle-même, quoique par accident elle nous pa-roiſſe quelque-fois plus grande & quelque-fois plus petite.

Démontrons encore, que les pertes que le Soleil fait journellement, ſont plus que ſuffi-ſantes pour faire rompre l'équilibre qui au-roit été une fois introduit entre les deux for-ces d'attraction & de rétraction ; nous allons, au reſte, tout compter ſur un pied beaucoup plus bas que le véritable.

Suppoſons qu'un cone de lumiere qui a ſon ſommet dans le Soleil, & qui a un des hémiſpheres de la terre pour baſe, peſe un million de livres ; ce poids eſt certainement bien petit pour un cone qui a pour baſe la demie circonférence de la terre , & dont la hauteur eſt de plus de trente mil-lions de lieues , ce qu'on accordera d'au-tant plus volontiers , qu'on ſçaura que les parties de la lumiere ſont péſantes & fort péſantes, & qu'elles ſe touchent immédia-tement, du moins au rapport des ſens ; car il n'y a aucun point ſenſible. dans l'hémiſ-

D

phere qui eft du côté du Soleil, qui ne foit
illuminé & fur lequel, par conféquent, ne
tombent des parties de lumiere. Suppofons
encore que la fphere, dont la diftance qu'il
y a de la terre au Soleil, feroit le rayon, contienne un millier de ces cones. Ce nombre eft
beaucoup plus petit que le véritable : en ce
cas, cette fphere de lumiere contiendra
mille millions de livres de matiere folaire :
que la lumiere ne vienne du Soleil à nous
qu'en dix minutes, on voit que nous donnons beaucoup aux Newtoniens ; alors, il
fortira du Soleil mille millions de livres de
matiere toutes les dix minutes, & fix mille
millions toutes les heures, & par conféquent cent quarante-quatre mille millions
dans l'efpace d'un jour. Or, n'eft-il pas évident qu'une perte continuelle de cent quarante-quatre mille millions de livres par jour,
doit faire diminuer très-fenfiblement la maffe
du Soleil après un petit nombre d'années ?
n'eft-il pas certain, que la force attractive du
Soleil en feroit diminuée confidérablement, &
que cette diminution doit être fuivie d'un
renverfement total dans toutes les parties de
l'Univers ? La chofe arriveroit encore bien
plûtôt, fi comme il eft probable, la perte que
le Soleil fait par jour, eft un million de

fois plus grande que celle que nous avons assignée. Qu'on considére combien prodigieuse doit être la quantité de lumiere ou de matiere péfante qui doit fortir continuellement du Soleil pour remplir une fphere dont le rayon eft de deux cens quatre-vingt-cinq millions de lieues ; car telle eft la diftance qu'il y a de Saturne au Soleil, matiere qui fe renouvelle toutes les huit minutes pour la terre , & tous les cinq quarts d'heure pour Saturne. La grandeur du Soleil n'y fçauroit fuffire long-tems. Quelque prodigieux que foit ce globe , il n'eft prefque qu'un point quand on vient à le comparer avec l'orbite de Saturne , dont le diamétre eft de cinq cens foixante-dix mille millions de lieues.

On nous dira , fans doute , qu'il tombe de tems en tems des Cométes dans le Soleil, lefquelles réparent les pertes que cet aftre avoit faites , de la même maniere que nous voions que le feu de nos cheminées fe ranime lorfque l'on y met de nouvelles buches. Parle-t'on férieüfement lorfqu'on nous propofe ces rêveries ? Les Neutoniens ne font-ils pas réfléxion qu'une Cométe ne peut point tomber dans le Soleil que par un mouvement accéleré qui fraperoit fi rudement le corps

XXXII.
Seconde preuve de la même vérité.

D ij

folaire, qu'il le briferoit en une infinité de parties ?

Suppofons, néanmoins, que les Comé‑tes fe dérobant à nos obfervations, aillent s'unir au Soleil, fans bruit & fans fracas. Cette union ne fera-t'elle pas fuivie d'un renverfement général dans la nature ? Oüi, fans doute. Pour nous en convaincre, nous n'avons qu'à confidérer la terre dans l'inftant qui a précédé l'union de la Cométe avec le Soleil, inftant auquel la force de rétrac‑tion étoit égale à l'attraction, puifque la ter‑re ne s'eft point alors ni approchée ni éloi‑gnée du Soleil. La maffe du Soleil & ain‑fi fon attraction ayant été augmentée par l'union de la Cométe, fa force attractive l'emportera fur la force rétractive de la terre ; la terre, & de fuite toutes les planetes, iront fe précipiter dans le So‑leil.

XXXIII.
Comment
& en quelle
proportion la
lumiere s'af‑
foiblit.

La lumiere s'affoiblit, & doit néceffaire‑ment s'affoiblir à proportion qu'on s'éloi‑gne du corps lumineux, & ces diminutions à différentes diftances, font comme les quar‑rés de ces diftances, comme nous l'avons expliqué très-clairement dans notre Traité de la lumiere. Cette diminution de force dans la lumiere ne dépend pas néanmoins d'une émanation moins confidérable des parties d'un certain corps lumineux, mais d'une force, qui fe communiquant à un plus grand nombre de parties à proportion qu'on s'éloigne de fon principe, fe trouve moindre dans chacune de ces parties, & comme le nombre des parties aufquelles fe communique l'action des corps lumineux, augmente comme les quarrés des diftances, il n'eft pas furprenant que la force de la lumiere diminue dans la même proportion. Pour rendre ceci plus fenfible, fuppofons un cone de lumiere de cent pieds de hauteur, & qu'on le coupe, ou que du moins on le conçoive coupé par un plan parallele à fa bafe, à la diftance de 50. pieds du fommet ; on aura par-là un autre cone dont la bafe fera à la bafe du premier, comme un eft à quatre, c'eft-à-dire, que la bafe du cone dont la longueur eft de cent pieds, contient quatre fois plus de parties que la bafe du cone qu'on a produit par la fection à la diftance de 50 pieds du fommet ; il arrive ainfi qu'à une diftance double, l'action du corps lumineux fe trouve diftribuée à quatre fois plus de parties qu'à une diftance fimple ; c'eft pourquoi chacune de ces parties n'aura que le quart de la force qui se trouveroit dans chaque partie à une distance double ; d'où l'on doit conclure , sans mystére & sans le secours d'aucun calcul singulier , que la lumiere s'affoiblit suivant les quarrés des distances , ou ce qui est le même , que la force de la lumiere à différentes distances du corps lumineux est en raison inverse des quarrés de ces distances ; c'est-à-dire, que la force de la lumiere à une distance comme 1. est à la force de la lumiere à une distance comme deux , comme quatre quarré de la distance deux , est à un quarré de la distance un ; ensorte que la force de la lumiere se trouve quatre fois moindre à une distance double. Cela suit nécessairement de nos

**XXXIV.**
*Explication qui ne satisfait pas.*

principes , & c'est mal raisonner , lorsque pour expliquer ce phénomene , on dit qu'il arrive quatre fois moins de parties de lumiere à une distance double , qu'à une distance simple ; car on ne s'appercevroit pas alors de la diminution de la lumiere ; il arriveroit simplement qu'on verroit quatre fois moins de parties dans l'objet illuminé.

Il est certain que lorsqu'on est dans une chambre dans laquelle il y a des bougies allumées , cette chambre est d'autant plus illuminée , que le nombre des bougies alluméés eft grand. Qu'on ne penfe pas néanmoins, car nous devons tout prévoir, qu'on ne penfe pas que la lumiere qui eft dans cette chambre devient plus forte à proportion qu'on allume des nouvelles bougies, parce qu'alors il fe fait des émanations plus copieufes & plus abondantes, car cela eft faux : mais il faut concevoir que la lumiere acquiert alors des nouvelles forces, parce qu'elle eft mife en action par un plus grand nombre de caufes. Suppofons, par exemple, qu'une feule bougie donne au liquide véhicule de la lumiere qui eft dans cette chambre, une force comme deux ; fi on allume deux bougies, il eft certain que les parties de ce liquide auront une force comme quatre, puifqu'elles reçoivent deux dégrés de force de chacune de ces bougies ; ainfi leur force augmentera à proportion que le nombre des bougies allumées fera plus grand.

La grande rapidité avec laquelle la lumiere fe propage, ne fournit aucune preuve contre le plein de M. Defcartes ; car comme les corps lumineux n'agiffent pas fur nous par aucune émiffion de corpufcules, comme nous l'avons folidement prouvé, tous les raifonnemens de M. de Voltaire s'évanouiffent, & ne portent plus fur rien; Car dès qu'on reconnoîtra que ce n'eft que l'action du corps lumineux, & non fa fub-ftance qui vient jufqu'à nous par l'entremife d'un liquide fubtil répandu dans tout l'Uni-vers, on concevra fans peine que cette action peut parvenir en très-peu de tems à des diftances très-confidérables, & ce tems fera d'autant plus court, que les parties du milieu qui porte cette action, feront plus ferrées, que le plein fera plus parfait, enforte que fi les parties de la lumiere fe touchoient im-médiatement, & étoient parfaitement du-res; 1 a lumiere, c'eft-à-dire, l'action des corps lumineux feroit portée en un inftant indivifible jufqu'à nous, non-feulement du Soleil, mais encore des étoiles les plus éloi-gnées. Mais comme tout l'Univers n'eft pas parfaitement rempli de lumiere, & que les parties de ce liquide, quoique fe touchant immédiatement, font élaftiques, l'action du Soleil ne parvient à nous qu'après 7. ou 8. minutes.

XXXVI.
Elle prou-
ve, au con-
traire, que la
lumiere eft
répanduedans
tout l'Uni-
vers, & qu'
elle n'émane
pas du Soleil.

Il y a plus. L'expérience, ce vrai maître de la Phifique, nous apprend que la lu-miere en venant d'un élément dans un autre élément, d'un milieu dans un autre milieu, n'y paffe pas toute entiere; une grande par-

tie eſt réflechie, l'air en fait réjaillir plus
qu'il n'en tranſmet ; ainſi il ſeroit impoſſible qu'il nous vînt aucune lumiere du Soleil, elle ſeroit toute abſorbée, toute répercutée avant qu'un ſeul rayon pût ſeule-
ment venir à moitié de notre Atmoſphere,
s'il n'eſt pas vrai que la lumiere eſt répandue dans tout l'Univers, comme nous
le prétendons ; mais qu'elle émane du Soleil, comme le ſoutient M. de Voltaire ;
car, puiſque l'air fait rejaillir plus de lumiere qu'il n'en tranſmet, il y aura plus
de la moitié de la lumiere que le Soleil envoye à la terre qui ſera répercutée par la
premiere ſurface de notre Atmoſphere, &
& comme la petite portion de lumiere qui
a pénétré dans notre Atmoſphere, trouve
à chaque point un nouvel air qui devient
de plus denſe en plus denſe, il ſe fait toujours des nouvelles réflexions ; car une
couche inférieure d'air eſt un nouveau milieu par rapport à une couche ſupérieure ;
il eſt donc prouvé qu'un ſeul rayon de lumiere ne ſçauroit parvenir juſqu'à la moitié
de notre Atmoſphere, & que toute la lumiere que le Soleil envoye à la terre, ſeroit répercutée long-tems avant que d'être
parvenue juſqu'à nous, s'il eſt vrai que la

lumiere émane du Soleil. Nous voilà donc encore exposés à des ténébres perpétuelles.

. On n'aura pas tous ces inconvéniens à éprouver, ni tous ces malheurs à craindre dès qu'on reconnoîtra que la lumiere est répandue dans tout l'Univers, & on concevra aisément que les parties de la lumiere portant les unes sur les autres depuis la terre jusqu'au Soleil, l'action que cet astre communique aux parties qui lui sont contigues, peut parvenir jusqu'à nous avec une rapidité prodigieuse, quoiqu'elle passe à travers les pores de l'air ou de tel autre liquide. Supposons, pour plus grande conviction, qu'on jette une pierre sur l'extrémité d'une perche qui est dans l'air, tandis que l'autre extrémité, qui est dans l'eau, porte sur la main d'un plongeur, il est certain que ce plongeur ressentira tout l'effet de l'action que la pierre a imprimée à la perche, mais ce plongeur ne ressentiroit aucune impression si on jettoit cette pierre contre sa main au travers de l'eau, le mouvement imprimé à cette pierre étant éteint avant que la pierre parvienne à ce plongeur. Dites-en autant de l'action du Soleil venant à nous par une émission de corpuscules.

XXXVII.
L'Auteur

Comme il n'y a ni mesures, ni calculs, ni

expériences , ni preuves , ni démonſtrations des
qui prouvent que la lumiere émane du Soleil, tioi
comme cette émanation n'eſt prouvée en au- que
cune maniere , & que mille raiſons ſolides
prouvent invinciblement qu'elle eſt chiméri-
que ; l'Auteur des Obſervations Phiſiques a
bien penſé lorſqu'il a dit que l'opinion de l'é-
miſſion des corpuſcules lumineux eſt inſoute-
nable. Il ne pouvoit traiter plus doucement
une opinion ſi extraordinaire.

# CHAPITRE II.

*La propriété que la Lumiere a de se réfle-*
*chir n'étoit pas véritablement conne.*
*Elle n'est pas réflechie par les parties foli-*
*des des corps, comme on le croyoit.*

**XXXVIII.**
**Plusieurs**
**Auteurs ont**
**connu que les**
**parties grof-**
**fieres des**
**corps ne ré-**
**flechissent pas**
**la lumiere.**

Une vérité que M. Neuton a em-
pruntée du P. Fabri, que le P.
Malebranche a connue, & que
nous avons prouvée dans notre
Traité de la Lumiere, est que les parties
solides & groffieres des corps, ne font pas
le sujet de la réflexion de la lumiere, ne

réflechiffent pas les rayons de la lumiere :
aucun Phificien n'a cependant expliqué quel
eft le corps qui renvoye l'action des rayons.
Il eft vrai que M. de Mairan fuppofe que
tous les corps font environnés d'une Atmofphere , & il eft plus que probable , que
cela eft vrai. Ce fçavant Géométre , ce fubtil Phificien croit que c'eft cette Atmofphere qui réflechit les rayons , & même qu'elle
eft le fujet de leurs réfractions ; mais comme il eft abfolument néceffaire pour que
nous puiffions voir les objets , que l'action
des rayons incidens parvienne jufqu'à la furface de ces corps , & qu'elle y parvient
réellement , comme nous le démontrerons
dans la fuite , il paroît , que l'explication in-
génieufe de M. de Mairan demande qu'on
détermine la nature de cette Atmofphere
& la maniere dont elle agit. Mais comme
M. de Mairan ne vouloit point rendre fon
explication de la réflexion & de la réfraction
de la lumiere dépendante d'aucune hipo-
théfe fur la propagation de la lumiere , il
n'a point dû defcendre dans ce détail ; on
voit en effet , que fa théorie & que fes démonftrations confervent toute leur force, foit
qu'on fuppofe que la lumiere eft répandue
dans tout l'Univers, foit qu'on prétende

qu'elle émane du Soleil. Nous efperons qu'il nous pardonnera, fi en admettant fon Atmofphére, nous tâchons d'en expliquer la nature, conformément à nos principes, afin que par-là nous puiffions fubftituer le plein de M. Defcartes au vuide Neutonien, la mécanique à l'attraction.

Parmi plufieurs raifons que nous avons employées dans notre Traité de la lumiere pour prouver que les parties folides & groffieres des corps, ne font pas le fujet immédiat de la réflexion de la lumiere; on en trouve une fort fimple, & qui fe prend de la réflexion réguliere & conftante de la lumiere fous un angle égal à l'angle d'incidence lorfqu'elle donne obliquement fur un miroir plan; c'eft en cet endroit que nous avons fait voir que les corps qui paroiffent les plus unis, & que nous jugeons à la fimple vûe être du poli le plus parfait, ne font neanmoins que des furfaces très-inégales, fillonnées & toutes remplies de monticules & d'inégalités, incapables par conféquent, de réflechir la lumiere d'une maniere conftante & réguliere; nous avons ajouté que quoique ces inégalités foient peu confidérables en elles-mêmes, elles le font néanmoins beaucoup par rap-

port à l'extrême délicateſſe des parties de
la lumiere, d'où nous avons conclu que ce
ne ſont pas les parties groſſieres des corps
qui ſont le ſujet immédiat de la réflexion de
la lumiere.

Nous ne nous ſommes pas contentés de
prouver que les parties ſolides & groſſieres
des corps ne réflechiſſent pas la lumiere,
mais nous avons encore indiqué quel eſt le
ſujet de cette réflexion. Nous avons dit que
les parties de la lumiere qui ſont répandues
dans toute la nature, & qui ſe trouvent engagées entre les parties des mixtes, étoient
le ſujet demandé, & que ce ſont elles qui
renvoyent l'action des rayons incidens, qui
réflechiſſent la lumiere : voici comment on
doit concevoir ces queſtions-là.

La lumiere étant répandue dans l'Univers,
& rempliſſant les pores de l'air, tout corps
environné d'air ſe trouve plongé dans le liquide véhicule de la lumiere, liquide qui
pénétre ce corps en rempliſſant tous ſes pores, & qui l'environne de tous côtés, formant autour de lui comme une eſpece d'enveloppe ; car étant certain que les parties
de l'air ne peuvent pas s'ajuſter avec les
parties de lumiere qui ſont engagées entre
les parties des corps, ainſi que nous le prou-

XXXIX.
Quel eſt le
ſujet de la ré-
flexion de la
lumiere.

verons ailleurs, les molecules de l'air laiſſent un petit eſpace tout autour de ces corps;
c'eſt ainſi que nous voyons que la colomne
d'air qui eſt dans un tuyau délié, & à peu
près capillaire, eſt d'un diamétre ſenſible-
ment plus petit que la colomne d'eau qui
remplit une partie de ce tuyau, l'air ne pouvant s'ajuſter parfaitement avec le verre.

La lumiere extérieure qui ſe joue dans les
airs, remplit cet eſpace délaiſſé par l'air;
car elle peut s'ajuſter parfaitement avec la
lumiere engagée entre les parties de ce
corps, elle forme autour de lui une eſpece
d'Atmoſphere, de vernis ou d'enveloppe.
Pour avoir une idée bien diſtinſte de la
formation de cette Atmoſphere, on n'a qu'à
conſidérer un linge tout imbibé de parties
d'eau, qu'on plonge dans un vaſe rempli
d'huile. On ſçait par expérience que ce linge ne ſe charge point des parties d'huile,
& qu'au contraire, il emporte avec ſoi
une grande quantité d'eau lorſqu'on vient à
le plonger dans ce liquide.

XL.
Tous les
corps ſont re-
vêtus & envi-
ronnés d'une
Atmoſphere.

Nous ne pouvons donc pas ignorer qu'il
ne puiſſe ſe former une eſpece d'Atmoſphere à l'entour de tous les corps. Ajoutons
quelque choſe de plus. Il eſt démontré par
l'expérience, qu'elle s'y forme, car outre
qu'on

qu'on ne fçauroit contefter que les corps
électriques, tel que l'Aimant, le Jais, l'Ambre, &c. n'en foient revêtus, on peut la
voir fenfiblement autour d'une aiguille d'a-
cier qu'on placera horifontalement fur la
furface de l'eau, dont on aura rempli un
verre, on verra que cette aiguille fe fou-
tiendra fur la furface de l'eau, & cela contre toutes les Loix de l'Hidroftatique, du
moins en apparence ; car fi vous confidérez les chofes de près vous ferez convaincu que c'éft en conféquence des Loix démontrées de l'Hidroftatique, que cette aiguille fe tient au-deffus de la furface de
l'eau; en effet quoiqu'elle foit par elle-même
plus péfante qu'un pareil volume d'eau, elle
eft refpectivement plus légere dès-lors
que vous la confidérez comme ne faifant
qu'un tout avec fon Atmofphere. Vous l'appercevez diftinctement cette Atmofphere,
vous voyez que l'eau femble fuir cette aiguille, elle s'en éloigne de tous côtés, vous
diriez qu'il y a une petite barque invifible
qui foutient cette aiguille, du moins peut-
on dire que cette barque eft bien défignée
& que fa place eft très-bien marquée. Vous
appercevrez la même chofe, quoique plus
fenfiblement encore, autour d'un brin d'o-

E

fier fort fec que vous placerez auffi horifontalement fur la furface de l'eau. Il eft donc
certain que les corps font tous environnés
d'une Atmofphere qui fe rend fenfible, felon les lieux & les circonftances. Qu'on ne
penfe pas pourtant que cette Atmofphere,
que nous difons environner les corps, foit
formée par quelque vertu attractive ou répulfive. Nous ne connoiffons dans la nature
que mouvement par impulfion, que propriétés mécaniques qui dépendent du mouvement, de la figure, de la fituation, &c.
des parties de la matiere que nous fçavons
être effentiellement étendue.

XLI.
Le fiftème
Neutonien
devroit ad-
mettre une
vertu répulfi-
ve.

Il eft furprenant que les Neutoniens
n'ayent admis dans la matiere une feconde
vertu de la même nature que l'attraction,
nous voulons dire auffi inintelligible, mais
qui auroit eu des effets tout oppofés; ils auroient pû appeller cette force répulfion, ou
force répulfive, laquelle leur auroit été d'un
grand ufage. C'eft ce qu'a fans doute prévû
le fçavant M. Hales, lorfqu'il a confidéré
l'air, tantôt dans un état d'attraction, &
tantôt dans un état de répulfion. Il eft tems
de rentrer dans notre fujet. Examinons la
réflexion de la lumiere, confidérons ce problême de la nature, faifons de férieufes ré-

flexions fur la maniere dont nos Neutoniens expliquent ce phénomene , notre étonnement redoublera, & nous apprendrons avec furprife qu'ils entaffent chimére fur chimére, erreur fur erreur , & faux raifonnement fur faux raifonnement.

Il eft certain que plus un corps eft folide & plus il réflechit la lumiere en plus grande quantité. La raifon confirme ce fait , & il n'y a ni raifons ni experiences qui indiquent le contraire. Il faut convenir néanmoins que Meffieurs les Neutoniens abufent des expériences , ainfi que des obfervations & des termes. Mais nous ne les perdrons jamais de vuë. Ils nous préparent deux expériences dont ils ne comprennent pas , ou du moins dont ils font femblant de ne pas comprendre le réfultat, & c'eft avec ces expériences qu'ils veulent faire illufion aux commençans ; car perfonne ne s'y laiffera prendre pour peu de bonne Phifique qu'il poffède. Ces expériences font celles d'un rayon de lumiere qui eft plus fortement réflechi par l'air , que par l'eau , lorfqu'il doit paffer d'un cube de criftal , ou d'un prifme de verre, dans l'air ou dans l'eau avec une certaine obliquité. Nous parlerons de ces expériences en fon tems , nous expoferons les

X L I I.
Premiere erreur. On abufe de l'experience.

E ij

vérités qu'elles indiquent & les abfurdités aufquelles conduifent les principes de notre Auteur , lorfqu'il prétend qu'un corps réflechit d'autant plus fortement la lumiere , qu'il eft moins denfe, moins folide & moins maffif ; & nous le prions de remarquer que tant s'en faut que les Carthéfiens prétendent que plus une furface eft unie , plus elle fait rejaillir la lumiere , qu'ils enfeignent formellement le contraire. Car fi vous leur demandez d'où vient que les corps blancs fatiguent la vuë ; ils vous répondront que c'eft parce qu'ils réflechiffent la lumiere en plus grande quantité que les autres corps , en conféquence de l'inégalité de leur furface ; ce qu'ils confirment par l'expérience qui nous apprend que l'argent qu'on a blanchi par le moyen du fel de Tartre , qui en fillonnant avec fes pointes la furface de ce métal la rend fort inégale, perd fa blancheur lorfqu'on le brunit, c'eft-à-dire, lorfqu'on rend fa furface unie. Ils ne manquent pas d'un bon nombre d'expériences femblables qui prouvent très-bien leur fentiment. Tout ce que les Carthéfiens difent au fujet des furfaces unies , c'eft qu'elles réflechiffent la lumiere plus réguliérement que les autres, & ils raifonnent jufte en le difant.

Nous ne fçachions pas qu'on prétende XLIII.
Seconde er-
reur au fujet
des glaces é-
tamées. que la feuille d'étain qu'on applique par le moyen du vif-argent à une glace polie , renvoye les rayons de la lumiere, ou fi quelqu'un l'a prétendu , du moins , avons nous enfeigné le contraire. On n'a qu'à lire ce que nous en avons dit à la page 204. & fuivantes de notre Traité de la lumiere. On y trouvera non-feulement qu'une glace étamée ne réflechit pas la lumiere en plus grande quantité , que celle qui n'eft pas doublée de cette feuille d'étain dont nous avons parlé ; mais on y trouvera encore le véritable ufage de cette lame , ufage qui fe borne à éteindre les rayons qui paffent par les pores de la glace , & à empêcher de paffer les rayons qui viennent des objets qui font au-de-là de cette glace. Nous nous flatons que nos raifonnemens paroîtront fi folides qu'on n'aura plus rien à défirer fur cette matiere.

Il eft auffi certain qu'un corps eft d'au- XLIV.
Troifiéme
erreur au fu-
jet des corps
diaphanes. tant plus diaphane , d'autant plus tranfparent , qu'il eft percé d'un plus grand nombre de pores droits, & que ces pores font plus grands ; qu'il eft vrai qu'un apartement eft d'autant plus éclairé , qu'il prend le jour par un plus grand nombre de fenêtres , que ees fenêtres font plus grandes , & que les

murs en font moins épais. A quels termes
nous trouverons nous réduits fi le fiftême
qu'on tâche d'accréditer eft folide ? Ce fiftême renverfe le Carthéffianifme , l'expérience , & le bon fens. Jamais rien ne fut
plus propre que ce fiftême , pour faire valoir
la ridicule opinion de ceux qui prétendent
que nous fommes continuellement le joüet
de l'erreur & de l'illufion , jufques - là que
nous nous trompons , lorfque nous jugeons
qu'il y a des corps dans la nature. Et fi nous
devons réformer nos connoiffances par le
Neutonianifme , il faudra tenir les portes
des maifons ouvertes de nuit , pour empêcher les voleurs d'entrer & de fe gliffer dans
les apartemens ; on devra au contraire les
fermer ces portes & les bien barricader pour
donner un libre accès aux maîtres des maifons ; il faudra mûrer , ou du moins , rendre extrêmement petites les fenêtres des
chambres , afin de les rendre plus claires ,
& au contraire , on devra percer de tous
côtés les murs d'un cachot pour le rendre
obfcur ; il faudra , enfin , fermer les yeux
pour y voir plus clair. Mais examinons les
chofes un peu plus férieufement. Et nous
avertiffons le Lecteur, que comme la plûpart
des raifonnemens des Neutoniens portent

fur certaines expériences dont ils abufent,
nous ne pouvons point encore en faire voir
le défaut, mais nous le ferons dans la fuite,
notre deffein étant de ne paffer rien d'effentiel.

Les parties de la lumiere, nous dit-on,
ne font pas réflechies par les parties groffieres des corps. Cela eft vrai, nous l'avons
dit nous - mêmes ; car comme les parties
groffieres des corps n'ont aucun rapport avec
les parties de la lumiere, elles ne fçauroient les
réflechir. Voici pourquoi. La lumiere confifte dans un mouvement vif & alternatif,
ou d'ofcillation des parties des rayons, ou
des fuites des molecules du liquide qui porte l'action des corps lumineux. Or, comme
les parties propres des corps ne font pas
fufceptibles d'un tel mouvement, ainfi
que plufieurs expériences le prouvent,
elles ne peuvent qu'éteindre les rayons,
elles font comme un corps mol qui amor-
tit le mouvement des mobiles, ou comme
les filets d'un jeu de paume, lefquels arrêtent les bales. En effet, on comprend que
ces parties ne peuvent point réagir fur la
lumiere, qu'elles ne s'accommodent à fon
mouvement ; mais il eft prouvé qu'elles ne
peuvent s'y accommoder, elles ne pourront

XLV.
Pourquoi les
parties grof-
fieres des
corps ne font
pas propres à
réflechir la
lumiere.

E iiij

donc pas réagir fur elle, elles ne pourront pas être le fujet de la réflexion de la lumiere ; il ne peut y avoir que les parties de lumiere engagées entre les parties des mixtes, qui occafionnent ces réflexions.

**XLVI.**
*L'action des rayons doit néceffairement parvenir jufqu'à la furface des corps.*

On veut en fecond lieu que la lumiere foit réflechie du côté des corps, du côté de la furface d'un miroir par exemple, fans avoir touché à cette furface. Si on dit vrai, ce fera l'Atmofphere dont nous avons parlé qui la réflechira. Mais il n'y a ni raifon folide ni expérience décifive qui prouve ce fait, & nous concevons très-diftinctement qu'il faut que l'action des rayons incidens parvienne jufqu'à la furface des corps, fans quoi nous ne pourrions pas les voir ces corps, & ne fçavons nous pas, d'ailleurs, que la lumiere échaufe, qu'elle brûle, qu'elle diffout, & qu'elle vitrifie les corps les plus durs ; or, pourroit-elle produire ces effets fi fon action ne parvenoit pas jufqu'à la furface de ces corps ? Non fans doute.

**XLVII.**
*Contradiction des Neutoniens.*

On foutient encore que la lumiere eft réflechie du fein des pores. Mais comment prouve-t'on une propofition fi extraordinaire ? Nous aurions fouhaité que ceux qui l'ont avancée fe fuffent un peu appliqués à la bien établir. Se jouent-ils de la crédulité des hommes ? ils avancent hardiment les propofitions les plus révoltantes & les plus fauffes, croyant qu'il fuffit de les énoncer pour que chacun les reçoive, fi peu ils s'apliquent à les prouver. Mais fe flatent-ils que nous les regarderons comme vraies fur leur parole ? Si cela eft, ils fe trompent, nous fommes Carthéfiens, & comme tels, nous n'admettons pour vrai, en fait de fcience humaine, que ce que nous connoiffons diftinctement être vrai. Penfent-ils que ces propofitions font fi évidentes qu'on en apperçoit tout d'abord la certitude ? Mais nous leur répondons qu'il fuffit à un Phificien de les entendre propofer pour qu'il en apperçoive le faux. En attendant que nous le prouvions dans les formes, nous remarquerons une contradiction dans laquelle M. de Voltaire eft tombé ; il nous dit d'un côté que la lumiere eft réflechie avant d'avoir atteint la furface du corps du côté duquel elle eft réflechie, & il veut d'un autre côté que la lumiere foit réflechie du fein des pores. La lumiere peut-elle fe trouver dans les pores d'un corps fans avoir atteint la furface de ce corps ?

On nous dit, enfin, que c'eft du vuide que la lumiere rejaillit, que c'eft le vuide XLVIII. La lumiere ne rejaillit pas du vuide.

qui eft le fujet immédiat de la réflexion de la lumiere. Arrêtons-nous quelque tems fur ces deux dernieres queftions.

La lumiere eft réflechie par le vuide ; mais, felon tous les bons Phificiens, le vuide n'eft rien, donc le rien eft le fujet de la réflexion de la lumiere, donc la lumiere eft répercutée par rien, voilà de plaifantes & fingulieres manieres de réflexion. Mais nous nous trompons, le vuide eft quelque chofe, c'eft l'efpace, c'eft l'immenfité de Dieu. C'eft donc l'efpace qui réflechit la lumiere. Mais qu'on nous dife fi l'efpace n'a pas une facilité infinie à fe laiffer pénétrer par la matiere, & fi ayant cette facilité il pourra réflechir la lumiere. Il eft difficile de comprendre qu'on puiffe répondre à cette démonftration. Voilà donc encore les Neutoniens vis-à-vis de rien pour la réflexion de la lumiere, ils n'ont encore aucun fujet qui puiffe faire rejaillir la lumiere. Donnons leur néanmoins un moyen pour fe tirer de l'embarras dans lequel ils fe font jettés. Voici comment nous nous imaginons, fans pour tant qu'ils nous l'ayent dit, qu'ils conçoivent que fe fait la réflexion de la lumiere. Ils regardent cette fubftance matérielle, ce corps délié qu'ils appellent lumiere, comme attiré par

le corps , & non par l'efpace, c'eſt pourquoi la lumiere fe trouvant fur les confins
de l'efpace , obéit à l'attraction & retourne
fur fes pas. Ceci, comme on le voit , fent
fort l'horreur du vuide. Eſt-il furprenant en
effet , que ceux qui renouvellent les qualí-
tés occultes employent l'horreur du vuide ?
Non fans doute. Ne nous arrêtons pas néanmoins à ces réflexions que tant d'autres ont
faites avant nous. Remarquons fimplement
qu'on ne trouve aucun principe de réflexion
dans cette prétendue attraction , à moins
que les Neutoniens n'exigent de nous que
nous quittions les termes les plus reçus &
dont l'ufage eſt le mieux établi , ainſi qu'ils
veulent que nous renoncions aux idées les
plus diſtinctes. En effet , qu'entend-on par
réflexion , fi non un changement de détermination qui arrive à un corps en mouvement à l'occaſion d'un obſtacle qu'il ne
peut furmonter. Donc puifque dans le cas
préfent , il n'y a aucun obſtacle qui s'oppofe à la progreſſion de la lumiere ; il n'y aura pas de réflexion. On nous dira peut-être
que l'attraction eſt cet obſtacle ; ce n'eſt
donc pas le vuide qui fait rejaillir la lumiere. Encore , ou la force de l'attraction eſt
plus petite que la force du mouvement pro-

greffif de la lumiere, ou elle lui eft égale ou même plus grande. Si elle eft plus petite, elle retardera à la vérité le mouvement de la lumiere, mais elle ne fçauroit l'empêcher de continuer fa route, & de s'enfoncer dans le vuide, dans l'efpace, & dans l'immenfité de Dieu; que fi au contraire la force de l'attraction eft égale à la force du mouvement progreffif de la lumiere, elle l'arrêtera tout court, ce qu'elle fera encore avec plus d'efficace, fi elle eft plus grande. La force de répulfion joueroit ici un grand rôle, fi M. de Voltaire l'avoit connue; car on s'apperçoit, fans doute, que la lumiere ne fçauroit fe réflechir dans aucun des cas que nous venons d'examiner.

XLIX.
Si cela étoit nous ferions dans des ténébres perpétuelles.

Mais accordons pour un moment que c'eft du vuide que la lumiere rejaillit, que c'eft à l'occafion du vuide que la lumiere eft comme répercutée & obligée de s'en retourner fur fes pas. Que notre état feroit trifte! dans cette fuppofition, nous ne jouirions jamais de la lumiere du Soleil, nous ferions dans des ténébres perpetuelles. Cet argument revient fouvent, mais eft-ce notre faute, fi à force de fubtilifer fur la lumiere & fur fes propriétés, les nouveaux Neutoniens la détruifent, voici démonftrativement pourquoi.

Le vuide réflechiffant la lumiere, & la lumiere ne pouvant venir du Soleil qu'au travers d'un efpace vuide de près de trente millions de lieues de longueur, on conçoit qu'elle fera toute répercutée, il n'en parviendra pas un feul rayon jufqu'à la terre ; que les Neutoniens donnent une folution folide s'ils le peuvent.

Obfervons ici en paffant combien ces nouveaux Neutoniens font conftans dans leurs principes. Ils dépouillent l'efpace de matiere, ils admettent le vuide pour faciliter le mouvement de la lumiere, lorfqu'il s'agit de fon mouvement progreffif. Mais faut'il empêchér le mouvement de la lumiere pour la réflexion, ils ont recours au vuide, le vuide le fait. N'eft-ce pas fouffler le froid & le chaud à une même ouverture de lévres (a).

Les expériences du cube de criftal & du verre dont nous avons déja parlé ( n. XLII. ) ne prouvent rien moins que la réflexion par le vuide, ainfi que nous le démontrerons invinciblement dans le Chapitre VII. qui

L.
Variation
des Neutoniens.

____

(a) On peut fouffler le froid & le chaud à différentes ouvertures de lévres. Chaud lorfqu'on tient la bouche fort ouverte, & froid lorfque l'on tient les lévres ferrées. Ainfi le Satyre de la Fontaine n'avoit pas raifon.

est le véritable lieu de ces questions. Examinons présentement de quel lieu est-ce que
la lumiere rejaillit.

LI.
Ce n'est pas
du sein des
pores que la
lumiere rejail-
lit.

Les Neutoniens prétendent que c'est du
sein des pores que la lumiere rejaillit, &
ils l'avancent avec autant de confiance que
s'ils les avoient vûs ces pores, que s'ils y
avoient observé ces réflexions, ne faisant
point attention que si leur sentiment est vrai
il n'y auroit point des corps transparens,
ou pour mieux dire, ne considérant pas que
les corps transparens ruinent leurs préten-
tions, & tous leurs raisonnemens.

LII.
Premiere
preuve de
cette vérité.

Si c'est du sein des pores que la lumiere
rejaillit, il n'y aura pas de corps transparens; car un corps ne sçauroit être trans-
parent, qu'il ne donne un libre passage à la
lumiere, & les corps ne pouvant donner
passage à la lumiere qu'à travers leurs pores,
il est démontré, que si c'est du sein des pores que la lumiere est réflechie, il n'y aura
plus des corps transparens, à moins que les
Neutoniens ne prétendent, que comme les
pores réflechiffent la lumiere, ce sont les
parties solides qui la transmettent, tout se
trouvera ainsi parfaitement renversé, & le
sistême des nouveaux Neutoniens achevé.

Nous prévoyons que la condition des

Marchands Vitriers va être bien trifte préfentement qu'on commence à ouvrir les
yeux, & à faire ufage de la raifon, s'ils n'ont
pas eu l'adreffe de profiter de l'illufion qui
nous faifoit juger du tems du Carthéfianifme que la lumiere étoit tranfmife par les pores des corps. Parlons férieufement.

Enfermé dans notre cabinet dont les fe- L I I I.
Seconde preu-
ve.
nêtres vitrées donnent fur une promenade
publique, nous lifons les Elémens de la
Philofophie de M. Neuton, nous nous trouvons arrêtés lorfque nous y voyons que c'eft
du fein des pores que la lumiere eft réflechie, que la lumiere rejaillit. Cette nou-
veauté qui nous furprend nous oblige à rê-
ver & à méditer. La premiere chofe qui fe
préfente à notre efprit, c'eft, que s'il eft
vrai que la lumiere rejailliffe du vuide &
du fein des pores qu'on doit fuppofer vuides pour que la lumiere puiffe en rejaillir,
nous ne verrions rien, nous n'y verrions
pas. Car en bonne Métaphifique, comme
en bonne Phifique, l'ame n'apperçoit que
les objets qui font impreffion fur les organes du corps auquel elle eft unie; or, dans
la fuppofition préfente, c'eft le rien qui fait
impreffion fur la rétine par l'entremife de
la lumiere qu'il réflechit, c'eft donc le rien

que notre ame apperçoit , ou ce qui eſt le même, l'ame ne doit rien voir. Il eſt donc certain que dans le ſiſtême que nous réfutons nous n'y verrions jamais. Pourquoi cet argument ſe préſente-t'il ſi ſouvent & ſi naturellement.

Pour donner un entier dégré de certitude à notre démonſtration. On doit faire attention que la lumiere eſt autant inviſible par elle-même qu'elle eſt propre à nous faire voir les objets qui la réflechiſſent. De quelque maniere que la lumiere ſoit réflechie , de quelque maniere que ſe faſſe ſa propagation , il eſt certain que nous ne voyons que les objets qui renvoyent vers nous la lumiere. Je vois là un arbre , & là un château , parce que la lumiere eſt réflechie du premier côté par un arbre & de l'autre côté par un château. Dieu a tellement diſpoſé les deux ſubſtances qui entrent dans la compoſition de notre eſpece , que l'ame rapporte toujours les objets à l'extrémité des lignes droites par leſquelles les objets extérieurs font impreſſion ſur le corps auquel elle eſt unie. Le rayon de lumiere par le moyen duquel nous voyons, a deux points d'appui, un intérieur qui eſt une partie de la rétine, & un extérieur qui eſt l'objet

jet réflechiffant. C'eft à l'occafion du point
d'appui intérieur, que l'ame voit le point
d'appui extérieur. Or, s'il n'y a que le vuide
qui puiffe réflechir la lumiere, il n'y aura
que le vuide qui puiffe être le point d'appui
extérieur ; l'ame ne pourra donc voir que
le vuide, ou pour finir en un mot, nous
n'y verrons point.

Ces premieres idées nous embarraffent,
& tandis que nous tâchons de deviner
ce qui a pû porter M. de Voltaire à avancer une propofition fi révoltante ; une perfonne qui traverfe avec vîteffe une des allées de la promenade, nous donne fans
y fonger la folution de la queftion, ou,
pour mieux dire, nous découvre la fauffeté de la propofition de M. de Voltaire.
Voici comment, puifque nous voyons la
perfonne qui vient de traverfer l'allée, puifque nous voyons tous les objets qui font
dans cette allée, & cela à travers les vîtres
de notre fenêtre, il faut que ces objets envoyent jufqu'à nous des rayons, & que ces
rayons foient tranfmis dans notre cabinet à
travers les pores du verre ; ces rayons qui
viennent ainfi des objets extérieurs ne font
donc pas réflechis dans les pores du verre ;
ce n'eft donc pas du fein des pores que la

F

lumiere rejaillit. Nous allons prouver d'une maniere nouvelle, que si c'est du sein des pores que la lumiere rejaillit, nous ne pourrions pas voir les objets. En effet, les pores, ou l'espace que ces pores occupent n'appartiennent pas plus au corps entre les parties duquel ils se trouvent, que l'espace qui en est éloigné de cent lieues, ces pores, cet espace ne font point partie du corps. Comment les verrons nous donc ces corps ? comment jugerons nous de leur couleur, de leur figure sensible, de leur grandeur respective, s'ils ne renvoyent vers nous aucun rayon de lumiere, si la lumiere n'est réflechie que du voisinage de leurs parties, ne rejaillit que des espaces vuides que ces parties laissent entr'elles ? Comment le carmin paroîtra-t'il rouge ? Comment est-ce que l'or pourra occasionner par sa présence la sensation du jaune ? Ne faut-il pas avouer que soutenir de semblables erreurs, c'est s'aveugler soi-même, c'est tromper les autres. Voici une expérience que M. Neuton & que tous les Neutoniens admettent, & dont ils font même usage, laquelle démontre que ce n'est pas du sein des pores que la lumiere rejaillit.

LIV.
Troisiéme
preuve.

Si c'est du sein des pores que la lumiere

rejaillit , il n'y aura que la lumiere qui
peut entrer dans ces pores, qui fera réflechie, car celle qui ne peut pas s'infinuer dans
ces petits efpaces n'en peut point être
chaffée , n'y peut point être répercutée.
Donc l'or ne nous paroîtra pas jaune, mais
bleu : l'expérience nous apprenant que la
lumiere bleue eſt la feule qui puiſſe s'infinuer dans les pores de l'or. En effet, fi on
prend une feuille d'or très-mince , telle que
celle dont fe fervent les doreurs , & qu'on
regarde à travers , on ne voit que du bleu.
M. Neuton & tous les Neutoniens voulant
expliquer ce phénomene , ainfi que celui
du bois néphrétique dont nous avons parlé
à la page 369. de notre Traité de la Lumiere , nous difent que l'or ne laiſſe paſſer
à travers fa fubſtance que les rayons bleus ,
& qu'il réflechit les rayons jaunes. Ce n'eſt
donc pas du fein des pores que la lumiere
rejaillit. Puifqu'il n'y a dans ces pores que
de la lumiere bleue , nous devrions voir
l'or par des rayons bleus , c'eſt-à-dire ,
que l'or devroit nous paroître bleu ; il faut
donc, que puifque les rayons réflechis nous
font voir l'or jaune , que puifque nous
voyons l'or par des rayons jaunes , il faut
que la lumiere rejailliſſe d'ailleurs que du

fein des pores ; & nous trouverons en ceci une contradiction Neutonienne. On veut d'un côté que la lumiere foit réflechie du fein des pores , & on reconnoît d'un autre côté que la lumiere eft tranfmife par les pores, n'eft-ce pas défaire d'une main ce qu'on a fait de l'autre, n'eft-ce pas fe contredire manifeftement ?

L V I.
Raifonne-
ment qui ne
d.t rine prou-
ve rien pour
les nouveaux
Neutoniens.
M. de Voltaire qui admet l'expérience dont nous venons de parler, prétend en tirer un argument qui prouve, à fon avis , que ce ne font pas les parties groffieres des corps qui réflechiffent la lumiere. Mais nous ne comprenons pas qu'on puiffe en conclure rien de favorable à fa caufe ; bien loin delà , ceux qui prétendent que ce font les parties propres des corps qui réflechiffent la lumiere , trouvent dans cette expérience une preuve démonftrative de leur fentiment.

Voici comment ils peuvent raifonner. La lumiere qui tombe fur une feuille d'or & qui de-là vient vers nous , eft réflechie par les parties de l'or, ou par les pores : mais il eft démontré que ce n'eft point du côté des pores, puifque l'or nous paroîtroit bleu, elle eft donc réflechie du côté des parties. Nous ne voions pas trop bien comment les Neutoniens fe tireroient d'embarras. Revenons au raifonnement dont nous parlions.

L'Auteur des Elémens voulant prouver que la lumiere n'eft pas réflechie par les parties propres des corps, dit *que tout corps opaque réduit en lame mince , laiffe paffe à travers fa fubftance des rayons d'une certaine efpece , & réflechit les autres rayons : or , fi la lumiere étoit renvoyée par les corps , tous les rayons qui tomberoient fur ces lames , feroient réflechis fur ces lames.* Il faudroit ici un Oedipe pour deviner ce que notre Auteur veut dire. On n'a , en effet, qu'à tourner ce raifonnement de tous les fens poffibles , on n'appercevra jamais qu'il s'en fuive que ce ne font pas les parties folides des corps qui réflechiffent la lumiere. Quoi, peut-on conclure que les parties folides de l'or ne réflechiffent pas les rayons jaunes , parce que les rayons bleus paffent à travers les pores de l'or ? Non fans doute. Nous venons de voir qu'on peut légitimement en conclure le contraire , & le raifonnement de M. de Voltaire eft femblable à celui d'une perfonne qui voudroit prouver que les parties folides d'un crible dont les trous feroient d'une demi-ligne de diamétre , ne foutiennent pas des gros pois qu'on met dans ce crible , parce qu'il y a

des petites graines qui fe trouvant mêlées
avec ces pois s'échapent par les trous , &
comme on peut prouver que ce font les parties propres du crible qui foutiennent les
pois , puifqu'ils ne paffent pas à travers les
trous comme le font les petites graines , on
peut prouver auffi qué ce font les parties
propres de l'or , qui foutiennent, qui réflechiffent les rayons jaunes, puifque ces rayons
ne paffent pas à travers les pores de l'or,
comme le font les rayons-bleus , avec lefquels ils étoient mêlés.

Le Chapitre III. ne contient qu'une fimple expofition de la réfraction , & la def-
cription de nos yeux qu'on trouve dans le
Chapitre IV. n'eft pas exacte. Notre Auteur
a trop bonne opinion de fes Lecteurs, ou
il oublie fouvent que c'eft pour des commençans qu'il écrit ; car nous fommes très-
convaincus que fon Chapitre IV. ne donnera pas une idée diftincte de la conformation de nos yeux, nous ne difons pas à des
commençans ; mais pas même à ceux qui
font un peu verfés dans l'Anatomie. L'expérience en eft faite. Un Chirurgien qui
commence à parler affez bien Anatomie , a
lû devant nous ce Chapitre, & il nous a
avoué qu'il ne comprenoit pas bien com-

LVIII.
La defcrip-
tion de l'œil
n'eft pas exa-
cte.

‹

ment eſt-ce que nos yeux ſont faits, & que
ſi tous les Livres d'anatomie n'étoient pas
plus clairs, il renonceroit à l'étude des Livres, pour ne s'adonner qu'à celle des ſujets.

Quoique M. de Voltaire ait fait uſage de
ce que nous avons dit dans le Chapitre de
l'œil & de la viſion de notre Traité de la lumiere, ſur-tout en ce qui concerne les yeux
presbites & les yeux myopes, il n'a pas crû
devoir employer la Figure 1. Planche 3. dans
laquelle nous avons indiqué les différentes
parties de l'œil par des lignes auſquelles, ſuivant la coutume généralement reçûë, nous
avons donné les noms des Lettres de l'Al-
phabet. Il a crû qu'une Figure où chaque
partie de l'œil ſe voit ſous ſon propre nom,
expliqueroit mieux tout l'artifice de l'œil
que ne pourroient faire des lignes des A. &
des B. Mais la Figure ſubſtituée eſt défec-
tueuſe, on n'y a point marqué le nerf optique qui eſt la partie la plus eſſentielle de
l'œil, on y donne à la prunelle le nom d'iris,
la choroïde y porte le nom de retine, on n'y
marque aucune réfraction dans les rayons. Il
y auroit bien d'autres choſes à remarquer,
tant ſur la figure, que ſur la deſcription de
l'œil, mais comme notre deſſein n'eſt que
d'examiner cette nouvelle Philoſophie qu'on

LIX.
Ni la Fi-
gure ſubſti-
tuée.

F iiij

nous débite avec tant d'appareil & tant d'oftentation, ne nous propofant que de relever ces erreurs qu'on nous donne pour des vérités démontrées, erreurs qui peuvent féduire les commençans, & que les Sçavans méprifent, nous ne nous arrêterons pas plus long-tems fur cette matiere. Nous ne ferons même qu'une fimple obfervation fur le Chapitre V. dans lequel il eft parlé des miroirs, des telefcopes, &c. c'eft que notre Auteur raifonne toûjours fur un faux prin-

LX.
Faux prin-
cipe & fauffe
fuppofition
fur laquelle
on raifonne.

cipe & fur une fauffe fuppofition. Il dit dans ce Chapitre, ainfi que dans les éclairciffemens, que felon les loix de l'optique il fe forme dans l'œil un angle une fois plus petit quand on voit un objet à vingt pas, que lorfqu'on le voit à dix pas, & que l'angle fous lequel un objet eft vû de trente pas, eft trois fois plus petit, n'eft que le tiers de l'angle fous lequel ce même objet feroit vû de la diftance de dix pas. Tout cela eft faux, il eft faux que les angles décroiffent dans la même proportion que les diftances augmentent, il eft faux auffi que les loix d'optique l'enfeignent ; l'Optique nous apprend que plus un objet eft vû de loin, plus l'angle fous lequel il eft vû eft petit. Ainfi l'Optique nous enfeigne qu'un objet vû de trente pas eſt apperçu ſous un angle plus petit que lorſqu'il eſt vû de dix pas, ce qui eſt vrai; mais elle ne dit pas que le premier angle n'eſt que le tiers du ſecond, ce qui ſeroit très-faux.

Conſiderons combien ſolides & combien feconds ſont les principes de notre Auteur. Il ne s'agit pas ici de l'explication de quelque Phénomene de Phiſique, il s'agit de la ſolution d'un Problême de Géométrie; Problême que tous les Géometres ont regardé comme inſoluble. Que M. Ozanam cet homme qui a ſi bien mérité des Mathematiques, ne nous diſe plus que ceux-là font voir qu'ils n'entendent rien en Géométrie, qui prétendent qu'on peut diviſer un angle aigu en trois parties égales par la Géométrie ſimple, en n'employant que la regle & le compas, en ne ſe ſervant que de la ligne droite & de la ligne circulaire. Que les plus grands Géometres reconnoiſſent leur erreur, & qu'ils ne viennent plus nous faire entendre que le Problême n'étant pas du premier dégré, on ne peut pas le réſoudre par la Géometrie ſimple, & que ſi on pouvoit diviſer une angle aigu en trois parties égales, par la ligne

LXI.
Il a trouvé la triſection de l'angle *, &c.

* Tout ce qui eſt dit dans cet Article, eſt dit par ironie.

droite & par la ligne circulaire , on démen-
tiroit les principes les plus inconteſtables de
la Géometrie & de l'Algebre. Nous répondons à tous ces Meſſieurs que la choſe eſt
poſſible & très-poſſible , en dépit de toutes
leurs démonſtrations. Ce que nous démontrons invinciblement par la ſolution du Problême.

## PROBLEME.

Diviſer un angle rectiligne aigu en trois
parties égales, en n'employant que la ligne
droite & la ligne circulaire.

Planche II.
Figure I.      Soit l'angle rectiligne aigu *a b c* , on pro-
poſe de le diviſer en trois parties égales ſuivant les conditions énoncées dans la propoſition.

### PREPARATION.

Du point *b* ſommet de l'angle pris pour
centre décrivez l'arc de cercle *d g e* , lequel
coupe les deux côtez de l'angle aux points
*d, e.* Menez la ligne *de*. Diviſez en deux parties égales l'angle *a b c.* par la ligne *b z.* Par
les points *d e.* menez les deux droites *p q, r s.*
parallelement à *b z.* ſur laquelle vous pren-
drez *b y* triple de *b f.* par le point *y.* menez
*m n* parallele à *d e.* il eſt évident que les deux

lignes *m n*, *d e*. font égales. menez enfin les deux droites *b m*, *b n*. nous difons que l'angle *m b n*. n'eft que le tiers de l'angle *a b c*. & qu'ainfi l'angle aigu a été exactement divifé en trois parties égales, en n'employant que la ligne droite & la ligne circulaire.

## DEMONSTRATION.

La bafe *m n* de l'angle *m b n*. étant égale & parallele à la bafe *d e* de l'angle *a b c*, ou *d b e*, & étant d'ailleurs trois fois plus éloignée du point *b*., doit être vûë fous un angle foustriple felon les loix de l'Optique ; donc l'angle *m b n* eft fous-triple de l'angle *d b e*, n'eft que le tiers de l'angle *d b e*. donc l'angle *d b e* ou *a b c*. a été divifé en trois parties égales fuivant les conditions requifes. Ce qu'il falloit démontrer. Il eft évident que fi on avoit pris *b y*. quintuple, feptuple, &c. de *b f*, l'angle *a b c* auroit été divifé en cinq, en fept, &c. parties égales.

Nous avons donc trouvé, graces aux principes de notre Auteur, la trifection de l'angle par la Géometrie fimple. Viete, M. Defcartes, &c. n'ont-ils pas été bornés dans leurs connoiffances ? tous grands Géometres qu'ils étoient, n'ont-ils pas joué de malheur, de de n'avoir pas apperçu cette folution qui eft

ſi ſimple & ſi aiſée à trouver ? Mais l'expérience nous apprend que les belles découvertes ne ſont que l'effet du hazard. M. de
Voltaire ne ſongeoit certainement pas à la
triſection de l'angle lorſqu'il a voulu démontrer que les regles d'Optique n'étoient pas
ſuffiſantes pour expliquer les myſteres de la
viſion. Il ne l'a pas moins trouvée cette triſection, nous lui en faiſons honneur, auſſi
pourroit-il la revendiquer à juſte titre, ſi
nous voulions nous l'approprier. Nous dé-
clarons ſolemnellement que nous n'y prétendons rien.

LXII.
Il paroît
ignorer l'uſa-
ge des parties
de l'œil.

Nous ne croyons pas qu'il ſoit néceſſaire
de prouver directement que le principe ſur
lequel les raiſonnemens de M. de Voltaire
ſont fondés, eſt faux ; car les Géometres le
ſçavent mieux que nous, & ceux qui n'entendent pas la Géométrie, ne compren-
droient pas nos démonſtrations. Nous avertiſſons ſimplement ces derniers qu'il eſt géométriquement démontré, & que nous le démontrerons quand on voudra, qu'il eſt faux
qu'un même objet ſoit vû ſous un angle
ſous-double, ſous-triple, &c. lorſqu'il eſt à
une diſtance double, triple, &c.

Nous avons ajouté que notre Auteur rai-
ſonnoit ſur une fauſſe ſuppoſition, & cela,

parce qu'il croit qu'il n'y a que le changement de diftance qui pût faire varier l'angle vifuel, ce qui eft faux; car à une même diftance on peut voir les objets fous un
angle différent, comme auffi on peut voir
les objets fous un même angle quoiqu'ils
foient à des diftances différentes. Le criftal-
lin peut s'éloigner & s'approcher de la rétine, & cette facilité que tout le monde
anatomifte lui reconnoît, fuffit pour prouver ce que nous avons avancé. Tous ceux
qui connoiffent la véritable conformation
de l'œil, la mécanique & le jeu des parties
de cet admirable organe, fçavent fort bien
que les mufcles dont il eft environné fervent, non-feulement, à le porter d'un côté
& d'autre, mais encore qu'ils peuvent le
comprimer, le preffer, & le ferrer, ou
lui donner la facilité de fe dilater, &
de fe groffir. Cela ne démontre - t'il pas
qu'un même objet peut être vû à une même
diftance, tantôt fous un angle plus grand,
& tantôt fous un angle plus petit, & qu'il
peut être vû fous un même angle à des diftances différentes.

Nous ne fçaurions comprendre ce qu'on
veut dire, lorfque l'on avance qu'une perfonne placée à la tête de deux files de vingt

LXIII.
Il rapporte
un fait qui
n'eft pas cer-
tain.

foldats, tous d'égale grandeur , & tous à égale diftance les uns des autres , voit les derniers foldats fous un angle vingt fois plus petit que les premiers , & que tous ces foldats lui paroiffent également grands ; car il eft faux que les derniers foient vûs fous un angle vingt fois plus petit que les premiers c'eft géométriquement démontré. Il eft encore faux qu'ils paroiffent également hauts , auffi grands que les premiers , c'eft d'expérience , & la raifon nous dit que la chofe doit être ainfi. L'expérience nous apprend que les objets paroiffent d'autant plus petits qu'ils font plus éloignés , & la raifon ajoute que plus les objets font éloignés plus ils font vûs fous un petit angle.

Qu'on promene dans le Parc de Verfailles , ou même dans la Gallerie de ce Château qui ne connoît pas de femblable, Gallerie dans laquelle les actions glorieufes d'un très-grand Roi, ont été repréfentées par un Peintre qui étoit le feul digne de s'immortalifer par la grandeur des fujets qu'on lui donnoit à traiter. Il eft d'expérience que lorfqu'on eft à l'extrémité d'une des allées du Parc , ou à un bout de cette fameufe Gallerie , on voit l'autre extrémité , l'autre bout fe retrecir , quoique les arbres de l'une

& les murs de l'autre foit paralleles. Nous en avons donné la caufe géométrique & Phifique dans notre Traité de la Lumiere ; nous ne la rapporterons pas ici, parce que nous fortirions de notre plan. Nous nous contenterons de remarquer que s'il eft vrai que les derniers foldats dont on vient de parler paroiffent auffi grands que les premiers, on ne conçoit pas que le vulgaire ne raifonne jufte lorfqu'il croit que le Soleil n'eft pas plus grand qu'il ne nous le paroît.

Nous aurons occafion dans peu, d'accéder à M. de Voltaire en plufieurs chofes. Nous remarquerons que l'imagination trouble la vifion, & donne lieu à de faux jugemens fur les grandeurs & les diftances des objets, & que tandis que l'imagination n'eft point déréglée, l'illufion eft plus utile que nuifible. Nous fçavons, en effet, que la nature toujours fage, confacre certaines exactitudes qui ne nous feroient d'aucune utilité à des irrégularités dont nous tirons de grands avantages. Perfonne n'ignore que la nature a rendu l'oreille peu délicate pour rendre l'oüie plus parfaite. Le fon qui frape notre oreille n'eft pas feulement celui qui vient directement du corps fonore à nous, mais c'eft encore celui qui étant parti du corps fonore a été fraper tous les corps voifins & de-là s'eft réflechi vers notre oreille. L'oreille n'apperçoit pas ces différens fons , elle n'a point affez de délicateffe pour cela , mais elle profite de cette imperfection. Le fon en devient plus fort. Revenons à l'expérience citée des deux files de foldats.

L'ame n'apperçoit par l'entremife des fens que les rapports qui font fenfibles , encore faut-il que la différence des grandeurs comparées foit tranchante , fi on peut fe fervir d'un pareil terme ; car fi la différence va en augmentant ou en diminuant par des dégrés infenfibles , ces différences ne font point apperçues lorfque le nombre des termes n'eft pas confidérable.

. La perfonne qui eft à la tête des deux files de foldats , ne juge de leur grandeur que par la comparaifon qu'elle fait de l'un à l'autre. En comparant le premier , le plus voifin au fecond , la différence n'eft pas fenfible ; il en eft de même lorfqu'on compare le fecond au troifiéme , & ainfi de fuite. L'ame qui juge de ces grandeurs par la différence des termes , & ces différences n'étant pas fenfibles , juge que tous ces foldats font fenfiblement de la même grandeur. Faites
que

que les premiers & les derniers soldats restent, & que tous les autres se retirent, la différence est sensible , & elle est apperçue si
l'imagination ne se met de la partie ; c'est
ainsi que la Lune nous paroît plus grande à
l'horison qu'au méridien. Nous reviendrons
sur ces matieres.

Am croisatfecit                                    GBscutin

# CHAPITRE VI.

*Comment nous connoissons les distances, les*
*grandeurs, les figures, les situations.*

**L**A distance d'un objet à un autre
objet, se mesure par une ligne
droite menée de l'un de ces deux
objets à l'autre. On dit ainsi que
Paris est distant de Toulouse de cent soixan-
te lieues, & d'Orleans de vingt-huit lieues
seulement. Les deux objets ne sont consi-
dérés alors que comme les extrémités de la
ligne qui mesure ces distances, que comme

des points ; ainſi Paris , Touloufe , & Orleans ſont conſidérés comme des points &
des points mathématiques , lorſque l'on dit
qu'il y a cent ſoixante lieues de Paris à Touloufe,& vingt-huit lieues de Paris à Orleans.
Il ne faut pas être forcier ni en Géométrie
ni en Phiſique pour ſçavoir que ce n'eſt pas
par le moyen de ces lignes que nous connoiſſons les diſtances des objets , perſonne
que nous ſçachions ne l'a encore prétendu ,
du moins lorſque ces lignes ſont ſolitaires, &
qu'une de leurs extrémités ſe trouvant ſur notre rétine, leur autre extrémité porte ſur l'objet. Nous ajoutons même qu'aucun Phiſi-
cien , qu'aucun Géométre n'a avancé qu'on
pût même voir les objets par le moyen de
ſemblables lignes , on n'appercevroit par
leur moyen qu'un point mathématique , lequel revient à un pur rien phiſique. Nous
ne ſçavons donc pas ſi ce n'eſt qu'à ſes propres idées que notre Auteur s'en prend, lorſqu'il nous dit qu'on ne peut appercevoir la
diſtance des objets immédiatement par elle-
même. Eſt-ce qu'il y a quelque qualité ſenſible , quelque modification de la matiere
qui puiſſe être apperçue immédiatement
par elle - même ? Non , ces perceptions
ſont ſpirituelles , & les corps ne ſçau-

roient agir immédiatement fur une fubftance fpirituelle ; ces objets ne font apperçus
que parce qu'ils font impreffion fur les organes de nos fens , & cela en conféquence
de la loi d'union , ou de cette dépendance
mutuelle & réciproque que Dieu a établie
entre les deux fubftances qui forment l'homme. Un corps ne nous paroît corps dur ,
que parce qu'il fait impreffion fur nous , &
qu'il fait une certaine impreffion. Le corps
mol fait auffi impreffion fur nous ; car nous
appercevons le corps mol comme le corps
dur ; mais comme les impreffions que ces
deux corps font fur l'organe du toucher ,
font différentes , nous jugeons que ces deux
corps font d'une nature différente. Un de
ces corps réfifte à notre main , fes parties
ne cédent pas à l'impulfion ; nous concluons
de cette impreffion , que ce corps eft dur.
Le fecond ne réfifte pas à notre main , mais
fes parties cédent aifément , & nous jugeons
que ce corps eft un corps mol. Nous connoiffons par le goût fi un corps eft doux ou
amer par les différentes impreffions qu'il fait
fur nous ; car , & ceci eft important , nous
ne connoiffons pas qu'un certain corps eft
doux ou amer, parce qu'il fait fimplement impreffion fur nous, car tous les corps font auffi

impreſſion ſur l'organe du goût, quelle que ſoit leur ſaveur ; mais nous connoiſſons que ce corps eſt doux ou amer par l'eſpece de l'impreſſion qu'il fait ſur nous. Ses parties ſont-elles unies & légeres, ne ſont-elles que gliſſer doucement ſur les houppes nerveuſes dont notre langue eſt remplie, nous jugeons que ce corps eſt doux : ſes parties ſont-elles au contraire groſſieres, mal digerées, inégales, &c. en ſorte qu'elles déchirent les houppes nerveuſes, nous concluons de cette impreſſion que ce corps eſt amer.

Deux ſons viennent fraper nos oreilles, il y en a un grave & l'autre eſt aigu ; notre ame a la ſenſation de ſon & de tel ſon, parce que les rayons ſonores font une impreſſion & une certaine impreſſion ſur l'organe de l'oüie, tout de même, nous voyons deux points dont l'un eſt bleu & l'autre verd, parce que les rayons qui partent de ces deux points viennent faire une certaine impreſſion ſur notre rétine ; nous les voyons l'un & l'autre par l'impreſſion qu'ils font ſur nous par l'entremiſe de la lumiere, & nous les voyons différens en couleur, parce que l'impreſſion que le premier fait ſur nous eſt différente de celle que fait le ſecond. Mais toutes ces impreſſions que les différens points des objets

font fur notre rétine n'eft pas çe qui nous
fait connoître la grandeur, la diftance & la
figure des objets. Non, ces connoiffances ne
nous viennent que de l'affemblage de toutes
ces impreffions partiales. Tous les points
d'un objet apperçu envoyent des rayons dans
nos yeux, ces rayons fe croifent dans la
prunelle, & vont après plufieurs réfractions
fe terminer fur la rétine ; là ils forment une
peinture exacte de l'objet qu'on apperçoit,
fon image y eft repréfentée au naturel, il
n'y a point de peintre qui fût affez habile
pour donner un portrait fi délicat, fi bien
terminé, & fi fort reffemblant. La grandeur
de cette image eft proportionnée, non-feulement à la grandeur de l'objet, mais encore
à fa diftance. Qu'on ne penfe pourtant pas
que nous croyons que cette image eft, par
exemple double, lorfque l'objet eft à une
diftance fous-double, ce qui feroit une erreur très-groffiere ; mais nous voulons dire
que plus un objet eft éloigné de nous, plus
fon image fur la rétine eft petite ; plus petite lorfque cet objet eft à cinquante pas,
que lorfque cet objet n'eft qu'à la diftance
de vingt-cinq pas ; nous devons remarquer
que plus cette image eft petite, & plus aigu
eft l'angle folide du cone de lumiere dont

cette image eſt la baſe, & qui a ſon ſommet dans la prunelle au point auquel les
rayons venus de l'objet ſe ſont croiſés. Mais
nous avons expliqué toutes ces choſes ainſi
que pluſieurs autres dans notre Traité de la
lumiere. C'eſt le troiſiéme Chapitre de cet
Ouvrage que pourront conſulter ceux qui
voudront avoir une idée plus étendue de
l'œil & de la viſion.

C'eſt par le moyen des images peintes ſur
la rétine que nous appercevons la grandeur,
la figure, & la diſtance des objets, & nous
devons certainement les appercevoir ces
choſes, ſans que nous ayons beſoin d'apprendre à voir, comme nous apprenons à
parler, & à lire.

Pour bien comprendre ceci, on n'a qu'à
conſidérer que nous ne voyons les objets
qu'en conſéquence des impreſſions que les
rayons font ſur la rétine; car ce ne ſont que
ces impreſſions que l'ame apperçoit, quoiqu'elle les rapporte aux objets extérieurs qui
les ont occaſionnées. Il faut donc de toute
néceſſité que notre ame apperçoive l'image
qui eſt peinte ſur la rétine; car à parler d'une
maniere propre & juſte, cette image n'eſt
autre choſe qu'une certaine diſpoſition, un
certain rapport, un certain arrangement, &

LXVI.
C'eſt par les
images des
objets qui
ſont peintes
ſur la rétine.

G iiij

une certaine fituation des parties frapées
dans la rétine ; or puifqu'on ne peut pas révoquer en doute que l'ame n'apperçoive
tous les différens points de la rétine, fur
lefquels la lumiere fait impreffion, il faut
convenir que l'ame fent cette difpofition,
ce rapport, cet arrangement, & cette fituation dont nous venons de parler, c'eft-à-
dire, que l'ame apperçoit & fent néceffairement l'image peinte fur la rétine, nous difons que l'ame la fent cette image & qu'-
elle l'apperçoit néceffairement, car fans cela,
elle ne pourroit ni fentir, ni appercevoir
l'objet dont cette image eft la repréfentation
& le portrait.

Or dès qu'on convient, ainfi que nous
fommes obligés de le faire, que l'ame apperçoit cette image, elle en appercevra néceffairement la figure & la fituation de fes
parties ; elle connoîtra par conféquent
la figure & la fituation des parties de l'objet
repréfenté ; elle connoîtra donc immédiatement & fans aucun precepte ni aucune le-
çon, la figure & la fituation des objets qui
font impreffion fur la rétine, comme elle
connoît la douceur ou l'amertume des corps
qui font impreffion fur les houppes nerveufes de la langue.

Puifque l'ame apperçoit l'image peinte fur
la rétine, elle en fentira, elle en appercevra la grandeur, & par conféquent la grandeur, du moins refpective, de l'objet repréfenté, & comme l'image peut être marquée
par des traits vifs & éclatans, ou par des
traits fombres & foibles, l'ame connoît par
cela feul, la diftance des objets, une peinture
foible & fombre lui fait rapporter l'objet
fort loin, comme auffi une peinture vive &
éclatante le lui fait rapporter fort près.

Il eft donc prouvé que l'ame connoît immédiatement & fans le fecours d'aucun maître, la grandeur, la figure & la fituation des
objets qui font impreffion fur la rétine, &
cela parce qu'elle apperçoit immédiatement
l'image de ces objets qui eft peinte fur la
rétine, & qu'elle en apperçoit ainfi la figure,
la grandeur, la fituation, &c. en conféquence de la loi d'union.

Nous donnons ou nous préfentons à un
Serin des feves & du chénevi, l'oifeau prend
le chenevis & ne touche point aux feves;
on laiffe la porte de fa cage ouverte, il s'a-
vance, il en fort, quoiqu'il ne fe foit pas
avifé de fortir par les petits efpaces que les
fils de fer de fa cage laiffent entr'eux; on pré-

fente un Chat à la fenêtre d'un troifiéme
étage, le Chat tremble, il s'accroche, il fait
des efforts pour fe retirer de cette fenêtre ;
on préfente ce même Chat à une fenêtre qui
n'eft élevée que d'une toife au-deffus du
pavé, il y eft tranquille, & il témoigne une
grande indifférence foit pour rentrer dans la
chambre, foit pour paffer en dehors. Les
bêtes auroient-elles des écoles où elles ap-
prenent à voir, afin de pouvoir connoître
la grandeur & la diftance des objets qui font
impreffion fur leurs yeux.

Mais, nous dira-t'on, perfonne ne s'avife
de fonger à l'image peinte fur la rétine,
quand il regarde un objet. La plûpart des
hommes ne fçavent pas même fi cette image
exifte : donc il eft évident que cette image
ne peut être la caufe immédiate de ce que
nous connoiffons la grandeur, la figure, &c.
de l'objet repréfenté. Mais quand on eft à
table, perfonne ne s'avife de fonger aux
houppes nerveufes de la langue ni à la différente difpofition des parties des differens
mets qui font impreffion fur ces houppes.
La plûpart des hommes ne fçavent pas même fi ces houppes exiftent, ni fi les corps
excitent en nous les différentes fenfations de

faveur, parce qu'ils font fur ces houppes des impreſſions différentes à raiſon de la groſ-ſeur, du poli, de la figure, &c. de leurs par-ties. Ces hommes ne laiſſent pas néanmoins de connoître immédiatement à l'occaſion de ces impreſſions, ſi un corps eſt doux, s'il eſt amer, &c. & cela quoiqu'ils ne faſſent pas attention aux petites parties qui occaſion-nent ces impreſſions, ou par l'action deſ-quelles ils ont ces ſentimens, de même l'ame connoît immédiatement la grandeur, la fi-gure & la ſituation des objets par les impreſ-ſions différentes que les rayons de la lumiere font fur la rétine.

Une preuve bien ſenſible de cette vérité, c'eſt que l'ame apperçoit immédiatement les couleurs des objets ; or eſt-il plus difficile qu'elle en connoiſſe la grandeur, la figure, &c.? & ceux qui ont emprunté de quelques Auteurs Anglois très-reſpectables d'ailleurs, un paradoxe ſi étonnant, ne paroiſſent-ils pas accuſer la nature de n'avoir pas terminé ſon ouvrage, & d'avoir manqué en ce qu'il y avoit de plus eſſentiel ? ne nous étoit-il pas plus important de connoître immédiatement par la vûe ſi un objet eſt grand ou petit, s'il eſt près ou loin, s'il eſt tranchant ou pointu,

&c. que de connoître par le toucher s'il eſt dur ou mol ; par le goût, s'il eſt doux ou amer, &c. Dieu nous a donné les organes des ſens pour que par leur moyen l'ame puiſſe être avertie de ce qui ſe paſſe autour du corps auquel elle eſt unie, afin que par-là elle puiſſe veiller à la conſervation de ce corps. Dieu auroit-il laiſſé l'organe, qui eſt le plus néceſſaire, l'auroit-il laiſſé le moins parfait, nous auroit-il aſſujettis à deviner ce qui nous importoit de connoître le mieux & le plus promptement ?

Nous devons reconnoître néanmoins que notre imagination nous fait faire ſouvent des faux jugemens ſur la grandeur, & la figure des objets ; mais peut-on en inférer quelque choſe contre la regle générale, doit-on s'en rapporter à une perſonne qui aura le goût dépravé pour juger des ſaveurs. Nous devons avouer encore que les loix que les rayons de la lumiere ſuivent lorſqu'ils viennent occaſionner en nous la ſenſation de viſion, nous portent ſouvent à faire des faux jugemens que la raiſon guidée par l'expérience doit réformer, mais ce défaut ne nous eſt nuiſible en aucune maniere, & nous en tirons des grands avantages ; car, comme nous l'avons remarqué dans le Chapitre précédent, la Nature sacrifie souvent certaines exactitudes qui ne nous serviroient de rien, à des irrégularités qui nous sont fort avantageuses. Que nous importe en effet qu'une tour que nous voyons de loin & qui nous paroît ronde, soit véritablement ronde, ou ne soit qu'un grand bâtiment quadrangulaire, cela ne nous est utile en rien; mais il nous est important que nous sçachions qu'un objet vû de loin paroît plus petit qu'il n'est; il nous est utile de connoître la figure des objets lorsqu'ils sont à portée de nous être utiles ou nuisibles, il est bon pour nous que les rayons souffrent des réfractions avant que de faire impression sur la rétine, & les défauts qui suivent de ces réfractions, par rapport à nos jugemens postérieurs, ne doivent être comptés pour rien, lorsqu'on les compare aux avantages sans nombre que ces réfractions nous procurent.

LXVII.
Experience
décisive.

Voici une expérience décisive qui prouve que nous connoissons immediatement la figure des objets en conséquence de la figure de l'image que les rayons peignent sur la rétine. On présente l'œil artificiel ou l'œil de bœuf dont nous avons parlé dans le Chapitre troifiéme de notre Traité de la lumiere, à une tour quarrée qui eft dans le lointain & que nous jugeons être de figure ronde, à caufe de fon grand éloignement; en con- féquence des loix de l'Optique par lefquelles les angles de cette tour rentrent, pour ainfi dire, dans le corps du bâtiment. Il eft d'ex- périence que l'image de cette tour que les rayons réflechis du côté de cet objet repré- fentent fur la rétine de l'œil de bœuf, ou fur le verre adouci de l'œil artificiel, eft ronde : il eft hors de doute qu'elle eft tout de même ronde fur notre rétine. Voici com- ment nous raifonnons préfentement.

L'image de cette tour qui fe trouve peinte fur notre rétine, eft ronde, & notre ame juge que cette tour eft ronde ; il eft donc certain que notre ame juge de la figure des objets, connoît la figure des objets immé- diatement à l'occafion de la figure de l'image peinte fur la rétine. Dites-en autant de la grandeur & de la fituation des corps.

L'expérience de l'aveugle-né guéri par M. Chifelden, ne prouve rien du tout, ou ne prouve tout au plus que peu, pour le fait dont il eft ici queftion. Tous les faux juge- mens qu'il formoit, toutes les méprifes dans lefquelles il tomboit, ne venoient point de ce qu'il n'avoit pas appris à y voir, mais de ce qu'il n'avoit pas appris à fe défaire du préjugé dans lequel l'avoit entretenu fon aveuglement. Cet homme, jufqu'au jour de fa guerifon, n'avoit jugé de la grandeur des objets, que par le feul toucher, il croyoit par habitude que les objets ne faifoient impreffion fur nous, qu'en s'appliquant immédiatement à notre corps ; eft-il furprenant qu'il crut d'abord que les objets qu'il voyoit étoient fur fes yeux ? eft-il furprenant qu'il portât la main fur les tableaux qu'on lui préfentoit ? ne fçait-on pas que ces tableaux font le même effet fur nos yeux, que les objets qu'ils repréfentent, & n'a-t'on pas vû des hommes qui y voyoient bien & fçavoient le mieux y voir, des Peintres en un mot, porter leur main fur des tableaux, & fe tromper ainfi que l'aveugle guéri par M. Chifelden ? Eft-il furprenant en un mot, que cet homme ait eu befoin de deux mois pour fe défaire d'une habitude de dix à douze ans ? Mais c'eft trop nous arrêter à cette queftion étrangere à notre fujet, reprenons notre examen & terminons ce Chapitre en faifant obferver à nos Lecteurs, que la Géometrie ré-

foudra aifément tous les Problêmes de l'Optique qui ne porteront pas fur des faux principes, tel que celui que notre Auteur propofe, & que fi le Philofophe dont il parle
dans les éclairciffemens ne lui en a pas en-
voyé la folution, c'eft fans doute, parce qu'il
n'a pas voulu fe donner la peine de la chercher. (a)

(a) M. de Voltaire eft très eftimable par plus d'un
endroit ; il eft certain néanmoins qu'il ne lui fied pas de
donner des défis aux Géométres.

CHAPITRE VII.

ncrois arfecit                                                    J.B.Scotin

# CHAPITRE VII.

*De la cauſe qui fait briſer les rayons de la lumiere*
*en paſſant d'une ſubſtance dans une autre ; que*
*cette cauſe eſt une loi générale de la Nature*
*inconnuë avant Neuton ; que l'inflexion de la*
*lumiere eſt encore un effet de cette cauſe, &c.*

**N**OUs voici arrivés à un des articles
les plus eſſentiels que nous ayons
à éxaminer. C'eſt celui de la réfraction de la lumiere ou de ce
changement de détermination que les rayons
éprouvent en paſſant d'un milieu, d'un liquide, d'une ſubſtance dans un autre milieu,

H

dans un autre liquide, dans une autre fubftance plus ou moins denfe. Nous allons voir
combien on tâche d'abaiffer M. Defcartes,
pour élever M. Neuton ; comment eft-ce
qu'un François dépouïlle un François de fon
propre bien, d'une découverte qui lui appartient legitimement, pour en faire honneur à un Etranger. C'eft dans ce Chapitre
que nous allons parler de cette fameufe attraction que M. Neuton a renouvellée, &
qu'on tache de mettre à la mode, de cette
qualité oculte qui, en bonne Phifique n'explique rien, ou encore moins que rien, nous
démontrerons auffi que les expériences du
cube de criftal & du prifme triangulaire dont
il eft fait mention dans le Chapitre II. ne
prouvent point que la lumiere rejaillit du
vuide, ainfi que les nouveaux Neutoniens
le prétendent.

Le fujet que nous allons traiter demande-
roit que nous parlaffions de la Nature & de
la caufe des réfractions, & que nous don-
naffions l'hiftoire de cette queftion de Phifique : mais cela nous éloigneroit trop de
notre fujet. La Differtation qui eft à la tête
de cet Ouvrage y fupplée entierement ; nous
en donnerons néanmoins le précis.

Réfraction eft un changement de déter-

que réfrac
tion, pheno
menes des ré
fractions.
PLANCHE I
FIGURE I.

mination qui arrive à tout corps qui passe obliquement d'une certaine substance dans une autre substance plus ou moins dense, ainsi la sphere *m* qui passe obliquement de l'air *a r b* dans l'eau *a s b.* suivant la ligne *m o.* se détourne de son chemin à la rencontre de l'eau, & va en *n.* au lieu de continuer sa route en ligne droite vers *g.*

Pour déterminer les réfractions, on mene une perpendiculaire sur la surface réfringente au point d'incidence telle que *r o s.* qu'on appelle axe de réfraction ; du point d'incidence *o* comme centre, on décrit à une ouverture de compas prise à discretion un cercle *a r s b* qui coupe tant la ligne d'incidence *m o.* que la ligne de réfraction *o n.* & du point où chacune de ces lignes est coupée par le cercle, on mene sur l'axe de réfraction *r s* des perpendiculaires *m y, n z,* qui font les *sinus* droits des angles d'incidence & de réfraction. Le mot de *sinus* ne doit faire aucune peine. *Sinus* droit d'un angle ou d'un arc, n'est autre chose qu'une perpendiculaire menée d'un point pris sur un des côtés de cet angle sur l'autre côté qu'on considere comme le diametre d'un cercle qui auroit le sommet de l'angle pour centre ; ainsi la per-

pendiculaire *m y* eſt le *ſinus* droit de l'angle
*m o r* & de l'arc *m r*.

Il faut remarquer qu'il y a des corps ſenſibles, ou qu'on peut voir & manier, & des
corps inſenſibles, ou que nous ne ſçaurions
voir. Les premiers diviſent les milieux ſenſibles dans leſquels ils ſe meuvent, les autres
paſſent à travers les pores de ces milieux : les
premiers ſont obligés de ſe faire un chemin
pour avancer, les ſeconds ſe meuvent dans
des chemins qu'ils trouvent tous faits. Ces
choſes une fois obſervées, voici ce qui arrive.

1°. Tout corps ſenſible tel qu'une pierre
qui paſſe obliquement d'un milieu moins
denſe, & ainſi moins réſiſtant dans un milieu
plus denſe, & qui par conſéquent réſiſte
Même Figure davantage, comme de l'air dans l'eau, ſouffre une réfraction qui l'éloigne de la perpendiculaire, de l'axe de réfraction *r s*,
l'angle de réfraction *n o s*. eſt plus grand que
l'angle d'incidence *m o r*, & ainſi le *ſinus n z*
du premier eſt plus grand que le *ſinus m y*
du ſecond.

2°. Tout corps ſenſible qui paſſe oblique-
Planche I. ment d'un milieu plus denſe dans un milieu
Figure II. moins denſe, de l'eau, par exemple, dans
l'air, ſouffre une réfraction qui l'approche

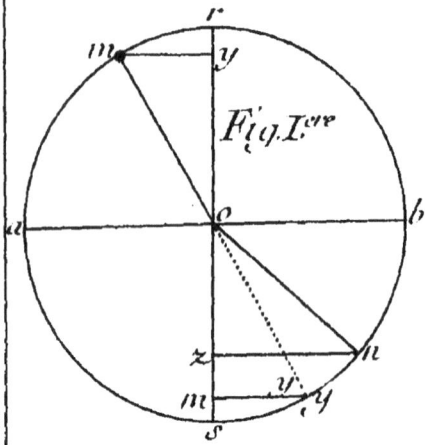

*Fig. I.ere*

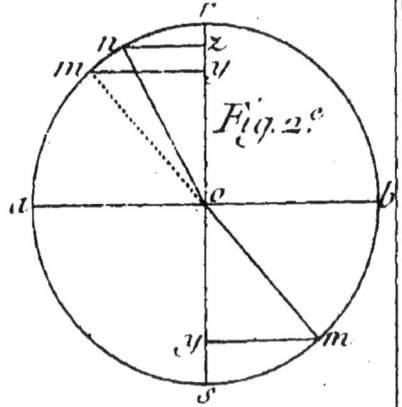

*Fig. 2.e*

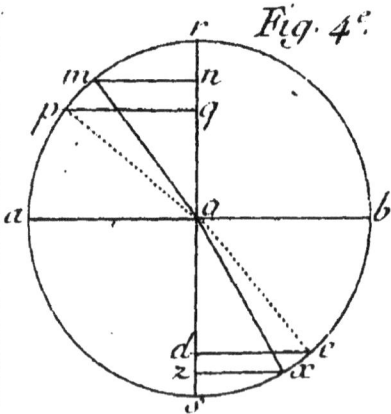

*Fig. 4.e*

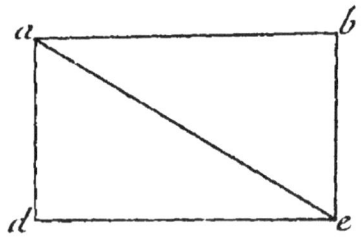

*Fig. 3.e*

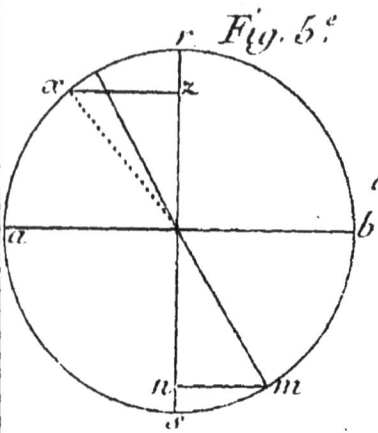

*Fig. 5.e*

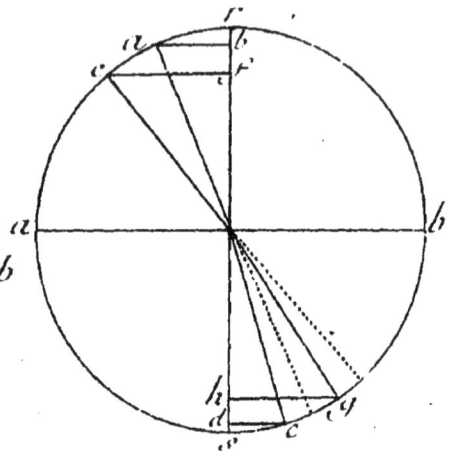

*Fig. 6.e*

de la perpendiculaire. L'angle de réfraction
eſt plus petit que l'angle d'incidence, l'angle
*n o r* eſt plus petit que l'angle *m o s ;* ainſi le
*ſinus n z.* du premier eſt plus petit que le *ſinus*
*m y* du ſecond ou de l'angle d'incidence.

Il faut remarquer 1°. que le changement
de détermination ne ſe fait que lors du paſſage d'un milieu dans l'autre ; car lorſque le
mobile eſt totalement plongé dans un de ces
milieux, il ne ſe détourne plus de la ligne
droite, tout le tems qu'il conſerve ſon mouvement oblique.

Il faut remarquer en ſecond lieu, que tout
corps qui eſt mû ſelon une détermination PLANCHE I.
FIGURE III.
oblique, eſt cenſé pouſſé par deux forces,
une deſquelles le porte vers la perpendiculaire *a d*, & l'autre le pouſſe vers l'horiſontale *a b*. Ces deux forces ſont exprimées par
les deux côtés d'un Parallélogramme dont
l'oblique ſeroit la diagonale. Le corps pouſſé
ainſi par ces deux forces n'agit ſur le milieu
réfringent que par ſa force verticale : la ſurface de ce milieu étant parallele à la force
horiſontale, elle ne lui réſiſte en aucune
façon. On comprend ainſi que ſi la réſiſtance
du ſecond milieu que nous ſuppoſons plus
réſiſtant que celui dans lequel le mobile ſe

trouve, eſt plus grande que ſon mouvement perpendiculaire , ce corps ne ſçauroit pénétrer dans ce ſecond milieu : or la réſiſtance du ſecond milieu peut être conſiderée ou en elle-même , ou relativement au mouvement du mobile. Si on la conſidere en elle-même elle eſt toûjours égale à la denſité du milieu. Si on la conſidere rélativement; reſtant en ſoi, la même , elle augmente reſpectivement à proportion que l'obliquité de l'incidence augmente. C'eſt pourquoi

3°. Si un corps, tel qu'il ſoit, paſſe d'un milieu plus aiſé dans un milieu plus réſiſtant, avec une obliquité qui paſſe un certain dégré , ce corps eſt réflechi. L'expérience des ricochets qu'on fait ſur la ſurface de l'eau , en y jettant obliquement des pierres, le prouve aſſez.

PLANCHE I. FIGURE IV. 4°. La lumiere qui paſſe obliquement de l'air dans l'eau ou dans le verre, ou qui paſſe même de l'eau dans le verre, ſouffre une réfraction qui l'approche de la perpendiculaire. Le *ſinus x z*. de l'angle de réfraction, eſt plus petit que le *ſinus m n* de l'angle d'incidence.

PLANCHE I. FIGURE V. 5°. Lorſque la lumiere paſſe obliquement de l'eau ou du verre dans l'air, ou même du verre dans l'eau , elle ſouffre une réfraction qui l'éloigne de la perpendiculaire. Le *finus x z.* de l'angle de réfraction eft plus grand que le *finus m n.* de l'angle d'incidence.

6°. En general la force réfringente des milieux, eft proportionnée à leurs denfités ; c'eft-à-dire, que plus un corps eft denfe, plus les réfractions qu'il occafionne dans les rayons de la lumiere font fortes. Cette regle a néanmoins fes exceptions. Les liquides fulphureux, fpiritueux, & gras occafionnant des réfractions plus fortes qu'on ne devroit l'attendre de leurs denfités ; l'huile d'olive moins denfe que l'eau, occafionne des réfractions refpectivement plus fortes qu'elle.

7°. Lorfqu'on fait paffer plufieurs rayons Planche I. Figure VI. de lumiere de l'air dans l'eau, le verre, &c. ou de l'eau, du verre, &c. dans l'air fous différentes obliquités, ils font réfractés fous différens angles, mais tous ces angles font tels, que le *finus* de l'angle d'incidence d'un rayon eft au *finus* de l'angle de fa réfraction, comme le *finus* de l'angle d'incidence d'un autre rayon eft au *finus* de l'angle de fa réfraction. Ce qui fe trouve toujours vrai ; ainfi on a cette analogie. Le *finus a b.* eft au *finus c d.*, comme le *finus e f.* eft au *finus g h.*, en forte que dès que l'on connoît la force ré-

H iiij

fringente d'un milieu pour une incidence quelconque ; on la connoîtra pour toutes les incidences poffibles. Cette verité eft d'un

LXIX.
On refufe à
M. Defcartes
un beau théo-
rême qui lui
appartient.

grand ufage dans la dioptrique ; & comme dans le Chapitre VII. du Livre que nous éxaminons, on commence par en donner la découverte à Snellius Willebrod, Hollandois, nous allons commencer par la révendiquer au nom de M. Defcartes qui en eft le véritable inventeur. Sa mémoire eft trop chere aux François, pour que nous permettions qu'on le prive de l'honneur qui lui appartient, honneur qui retombant fur toute la Nation, rend l'affaire générale.

C'eft M. Defcartes qui a connu & expliqué le premier ce rapport conftant que nous venons de dire fe trouver entre les *finus* des angles d'incidence, & les *finus* des angles de réfraction dans toutes les incidences poffibles, c'eft dans le Chapitre II. de fa dioptrique qu'il a donné ce théorême qu'on veut aujourd'hui lui contefter.

Que les étrangers s'élevent contre M. Defcartes, qu'ils faffent tous leurs efforts pour lui arracher fa découverte, & pour en faire honneur à un Etranger, nous n'en ferons pas furpris ; mais qu'un François, qu'un Auteur né dans la Capitale du Royaume qui fe fait

honneur d'avoir porté le grand Defcartes,
veuille lui dérober fon bien pour en enri-
chir un Etranger ; c'eſt ce qui révolte, c'eſt ce
qu'on peut appeller pécher contre fa Patrie.
Voici comment cet Auteur parle aux pages
91. & 92. de l'Ouvrage que nous éxaminons. » Snellius trouva le premier la propor-
»tion conſtante fuivant laquelle les rayons
»fe rompent dans les différens milieux. On
»en fit honneur à Defcartes. On attribue
»toujours au Philoſophe le plus accrédité
»les découvertes qu'il rend publiques : il
»profite des travaux obfcurs d'autrui, & il
»augmente fa gloire de leurs recherches. La
»découverte de Snellius étoit alors un Chef-
»d'œuvre de fagacité. Cette proportion dé-
»couverte par Snellius, eſt très-aifée à en-
»tendre.

Lorſqu'on entend raiſonner ainfi notre Auteur, ne diroit-on pas qu'il a un grand in-
terêt à élever Snellius Willebrod, un Etranger, & à abaiſſer M. Defcartes, un François:
ou que du moins, un principe de Religion
& un grand fonds de confcience l'ont porté
à donner à chacun ce qui lui appartient :
fi c'eſt ce dernier motif qui l'a fait agir,
fa charité eſt mal entenduë ; car nous allons
démontrer qu'il a fait un vol, croyant faire
une reſtitution.

M. Defcartes a enfeigné qu'il y a un rapport conftant entre les *finus* des angles d'incidence & les *finus* des angles de réfraction. Ce fait eft conftant. On n'a pour s'en convaincre, qu'à lire le fecond Chapitre de fa Dioptrique, imprimée en 1658. Donc, pour prouver que M. Defcartes a pris ce théorème de Snellius, il faut qu'on faffe voir que ce théorême fe trouve dans quelque Ouvrage de Snellius, publié avant l'année 1658. Mais c'eft ce que notre Auteur ne fera certainement pas. Il eft dans une impoffibilité Méthaphifique de le faire. Sur quel principe fondé, nous dit-il donc, que ce n'eft pas M. Defcartes, mais Snellius Willebrod qui a apperçu le premier le rapport conftant qui fe trouve entre les *finus* des angles d'incidence & de réfraction. Nous fentons qu'il s'eft laiffé aller trop aifément au penchant qu'il a pour cenfurer M. Defcartes, & qu'il a trop légerement ajouté foi aux paroles des adverfaires du Philofophe François. Nous prouverons bien-tôt que le théorême dont il s'agit ici, ne fe trouve point, nous ne difons pas feulement, dans les Ouvrages de Snellius qui peuvent avoir été publiés de fon vivant, mais pas même dans ceux qu'il a laiffez en manufcrit.

Nous n'ignorons pas que c'eſt d'après
pluſieurs Philoſophes étrangers, que notre
Auteur fait à M. Deſcartes le reproche que
nous relevons ici. On n'a qu'à lire les actes
de Leypſik, de 1682. page 187. & ſuivantes & ceux de 1701. page 19. & ſuivantes,
on y verra qu'on ſoupçonne M. Deſcartes
d'avoir pris ſon théorême de Snellius, mais
c'eſt ſans fondement qu'on la crû, & nous
allons faire voir qu'on n'a eu aucune raiſon
de le croire. Nous remarquerons, néanmoins plutôt que ceux dont nous parlons
ont cru la choſe douteuſe, tandis qu'on
la décide ici fort hardiment ; on donne le
théorême à Snellius ſans nous dire pourquoi. Voici comment en parle M. Leibnits
après avoir examiné le ſentiment qu'on
donne à Snellius, qu'il fait revenir un peu
à celui de M. Deſcartes en employant tout
ſon vaſte génie, & toute la profondeur de
ſa ſcience. C'eſt pourquoi ( dit M. Leibnits )
ce n'eſt pas ſans fondement que Snellius
doute ſi M. Deſcartes n'auroit pas entendu
parler du théorême de Snellius, pendant ſon
ſéjour en Hollande (a). Douter ſi M. Deſcar-

(a) *Quare non abſre Cl. Spleiſſius animadverſo hoc con-*
*cenſu concluſionum, dubitat an non Carthеſius cum Ba-*
*tavis eſſet, viderit theorema Snellianum. act. erud. an.*
*1682. pag. 187.*

tes n'auroit pas entendu parler de ce théorême, n'est pas affirmer que Snellius l'a trouvé le premier & que M. Descartes l'a pris de lui. Nous verrons bientôt que c'est la passion qui a fait parler ainsi Spleissius & M. Leibnits.

Le prétendu théorême de Snellius ne se trouve que dans Vossius qui le rapporte dans son Traité de la Lumiere. Il dit l'avoir pris des Livres d'Optique que Snellius laissa imparfaits, & qui n'étoient pas imprimés en 1662 quatre ans après l'impression de la Dioptrique de M. Descartes. Ce fut cette année-là que parut pour la premiere fois le Traité de Vossius sur la nature de la lumiere. Vossius, au reste, prit ce théorême dans les manuscrits que Snellius laissa à sa mort, manuscrits que le fils de Snellius lui prêta. (a) Il est donc certain que l'Ouvrage de Snellius dans lequel on veut que se trouve le théorême de M. Descartes, n'étoit pas encore imprimé quatre ans après la Dioptrique de M. Descartes, dans laquelle on le trouve, & que ce ne fût qu'en 1662. que

(a) *Inter vero alia præclara quæ reliquit* ( Snellius ) *monumenta superfunt quoque tres libri Optici quorum usuram superiori hieme concessit mihi filius ejus, quia illi necdum prodierunt in lucem.* Isaac Vossius *de natura lucis. pag.* 36.

Voſſius parla de ce théorême pour la premiere fois.

Suppoſons préſentement que le théorême dont nous parlons, ſe trouve également & dans Snellius ou Voſſius & dans M. Deſcartes. Dès qu'on voudra juger équitablement & avec une exactitude un peu rigoureuſe, il faudra dire que Snellius ou Voſſius a pris ce théorême de Deſcartes, & non pas celui-ci de Snellius. L'Optique de Snellius n'étoit pas encore imprimée en 1682. ni ſelon toutes les apparences en 1701. Sans doute même qu'elle ne l'eſt pas encore (a). Meſſieurs Leibnits & Bernoulli parlent du théorême de Snellius comme ne l'ayant vû que dans l'Ouvrage de Voſſius.

Il paroîtra, ſans doute, ſurprenant que M. Leibnits, qui n'a écrit que long-tems après la mort de M. Deſcartes, & qui n'a jamais vû l'Optique de Snellius, ſe ſoit apperçu vingt ans après la publication de l'Ouvrage de Voſſius, que le théorême de Snellius eſt le même que celui de M. Deſcartes,

(a) *Snellii enim theorema cujus meminit Iſaac Voſſius in ſua diſſertatione de natura lucis.* Bernoulli. act. erud. an. 1701 pag. 20.
*Snellii ſane theorema quod ex ejus tribus Opticæ libris ineditis effert vir. Cl. Voſſius.* Leibnits. act. erud. an. 1682. pag. 187. Ajoutez qu'on ne trouve nulle part ces trois Livres de Snellius.

& que Voſſius, qui étoit contemporain de
M. Deſcartes, & qui a eu entre ſes mains
l'Optique de Snellius, ne l'ait pas compris
& qu'il ne l'ait pas objecté à M. Deſcartes
dont il a attaqué la Dioptrique.

Il eſt donc évidemment prouvé que quand
bien même on trouveroit le théorême con-
teſté, & dans M. Deſcartes & dans Snellius,
on devroit le donner au premier. Mais que
diroit M. de Voltaire ſi on lui prouvoit que
le théorême que Voſſius rapporte comme de Snellius, n'eſt ſemblable en aucune maniere à celui de M. Deſcartes, &
que quand on le transformeroit en celui du
célébre & induſtrieux M. Leibnits, il ſera op-
poſé à celui de M. Deſcartes, & en ſes principes, & dans les conſéquences qu'on peut en
tirer. C'eſt ce que nous démontrerons par
la ſimple expoſition de ces deux théorêmes.

Le théorême de M. Deſcartes ſe réduit à
ce que pour meſurer les réfractions, il faut
avoir égard aux *ſinus* des angles d'incidence
& de réfraction, & non à ces angles, parce
que ces *ſinus* conſervent entr'eux un rapport conſtant, ce que ne font pas les angles,
(*a*) voilà qui eſt clair & determiné. Voyons
préſentement le théorême de Snellius.

(*a*) Dioptrique de M. Deſcartes, Diſcours II.

Le rayon d'incidence vrai eſt au rayon apparent dans le même milieu, en raiſon conſtante (a). Ceci n'eſt pas fort clair ; tâchons de bien expliquer la penſée de Snellius.

Soit le vaſe paralellepipede *a e i y* rempli d'eau ; qu'on place au fonds de ce vaſe un certain nombre d'objets , trois par exemple, aux points *r* , *p* , *y*. & qu'un œil placé en *o* , regarde ſucceſſivement ces trois objets. Elevez les trois perpendiculaires *r m*, *p f*, *y i*. L'œil placé en *o*. rapporte l'objet *r* en *l*. , l'objet placé en *p*. il le rapporte en *q*. & l'objet placé en *y*. il le rapporte en *d*. Des points d'incidence *s* , *n* , *b*. des rayons viſuels, menez les droites *s r*, *s l*, *n p*, *n q*, *b y*, *b d*. en-ſorte que les trois *s l* , *n q*, *b d*. aillent des points d'incidence aux points auſquels on rapporte les objets *r* , *p* , *y*. vûs par réfraction, ce ſont ces lignes que Snellius appelle rayons apparens , & il donne le nom des rayons vrais aux lignes droites *s r*, *n p*, *b y*. menées des points d'incidence au vrai lieu des objets *r* , *p* , *y*. ces rayons vrais ſont les rayons

PLAN. II. FIGURE II.

_____

(a) Suite de la remarque de la pag. 124. *In lucem … ſic vero ſe babet ( theorema Snellianum ) radius incidentiæ verus ad apparentem in ejuſdem generis medio , rationem ſemper habet eandem.* Voſſius *ubi ſuprà*.

rompus, & les rayons apparens, font les rayons d'incidence dans l'air continués directement dans l'eau, en les prenant depuis la furface réfringente jufqu'à leur extrémité qui eft dans l'eau. Le théorême de Snellius fe réduit donc ainfi qu'on le voit, à ce que le rayon vrai *s r*. eft au rayon apparent *s l*. comme le rayon vrai *n p*. eft au rayon apparent *n q*. ou comme le rayon vrai *b y*. eft au rayon apparent *b d*. Quon juge préfentement fi le théorême de M. Defcartes eft le théorême de Snellius; fi M. Defcartes a apris de Snellius que les *finus* des angles d'incidence, font en raifon conftante avec les *finus* des angles de réfraction; fi, comme on le dit, M. Defcartes a profité des travaux obfcurs de Snellius, & s'il a augmenté fa gloire des recherches du Philofophe Hollandois.

Voyons préfentement l'artifice dont s'eft fervi un grand Homme (*a*) ennémi déclaré de la Dioptrique de M. Defcartes, & partifan outré des caufes finales, pour ôter, s'il l'eût pû, à notre Philofophe la gloire d'avoir découvert le premier, le rapport conftant qui fe trouve entre les *finus* des angles

(*a*) M. Leibnits act. erud. 1682. pag. 187. & fuiv. il a voulu réduire les principes d'Optique, de Dioptrique & de Catoptrique aux caufes finales

d'incidence,

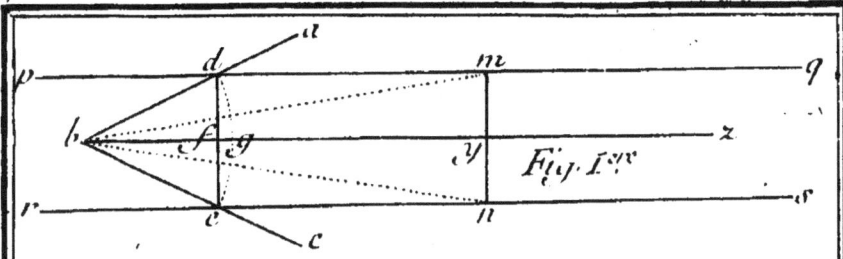

*Fig. 1.ᵉʳ*

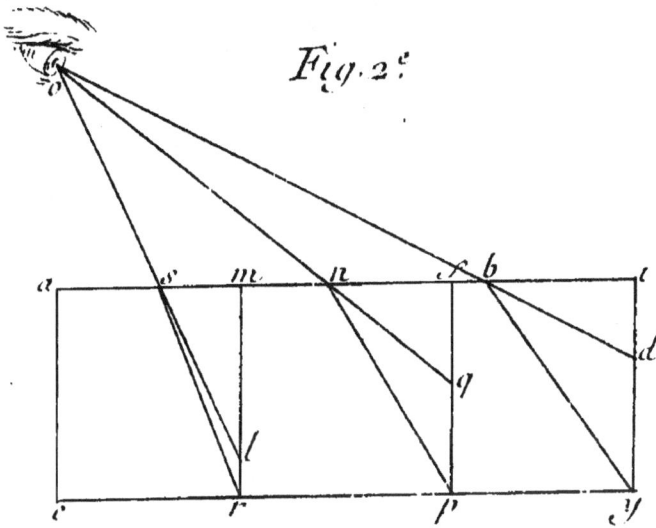

*Fig. 2.ᵉ*

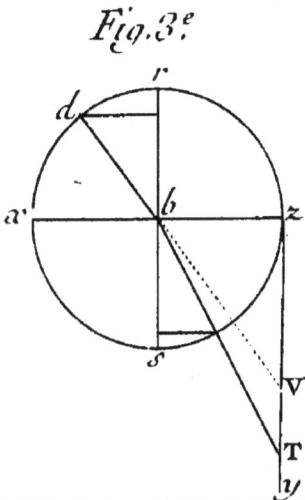

*Fig. 3.ᵉ*

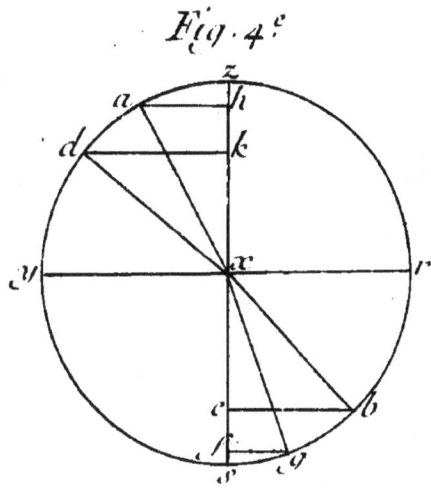

*Fig. 4.ᵉ*

d'incidence, & ceux des angles de réfraction.

Le fçavant Géométre dont nous parlons
a confidéré le rayon vrai & le rayon apparent comme les fécantes des angles de réfraction & d'incidence. Rendons ceci plus
fenfible par une figure. Soit le rayon de lu-
miere *d b.* qui paffe obliquement de l'air    Plan. II.<br>Figure III.
*r x z.* dans l'eau *s x z.* fuivant la détermina-
tion *d b.* du point d'incidence *b.* pris pour
centre; décrivez le cercle *d x s z.* & du point
*z.* élevez la tangente *z y.* que vous continue-
rez à difcrétion, continuez *d b.* directement
en *V.* & le rayon rompu directement en *T.*
( on doit préfentement, pour fe conformer
à M. Leibnits, rapporter les angles d'incidence & de réfraction, non à la perpendiculaire *r s.* comme nous l'avons fait jufques
ici ; mais à l'horifontale *x z.* ) cette préparation faite, il eft évident que la ligne *b T.*
qui eft le rayon vrai, eft la fécante de l'angle de réfraction *T b z.* comme auffi, que la
ligne *b V.* qui eft le rayon apparent eft la fécante de l'angle d'incidence *V b z.* car les
deux angles *d b x, V b z.* étant oppofés par le
fommet font égaux : or, il eft démontré que
les féca tes de toutes fortes d'angles font
entr'ell en raifon conftante, fçavoir, com-

I

me les *sinus* des complemens de ces angles réciproquement pris.

Il est ainsi démontré que le rayon apparent & le rayon vrai sont en raison constante. Nous demandons présentement si ce théorême est celui de M. Descartes. Pour mettre le Lecteur en état d'en juger plus aisément, nous rapporterons ces trois théorêmes de suite exposés avec toute la simplicité dont ils sont susceptibles. On les saisira avec plus de facilité, & on en appercevra mieux le rapport.

### Théorême de M. Descartes.

Lorsque les rayons de lumiere souffrent des réfractions, le sinus de l'angle d'incidence est au sinus de l'angle de réfraction en raison constante, quelle que soit la valeur de l'angle d'incidence.

### Théorême de Snellius.

Lorsque les rayons de lumiere sont réfractés, le rayon vrai est au rayon apparent en raison constante, quelle que soit l'obliquité de l'incidence.

### Théorême de M. Leibnits.

Lorsque les rayons de lumiere sont réfractés, les sécantes des angles de réfraction &

d'incidence font en raifon conftante , & cette raifon eft celle du *finus* du complément de l'angle d'incidence , au *finus* du complément de l'angle de réfraction.

Nous fommes perfuadés qu'on réuffiroit plus aifément à marier l'Ordre de Malthe , ou la République de Venife avec le Grand Seigneur , qu'à démontrer que le théorême de Snellius , ou même celui de M. Leibnits eft le même que celui de M. Defcartes. Il faut avouer, néanmoins, que les *finus* des complémens des angles d'incidence & de réfraction , pris felon la méthode & les principes de M. Leibnits , font les mêmes que ceux dont parle M. Defcartes. Mais les obfervations fuivantes prouveront affez que M. Leibnits , quelque peine qu'il fe foit donné pour cela , n'a pas réuffi à prouver que le théorême de M. Defcartes eft le même que celui de Snellius.

Nous ne confidérons pas ici combien forcé eft le théorême de M. Leibnits , ni par quels longs détours il a tâché de le ramener à celui de M. Defcartes , il nous fuffit d'obferver que le théorême de M. Defcartes porte fur un principe mécanique , fçavoir , fur la compofition du mouvement oblique , & que celui de M. Leibnits n'a pour fondement

I ij

qu'un principe moral appuyé fur les caufes finales, principe qui, en bonne Phifique, doit être abfolument rejetté.

Nous ne ferons plus mention du théorême de Snellius dans le parallele que nous allons faire du théorême de M. Defcartes & de celui de M. Leibnits. On s'eft apperçu que ce dernier a donné une telle tournure au théorême de Snellius, qu'il l'a rendu méconnoiffable, & nous le ferons d'autant plus volontiers, que Snellius n'a fait aucun ufage de fon théorême.

M. Defcartes rapporte les angles d'incidence & de réfraction à la perpendiculaire menée à la furface réfringente par le point d'incidence, & M. Leibnits rapporte ces angles à la furface féparatrice des deux milieux. Il eft donc certain, en premier lieu, que ces deux Géométres ont confidéré les réfractions fous différens afpects.

M. Defcartes dit que l'air eft un milieu plus difficile que l'eau par rapport à la lumiere. M. Leibnits foutient au contraire que l'eau réfifte plus que l'air au mouvement de la lumiere. Ces deux Philofophes ont eu ainfi des fentimens oppofés fur les réfractions.

M. Defcartes a foutenu que le *finus* de

l'angle d'incidence est au *sinus* de l'angle
de réfraction, en raison directe des résistances de milieux ; M. Leibnits a cru au contraire, que les *sinus* des complémens de ces
angles , complémens qui font les mêmes
que les angles dont parle M. Descartes ,
font entr'eux ; non en raison directe , mais
en raison réciproque des résistances de ces
milieux ; en forte qu'en suppofant qu'un
rayon passe de l'air dans l'eau , on a felon
M. Descartes , cette analogie. Le *sinus* de
l'angle d'incidence est au *sinus* de l'angle
de réfraction, comme la résistance de l'air ,
par rapport à la lumiere , est à la résistance
de l'eau ; au lieu que felon M. Leibnits , on
a l'analogie suivante. Le *sinus* du complément de l'angle d'incidence est au *sinus* du
complément de l'angle de réfraction , comme la résistance de l'eau , par rapport à la
lumiere , est à la résistance de l'air. Ces
deux Phisiciens ont donc donné des analogies différentes , & oppofées pour la me-
fure des réfractions.

Il est bon de remarquer ici, que comme
Snellius & M. Leibnits n'ont paru qu'après
M. Descartes, on ne doit pas donner aux premiers les découvertes qu'on a publiées avant
eux. On dit que celui qui a découvert le pre-

mier la circulation du fang, ne joüit pas de
l'honneur qu'une découverte fi belle & fi
importante mérite, & que celui qui a le
premier publié cette découverte, en a re-
cueilli tout l'avantage, L'impreffion eft un
titre autentique contre lequel on ne fçauroit s'infcrire en faux. Il faut ainfi, qu'on
donne à M. Defcartes l'invention du théorême, quand il y auroit de fortes préfomp-
tions contre lui, étant le premier qui l'a publié ce théorême. Nous avons, néanmoins,
fait voir qu'il lui appartient en propre ;
quelle humeur chagrine veut donc aller in-
quiéter fes cendres ?

On nous dira peut-être que le théorême
de M. Leibnits revient, quant au fonds, au
même que celui de M. Defcartes, & qu'il
eft fondé fur une théorie différente. Mais
nous répondons à ceux qui nous pourroient
parler ainfi, que nous accordons volontiers
non-feulement, que le théorême de M.
Leibnits, mais encore que celui de Snellius
revient au même que celui de M. Defcartes,
que ces théorêmes font fondés fur des théories différentes, qu'ils font mêmes énoncés
d'une maniere différente. Que peut-on conclure de cet aveu ? C'eft que Snellius & M.
Leibnits ont pris ce théorême de M. Defcar-

tes. Plus la reſſemblance des théorêmes ſera grande, & plus le vol qu'on aura fait à M. Deſcartes ſera manifeſte. Mais, dira-t'on, les théories ſont différentes. Soit, que s'enſuivra-t'il? C'eſt qu'on aura voulu couvrir le vol fait à M. Deſcartes. Et à quel point ſe trouveroit-on réduit, ſi la différence des théories étoit un motif ſuffiſant pour nous faire douter des véritables inventeurs des belles propoſitions. Il n'y auroit aucun Sçavant qui ſe trouvât tranquille poſſeſſeur de ſon propre bien, ou qui pût joüir long-tems du fruit de ſes travaux, rien n'étant plus aiſé que d'accommoder des nouvelles théories à des vérités découvertes, l'expérience en eſt facile, & les exemples peut-être trop fréquens.

Si nous faiſons attention au mémoire de M. Leibnits, nous trouverons que non-ſeulement il croit que Spleiſſius pouvoit avoir quelque raiſon de penſer que M. Deſcartes auroit pû avoir connoiſſance du théorême de Snellius, mais encore qu'il croit lui-même que Snellius a pris ce théorême des Anciens Géométres. Donc à s'en tenir à la déciſion de M. Leibnits, Snellius eſt auſſi plagiaire que M. Deſcartes, Snellius ne ſera pas le premier qui aura découvert le rapport conftant qui fe trouve entre les *finus* des angles d'incidence & de réfraction, quand bien même il auroit parlé de ces *finus*, mais il n'en a point parlé, & fon théorême n'a paru qu'après celui de M. Defcartes. On doit donc conclure, & nous l'avons démontré, que c'eft à M. Defcartes que nous fommes redevables de cette fameufe découverte.

L'Auteur dont nous examinons l'Ouvrage, n'a pas bien confulté les intérêts de M. Neuton, lorfqu'il a parlé de Snellius. Comme on ne trouve nulle part les trois Livres d'Optique de cet Hollandois, & qu'on fçait que le théorême contefté fe trouve dans Voffius ; le Lecteur judicieux & exempt de tout préjugé voudra confulter Voffius & connoître par lui-même, fi on lui en impofe. Quels coups la lecture de Voffius ne portera-t'elle pas à l'Optique de M. Neuton! On y verra que Voffius à ébauché le fiftême de M. Neuton fur les couleurs; qu'il a indiqué à M. Neuton fon fiftême fur les couleurs ; enfin, que M. Neuton n'a fait que développer l'idée que Voffius lui a donnée. Nous le prouvons.

Le fin du fiftême de M. Neuton fur les couleurs ; eft que les rayons de lumiere font co-

lorés , que ces rayons ont en eux-mêmes
toute la difpofition néceffaire pour exciter
en nous les fenfations des différentes couleurs , & qu'ainfi les couleurs ne font pas des
nouvelles modifications de la lumiere ; que
le blanc eft l'affemblage de toutes les couleurs ; que les rayons difcernés & féparés
nous font voir différentes couleurs ; que mêlés & comme confondus , ils ne donnent
que du blanc ; que le blanc n'eft pas une
couleur , mais le principe de toutes les couleurs. Or, Voffius l'a dit avant M. Neuton (*a*):

(*a*) Voici ce que dit Voffius. Et nous prions le Lecteur de confidérer que par *pelluciditas* , Voffius ainfi
que les Anciens Philofophes , entend le blanc ou la lumiere pure. On le reconnoîtra affez ,, *Primus itaque*
,, *color , fi tamen color dicendus fit , is eft albus , pelluci-*
,, *ditatem proximè hic accedit.* Voffius *de natur. lucis,*
,, *pag.* 61.
,, *Infunt itaque & lumini omnes colores , licet non*
,, *femper vifibiliter, nempe ut flamma intenfa alba & uni-*
,, *color apparet , eadem fi per nebula aut aliud denfius cor-*
,, *pus fpectetur varios induit colores. Pari quoque ratione*
,, *lux licet invifibilis aut alba , ut fic dicam, fi per prifma*
,, *vitreum aut aërem roridum tranfeat , fimiliter varios co-*
,, *lores induit.* Ibidem.
*Omnem tamen lucem fecum colores deferre ex eo colligi*
*poteft. Quod fi per lentem vitream aut etiam per foramen,*
*lumen in obfcurum admittatur cubiculum , in muro aut*
*linteo remotiore manifeftè omnes videantur colores cum ta-*
*men in puntis decufationis radiorum & locis nimium lenti*
*vicinis , nullus color fed purum tantum compareat lumen.*
pag. 64.
*Quapropter non recte ii fentiunt qui colorem vocant lu-*
*men modificatum.* pag. 59.

on voit par-là, que la perte eft pour M. Neuton, & non pour M. Defcartes ; & que lorfque M. de Voltaire a contefté à M. Defcartes un théorême dont il eft le vérirable
inventeur, il a trahi les intérêts de M. Neuton. Qu'on ne penfe pas, néanmoins, que
nous voulions comparer à M. Neuton, Voffius & plufieurs autres Philofophes qui ont
précédé le Géometre Anglois, & qui ont
penfé comme lui ; nous n'avons d'autre
intention que de prouver, en deffendant
M. Defcartes, que Mʳ. Neuton perd plus
qu'il ne gagne à l'occafion de Snellius.

Ecoutons Voffius, & nous en ferons pleinement convaincus. Voici comment il s'explique dans fon Traité de la nature & des
propriétés de la lumiere.

Si on pouvoit avancer que le blanc eft
couleur, le blanc qui n'eft prefque pas différent de la lumiere, on devroit dire que
le blanc eft la premiere de toutes les couleurs. Et quoique nous n'appercevions pas
les couleurs dans le blanc ou dans la lumiere, il nous faut pourtant donner bien de
garde de dire que toutes les couleurs ne font
pas dans la lumiere, puifque c'eft un fait
qu'elles y font ; car la flamme que donne un
feu violent & qui paroît blanche ou fans

couleur, vous la verrez colorée, fi vous la regardez à travers la fumée, ou au travers d'un verre noirci : c'eft pour cela que la lumiere, toute invifible, ou toute blanche qu'elle eft , c'eft pour cela, dis-je, que le blanc ou la lumiere pure nous fait voir , étale à nos yeux différentes couleurs, lorf-qu'elle vient à nous après avoir été réfrac-tée par le prifme ou par une nuée qui fe ré-fout en rofée. Que le témoignage de nos fens ne nous faffe donc pas illufion, & ne difons pas que le blanc n'eft pas un com-pofé de toutes les couleurs, parce que nous ne les voyons pas ces couleurs dans la lumiere pure. Voici, continue Voffius, une expérience qui prouve invinciblement que le blanc n'eft qu'un compofé de toutes les couleurs, que toutes les couleurs font dans la lumiere, que les rayons font véritable-ment colorés. Faites un trou au volet de la fenêtre d'une chambre que vous rendrez auffi obfcure que vous le pourrez. Faites en-trer par ce trou, auquel vous aurez ajufté un verre objectif, un trait de lumiere, ou même que ce trait de lumiere entre fimple-ment dans la chambre obfcure par le trou que vous aurez fait au volet ; & vous ver-rez que ce trait peindra tous les objets extérieurs avec leurs propres couleurs, vous fera voir toutes fortes de couleurs fur le mur ou fur un linge blanc que vous lui oppoferez à une diftance convenable, & cela quoique vous ne voyez aucune couleur, que vous ne voyez que du blanc dans le point auquel tous les rayons font comme mêlés & confondus, au point où ces rayons fe croifent, & dans les lieux qui font fort proches de l'objectif. Ceux-là fe trompent donc qui prétendent que les couleurs ne font que des modifications de la lumiere. Nous pourrions citer plufieurs autres paffages de Voffius qui prouveroient que c'eft de lui que M. Neuton a pris l'idée de fon Optique ; mais ceux que nous venons de rapporter font plus que fuffifans pour le prouver.

Nous ignorons d'où eft-ce que l'Auteur des Elemens de la Philofophie Neutonienne, a appris que Snellius trouva le premier la raifon conftante, fuivant laquelle, les rayons fe rompent, lorfqu'ils paffent d'un milieu dans un autre. Snellius n'a jamais confidéré qu'un feul milieu, il n'a parlé ni de *finus*, ni d'angle, il n'a fait attention qu'à la longueur de deux lignes dont on meneroit la premiere du point d'incidence au point auquel on rapporte l'objet vû par réfraction,

& l'autre du même point d'incidence au vrai lieu de l'objet (*a*). Jamais Snellius n'a parlé du theorême de M. Defcartes, & jamais on ne donna à M. Defcartes le théorême de Snellius. Ajoutons encore que l'Auteur qui s'eft érigé en Juge entre M. Defcartes & Snellius, ignore l'état de la queftion. Il paroît ne pas comprendre le theorême. Nous ne choifirons parmi un grand nombre d'argumens qui font plus que le prouver, que deux raifonnemens qui font fort fimples.

LXXIII.
M. de Voltaire paroît ignorer l'état de la queftion

Pour rendre Snellius intelligible, on nous dit que, plus le *finus* d'incidence eft grand, plus le *finus* de l'angle de réfraction eft grand auffi. Cela eft vrai, mais cela ne dit rien, & ce n'eft point dequoi il eft queftion, ce n'eft pas ce qu'ont voulu dire M. Defcartes, Snellius, Voffius, M. Leibnits, M. Bernoulli, &c. On fçavoit avant tous ces Philofophes, que plus l'angle d'incidence, & ainfi fon *finus* eft grand, plus eft grand auffi l'angle de réfraction, & ainfi fon *finus*. Dequoi eft-il donc queftion? C'eft, ainfi que nous l'avons dit plufieurs fois, que fi deux ou plufieurs rayons tels que *a x*, *d x*, paffent avec des obliquités inégales de l'air *y z r*, dans l'eau *r s y*;

PLANCHE II.
FIGURE IV.

(*a*) *Sic in eodem generis medio*, dit Snellius.

le *finus* de l'angle d'incidence *a h.* du rayon
*a x*, est au *finus* de l'angle de sa réfraction *f g*,
comme *d k finus* de l'angle d'incidence du
rayon *d x* est à *e b finus* de son angle de réfraction, & c'est dequoi on n'a point parlé.

Nous remarquerons ici, que quand il seroit
vrai que Snellius auroit écrit avant M. Defcartes, & que son theorême seroit le même
que celui de notre Philosophe, on ne pourroit pas dire néanmoins que »Snellius trouva
»la proportion constante, suivant laquelle
»les rayons se rompent dans les différens
»milieux. Car dire que les rayons vrais &
les rayons apparens gardent toûjours un même rapport, n'est pas assigner ce rapport;
dire que la raison de 5 à 7, est la même
que celle qui se trouve entre 15 & 21.
n'est pas expliquer la nature de cette raison,
n'est pas indiquer quelle est cette raison qui
se trouvant entre 5 & 7 se rencontre aussi
entre 15 & 21.

On s'est apperçû qu'on ne rend pas la pensée
de M. Defcartes, ni celle de Snellius, lorsqu'-
on nous dit que le *finus* de l'angle de réfraction est d'autant plus grand que le *finus* de
l'angle d'incidence est plus considérable;
voici la façon dont notre Auteur continue,
après avoir averti qu'il n'expliquera pas ce

que c'eſt que *ſinus*, il ajoute : » Qu'il ſuffit de »ſçavoir que ces deux *ſinus*, ( celui de l'angle »d'incidence & celui de l'angle de réfraction) »(*a*), de quelque grandeur qu'ils ſoient, ſont »toujours en proportion dans un milieu »donné. Parler ainſi, n'eſt - ce pas démontrer qu'on ignore l'état de la queſtion : deux grandeurs, deux *ſinus* pris ſolitairement, peuvent-ils faire une proportion & s'énoncer, comme *notre Auteur* le fait, eſt-ce expliquer Snellius. Que ceux qui ne ſe laiſſent point conduire par la prévention, & qui ne jugent pas ſur l'oüi dire, décident ſi M. de Voltaire a compris le théorême que M. Deſcartes a découvert le premier. Mais rentrons dans notre ſujet, continuons notre examen, il nous ſuffit d'obſerver que l'Auteur des Elemens a erré dans ſon calcul, lorſqu'il nous dit » Qu'il eſt palpable que le criſtal »réfracte, briſe la lumiere d'un neuviéme »plus fortement que l'eau«. Il veut en effet que lorſque la lumiere paſſe de l'air dans l'eau, le *ſinus* de l'angle de réfraction ſoit

LXXIV.
Calcul qui
n'eſt pas juſte.

(*a*) Les Commençans auroient de la peine à comprendre ce qu'on entend par *ſinus* d'incidence & *ſinus* de réfraction. On ne parle de *ſinus* que pour les angles & pour les arcs qui meſurent ces angles. Ainſi on doit toujours ſubſtituer au texte, & lire de l'angle d'incidence, pour d'incidence, de l'angle de réfraction, pour de réfraction.

au *finus* de l'angle d'incidence, comme 3 à
4, ou comme 9 à 12 ; car 9 eſt à 12, comme 3 eſt à 4, & que lorſque la lumiere paſſe
de l'air dans le criſtal, ces *finus* ſont entr'eux
comme 2 à 3, ou comme 8 à 12 ; car 8
eſt à 12, comme 2 eſt à 3. Si on ſuppoſe
par conſéquent qu'un rayon de lumiere paſſe
ſous un même angle de l'air, tantôt dans
l'eau, & tantôt dans le criſtal, le *finus* de
l'angle d'incidence étant ſuppoſé diviſé en
douze parties égales, le *finus* de l'angle de
réfraction dans l'eau contiendra neuf de ces
parties, & le *finus* de l'angle de réfraction
dans le criſtal, n'en contiendra que huit ;
on voit ainſi qu'il eſt palpable que le criſtal ne réfracte, ne briſe la lumiere que d'un
douziéme, & non pas d'un neuviéme plus
fortement que l'eau. La concluſion qu'on
tire de ce faux calcul, démontre entierement ce que nous diſions il n'y a pas long-
tems ; ſçavoir que notre Auteur étoit bien
éloigné de connoître le ſens du theorême
de M. Deſcartes. La voici cette concluſion.
»Il faut donc ſçavoir que dans tous les cas,
»& dans toutes les obliquités d'incidence
»poſſibles, le criſtal ſera plus réfringent que
»l'eau d'un neuvieme«. Ceux qui connoiſſent l'état de la queſtion, apperçoivent très
bien ,

bien, que ce que nous avons avancé eſt vrai & certain, & les autres peuvent faire réflexion que Snellius ne parle pas des réfractions qui ſe font dans différens milieux, mais dans un même milieu, *in ejuſdem generis medio.* Peut-on décider ſur une queſtion qu'on ne connoît pas? Que M. Deſcartes jouïſſe donc de ſon propre bien, reconnoiſſons qu'il eſt le pere de la Dioptrique, qu'il eſt le premier qui a connu la raiſon conſtante qui ſe trouve entre le *ſinus* des angles d'incidence & de réfraction lorſque la lumiere paſſe ſous différentes obliquités, d'un milieu dans un autre plus ou moins réſiſtant.

M. Deſcartes a raiſonné juſte, lorſqu'il a penſé; lorſqu'il a dit, que la lumiere paſſe plus librement à travers les pores de l'eau, qu'à travers les pores de l'air, à travers les pores du verre, encore plus librement qu'à travers ceux de l'eau. La mécanique, l'expérience, diſons plus, pour Meſſieurs les Neutoniens, M. Neuton même, le prouvent.

LXXV.
M. Deſcartes a dit que la lumiere paſſe plus librement par les pores de l'eau que par ceux de l'air, & il a dit vrai.

Il a été prouvé invinciblement que la lumiere n'émane pas du Soleil; il faut donc, ainſi que nous l'avons démontré, qu'elle n'aye point un mouvement de tranſport,

LXXVI.
Comment eſt-ce que la lumiere n'eſt qu'une action ou comme une action,

K

M. Defcartes ne s'eft donc pas trompé lorfqu'il a dit, que la lumiere ne confifte que
dans une tendance au mouvement, que la
lumiere n'eft qu'une action ou comme une
action. Cet illuftre François a voulu dire par-
là que comme la matiere n'a d'autre force,
d'autre action que le mouvement, il ne falloit pas penfer que les parties du liquide véhicule de la lumiere font véritablement tranf-
portées lorfqu'elles nous portent l'action
des corps lumineux, mais qu'il faut fimplement concevoir que ces parties n'ont qu'une
tendance au mouvement, qu'elles reçoivent
à la vérité du mouvement, mais qu'elles le
communiquent ce mouvement au même inftant fenfible qu'elles le reçoivent : rien n'eft
plus aifé à comprendre que cette vérité. Pla-
cez de fuite plufieurs dames du jeu de Tric-
trac, en forte que leurs centres foient à
peu près fur une même ligne, & qu'elles fe
touchent immédiatement les unes les autres,
pouffez une autre dame contre la premiere
de cette fuite, vous verrez, & plufieurs le
verront avec admiration, que la derniere
de ces dames fera mife en mouvement, fe
détachera des autres, lefquelles ne bouge-
ront en aucune maniere : or il eft très-conf-
tant que le mouvement de la dame qu'on

à jettée ou pouſſée contre la premiere de
cette rangée, ne peut avoir paſſé juſqu'à
la derniere que par le moyen des dames qui
ſont entre-deux, ces dames moyennes n'ont
pourtant pas eu un véritable mouvement,
puiſqu'elles n'ont pas été tranſportées, &
qu'elles n'ont pas changé de place ; il faut
donc dire qu'elles n'ont eu qu'une tendance
au moment, qu'elles n'ont eu que comme
une action.

Les Commençans, nous voulons dire,
non pas ceux qui ne connoiſſent de la Phiſique que le nom, mais ceux qui commencent à examiner les choſes par eux-mêmes,
doivent ſçavoir, que ſelon les Cartéſiens,
c'eſt-à-dire, ſelon tous ceux qui raiſonnent
juſte ſur la maniere dont la lumiere ſe répand, penſent que l'action des corps lumineux eſt portée juſqu'à nous par le moyen
du liquide qui en eſt le véhicule, comme
l'action de la premiere dame eſt portée
juſqu'à la derniere par l'entremiſe des
dames moyennes. Ne ſont-ils donc pas bien
fondés lorſqu'ils diſent que la lumiere n'a
qu'une tendance au mouvement, puiſque
cela eſt prouvé ; qu'elle n'eſt qu'une action,
ou comme une action, puiſque c'eſt une
choſe démontrée ? Penſer ainſi, n'eſt-ce pas

K ij

penſer juſte ? Penſer comme M. Deſcartes, eſt-ce s'abuſer ? Penſer autrement ſur ce ſujet, n'eſt-ce pas s'aveugler?

Nous croyons que les Lecteurs ne feront plus arrêtés, & qu'ils ne croiront plus M. deVoltaire, lorſqu'il leur dira dans la ſuite, qu'il eſt prouvé, qu'il eſt démontré que la lumiere émane du Soleil, qu'elle a un mouvement de tranſport, &c. Nous nous flatons même que ces expreſſions haſardées qu'ils regarderont comme des licences de Poëte, les feront tenir mieux ſur leurs gardes, les avertiront de ſe méfier, puiſque tout ce qui porte ſur un fondement ſi mauvais, ne ſçauroit être ſtable ni ſolide.

LXXVII.
Contradiction frapante des nouveaux Neutoniens.
Il nous vient dans l'eſprit une réflexion aſſez ſinguliere. Nos Neutoniens veulent que ce ſoit du ſein des pores que la lumiere eſt réflechie, lorſqu'il s'agit de réflexion, & ils ſoutiennent que c'eſt par les pores que la lumiere paſſe lorſqu'il s'agit de réfraction ; c'eſt ce qu'on peut appeller s'accommoder aux tems & aux lieux. La lumiere eſt réflechie, & n'eſt pas réflechie du ſein des pores ; la lumiere eſt tranſmiſe & n'eſt pas tranſmiſe par les pores : voilà ce qu'ils diſent, voilà comment ils raiſonnent ; c'eſt ainſi qu'ils ſe démentent, c'eſt ainſi

qu'ils se contredisent. Donnons leur néanmoins quelque chose, ils ont besoin de secours. Supposons pour eux qu'il y a des pores qui réflechissent la lumiere, & qu'il y en a d'autres qui la transmettent, reconnoissons des pores attractifs & des pores repulsifs, des pores vuides qui repoussent la lumiere, qui ne lui permettent pas de passer, & des pores pleins qui lui offrent un libre passage.

Nous avons dit (N. LXXV.) que la mécanique, l'expérience, & M. Neuton même, prouvent que M. Descartes a eu raison, lorsqu'il a pensé que la lumiere passe plus librement par les pores de l'eau que par les pores de l'air, & par les pores du verre encore plus librement que par les pores de l'eau. Voici comment nous le prouvons.

LXXVIII. Démonstration de la vérité annoncée au N. LXXV.

Un mobile tel qu'il soit, passe plus librement dans un milieu que dans un autre, s'il trouve moins de résistance dans le premier de ces milieux que dans le second ; or la lumiere trouve moins de résistance dans l'eau que dans l'air : Nous le prouvons. La lumiere trouve moins de résistance dans l'eau que dans l'air, si elle accelere son mouvement lorsqu'elle passe de l'air dans l'eau, & si au contraire son mouvement est retardé lors-

K iij

qu'elle paſſe de l'eau dans l'air ; or là lumiere qui paſſe de l'air dans l'eau accelere ſon mouvement, & ſon mouvement eſt au contraire retardé lorſqu'elle paſſe de l'eau dans l'air. Nous pourrions prouver cette propoſition par une infinité de raiſons, d'experiences, & d'autorités, mais comme nous voulons battre les Neutoniens par leurs propres armes, nous ne rapporterons qu'une ſeule preuve tirée de M. Neuton, ſçavoir de la propoſition 95. du premier Livre de ſes Principes. C'eſt-là que nous renvoyons M. de Voltaire & ſes Partiſans ; ils y trouveront que la Démonſtration que M. Neuton donne, fait voir évidemment que la vîteſſe d'un rayon qui pénétre dans un milieu en s'éloignant de la perpendiculaire tirée par le point d'incidence, doit être retardée ; on voit ainſi, que M. Neuton a démontré que la vîteſſe d'un rayon qui pénétre dans un milieu en s'approchant de la perpendiculaire, tirée par le point d'incidence, doit être accelerée. Voici comment nous raiſonnons préſentement.

La lumiere qui paſſe obliquement de l'air dans l'eau, qui pénétre dans l'eau, s'approche de la perpendiculaire tirée par le point d'incidence, ſa vîteſſe eſt donc accelerée ;

la lumiere qui paſſe obliquement de l'eau
dans l'air, s'éloigne de la perpendiculaire,
ſa vîteſſe eſt donc retardée ; donc la lumiere
eſt moins empêchée dans l'eau que dans l'air,
trouve moins de réſiſtance dans l'eau que
dans l'air ; donc elle paſſe plus librement par
les pores de l'eau que par les pores de l'air ;
donc l'eau eſt un milieu plus aiſé par rapport à la lumiere que l'air ; donc M. Deſcartes a bien raiſonné ; donc ceux qui raiſonnent à ce ſujet autrement que ce grand
homme, raiſonnent mal, ſont dans l'erreur.

On démontrera de même que la lumiere
paſſe plus librement par les pores du verre
que par les pores de l'eau, & le Lecteur
doit bien ſe reſſouvenir que l'eau eſt un
milieu moins difficile que l'air par rapport
à la lumiere. Nous tirerons bientôt de cette
vérité démontrée, certaines conſéquences
qui renverſeront abſolument l'édifice que
M. de Voltaire a élevé au Neutonianiſme,
on y verra la baſe & le fondement de tout
ſon ouvrage détruit ſans qu'on puiſſe eſpé-
rer de le rétablir tant que la raiſon reſtera
parmi les hommes.

On nous dira peut-être que ſi la lumiere
accelere ſon mouvement lorſqu'elle paſſe

de l'air dans l'eau, ce n'est pas parce qu'elle passe plus librement par les pores de l'eau, que par les pores de l'air, mais parce qu'elle est plus fortement attirée par l'eau que par l'air. Mais que signifie tout ce verbiage? Nous croit-on assez simples & assez peu connoisseurs, pour ne point appercevoir le défaut de ce raisonnement, & pour ne point comprendre qu'on ne cherche qu'à nous en imposer? On veut expliquer la réfraction & l'inflexion de la lumiere par une vertu inconnue, & nous ne sçavons qu'elle, qu'on nomme attraction, vertu dont on n'a aucune idée, vertu qu'on ne connoît pas plus distinctement que l'Histoire naturelle des Plantes qui sont dans le premier Satellite de Saturne, & nous verrons dans peu qu'on veut prouver l'attraction par la réfraction & l'inflexion de la lumiere. Mais nous nous appercevons que nous laissons notre Lecteur trop long-tems en suspens, nous pourrions ennuyer, ou nous rendre inintelligibles à force de vouloir être éxacts à suivre notre Auteur. Nous allons le quitter pour un tems, bien certains que nous le retrouverons bientôt. Nous faisons un petit écart en faveur de ceux qui liront cet ouvrage, & qui ne seront pas bien au fait sur l'attraction.

. Une découverte qui mérite affurément l'attention de tous les fiécles, c'eſt la découverte de l'attraction, découverte, ou pour accufer vrai, rêverie, connue depuis plufieurs fiécles. Qu'eſt-ce donc que cette attraction tant vantée ? Loin d'ici, profane vulgaire. Taifez-vous, Cartéfiens. Nous ne parlons qu'aux ames innocentes & exemptes de tout préjugé. Voici le fiécle d'or. Voici un nouvel Univers qui fe préfente aux yeux de ceux qui font capables de voir & de comprendre.

LXXIX.
Qu'eſt-ce que l'attraction?

L'attraction, ce grand moteur de l'Univers, ce principe primitif duquel dépendent les effets les plus cachés de la Nature, & qui donne l'énergie aux reſſorts les plus déliés defquels dépendent l'ordre & l'arrangement des parties de cet Univers. L'attraction, nous ne parlons encore un coup qu'aux fages, & à ceux qui font initiés à nos myſteres.

L'attraction eſt une proprieté de la matiere, qui eſt néanmoins immatérielle, & qui agit fur la matiere. L'avez-vous compris ?

L'attraction eſt une proprieté de la matiere, puifqu'il n'y a que la matiere qui ait la force attractive, & que cette force eſt toujours proportionnée à la quantité de matiere. Elle eſt en fecond lieu immaterielle,

puifqu'elle agit indépendamment de la matiere, & qu'elle va produire fon effet à plufieurs centaines de millions de lieues dé-
nuées de toute matiere; elle agit enfin fur la
matiere, puifque c'eft de fon action que dépend le méchanifme des parties de l'Univers, puifque c'eft elle qui donne le ton &
la loi aux différentes parties de l'Ouvrage
que Dieu a créé. Voyez-vous un homme
qu'on roüe à coups de bâtons, quelqu'in-
nocent qu'il foit ne le plaignez pas, celui
qui paroît le fraper, ne le frape pas, c'eft
lui-même qui cherche, ou du moins, qui eft
la caufe de fon mal, la perfonne qui le charge
auroit raifon & feroit en droit de lui inten-
ter procès. Comprenez bien ce point. Le
mouvement par impulfion n'étant que chimere, & tout fe faifant dans la Nature par
attraction; lorfque vous voyez le bâton s'approcher avec violence du dos & des épaules
de celui qui en eft chargé, gardez-vous bien
de croire que c'eft le bras de celui qui en
eft armé qui le pouffe. Non, ce n'eft pas
lui; un credule Cartéfien le penferoit; mais
un vrai croyant, un Difciple de Neuton &
de la vérité, raifonne bien autrement, il
fçait que ce font les épaules de l'homme
frapé qui attirent le bâton, le bras & la

main qui le tient; que si les coups en sont
rudes, c'est parce que ses épaules attirent
le bâton en raison inverse des quarrés des
distances jusqu'au point du contact, car
alors, elles attirent en raison inverse des
cubes de leurs distances, & beaucoup plus
encore.

Nous avons presentement une idée claire
& distincte de l'attraction, nous connoissons
la nature de cette proprieté de la matiere.
En attendant que l'occasion se présente de
revenir sur ce sujet, rejoignons notre Auteur,
& suivons-le avec attention dans ses raisonnemens.

Comme nous ne voulons que combattre
les erreurs nouvelles, qui étant débitées
d'une maniere spécieuse, pourroient faire
illusion à ceux qui ne seroient pas assez sur
leurs gardes, nous ne nous arrêterons pas
à observer les fausses significations qu'on
attache aux noms de solide, d'épais, de liquide, &c. ni les raisonnemens obliques
qu'on prête à M. Descartes; nous remarquerons seulement qu'on fait honneur à notre
Philosophe, en lui donnant une vérité qu'on
qualifie d'erreur & d'erreur importante, vérité qui est reconnue de tous les Géometres
& de tous les Phisiciens, vérité qui dit que

les forces réfringentes des différens milieux, font proportionnées à leurs denfités, dans le fens & avec les exceptions que nous avons remarquées ci-deffus (*N.* LXVIII.), vérité enfin, que l'expérience confirme. On éprouve en effet, que l'eau chaude moins denfe que l'eau froide, occafionne des réfractions moins fortes qu'elle ; que le verre plus denfe que l'eau froide occafionne des réfractions plus fortes que ce liquide, &c. Voici comment on attaque cette vérité démontrée.

LXXX.
Objection qui ne prouve rien.

Certains corps, nous dit-on, l'ambre par exemple, opére une réfraction bien plus forte que le criftal, par rapport à fa denfité. La conféquence naturelle qu'on doit tirer de cette propofition, c'eft qu'il eft faux que les forces réfringentes des différens milieux foient proportionnées à leurs denfités. Il faut convenir que M. de Voltaire eft malheureux dans le choix des objections qu'il forme contre M. Defcartes : celle qu'il vient de faire, ruine totalement le Neutonianifme, & confirme le fentiment de M. Defcartes quant à la caufe de la réfraction de la lumiere caufe que les Neutoniens font dépendre de l'attraction. Expofons leur fentiment, & voyons comment ils expliquent la réfraction de la lumiere, que tout Phificien fçait s'approcher de la perpendiculaire lorfqu'elle paffe obliquement de l'air dans l'eau, & nous verrons que l'objection dont il s'agit retombe à plomb fur le fiftême Neutonien.

Pour expliquer la réfraction de la lumiere, Meffieurs les Neutoniens ont recours à l'attraction, à cette caufe qui fait tendre tous les corps les uns vers les autres en raifon directe de leur maffe, & qui agit en perpendicule. En effet, difent-ils, un rayon de lumiere qui s'approche obliquement de l'eau ou du criftal acquerant un nouveau dégré de force verticale en conféquence de l'attraction de l'eau ou du criftal, doit s'approcher de la perpendiculaire menée au point d'incidence; car il faut que ce rayon fe meuve fuivant une détermination qui participe de fa force horifontale qu'on fuppofe invariable, & de fa force verticale augmentée, & il n'eft pas furprenant, ajoutent-ils, & ceci confirme les idées Neutoniennes, il n'eft pas furprenant que le verre réfracte la lumiere plus fortement que l'eau, car comme la force de l'attraction eft toujours proportionnée aux maffes & aux denfités des corps attirans, le verre plus denfe que l'eau attire plus fortement la lumiere, lui donne un

LXXXI.
Elle retombe à plomb fur les nouveaux Neutoniens.

plus grand mouvement perpendiculaire que ce liquide.

Ne nous embarraſſons pas ici de la ſolidité de cette explication, nous diſcuterons ce point un peu plus bas. Suppoſons au contraire, que le raiſonnement des Neutoniens eſt ſolide, & voyons les conſéquences qu'on peut tirer de l'objection qu'ils ont formée contre M. Deſcartes. L'Ambre eſt moins denſe que le criſtal, l'huile d'olive eſt moins denſe que l'eau; donc par les principes Neutoniens, l'ambre attire moins la lumiere que le criſtal, l'huile d'olive attire la lumiere moins fortement que l'eau; donc ſi la lumiere n'eſt réfractée que parce qu'elle eſt attirée par le corps réfringent, & ſi un corps ne réfracte la lumiere plus fortement qu'un autre corps, que parce qu'il attire plus fortement la lumiere que lui, ſi enfin un corps n'attire plus fortement la lumiere que parce qu'il eſt plus denſe; le criſtal opérera des réfractions plus fortes en proportion que l'ambre, l'eau réfractera plus fortement la lumiere que l'huile d'olive; tout le contraire arrive néanmoins, d'où il ſuit, manifeſtement, que ce n'eſt pas dans l'attraction qu'on doit aller chercher la cauſe de la réfraction, & que l'objection formée contre M. Defcartes ruine le fiftême Neutonien jufques dans fes fonde-mens.

Nous prévoyons qu'on nous dira que les corps fulphureux, qui occafionnent des ré-fractions plus fortes en proportion qu'on ne doit l'attendre de leurs denfités, font tout pénétrés de lumiere, & que ces parties de lumiere engagées entre les parties de ces corps, ou retenues dans leurs pores, agif-fent auffi fur la lumiere extérieure, & font plus que compenfer le défaut de denfité. Si cela eft, les nouveaux Neutoniens embraffent notre fiftême, auffi empruntent-ils de nous, les raifons que nous avons employées pour l'établir. Il eft vrai qu'ils ne citent pas notre Ouvrage : mais nous n'y perdons rien. S'ils n'en font pas mention lorfquils adoptent nos idées, ils n'en parlent pas non plus lorfqu'ils combattent nos opinions. On nous a cru fans conféquence. Voici la raifon qu'on employe & qu'on a prife de la page 153. de notre Traité de la Lumiere. La réaction eft toujours égale à l'action, donc puifque les corps fulphureux font ceux fur lefquels la lumiere agit le plus fortement, agit davantage, ce font auffi ceux qui agif-fent le plus fortement fur la lumiere, qui la

LXXXII.
Solution de la difficulté qui ne fatisfait pas.

brifent, qui la réfractent davantage.

LXXXIII.

Ce raifon-
nement ne
prouve rien
pour les nou-
veaux Neu-
toniens, il
prouve au
contraire con-
tr'eux.

Tel eft le raifonnement par lequel notre
Auteur tâche d'éluder la difficulté, mais
l'argument qui étoit bon pour nous, & qui
prouvoit fort bien notre fentiment, ne prouve rien pour les attractionaires ; nous nous
trompons, cet argument démontre le faux
du fiftême Neutonien, car s'il eft vrai que
la lumiere agit fur la lumiere, fi la lumiere
qui eft dans les pores des corps, attire la
lumiere extérieure, nous ne concevons
pas qu'une feule molécule de lumiere puiffe
s'échaper du Soleil, puiffe s'avancer de la
terre. Cet aftre eft tout rempli de lumiere,
fes pores, ou pour mieux dire, fes volcans
& fes réfervoirs font tous remplis de lumiere. Donc fi les parties de la lumiere s'attirent les unes les autres, elles refteront
unies & liées enfemble, aucune d'elles ne
fe féparera de la maffe lumineufe, ou s'y re-
joindra bien-tôt fi elle venoit à en être une
fois féparée : tout de même que nous voyons
que toutes les parties du globe terrefte reftent unies & ferrées les unes contre les autres,
& que fi quelque petit corps s'éloigne de
la maffe, il va bien-tôt s'y rejoindre. La comparaifon eft d'autant plus jufte que les parties du globe terreftre ne reftent unies que

parce

parce qu'elles s'attirent les unes les autres de la même maniere que notre Auteur veut que les parties de la lumiere s'attirent. Nous voici réduits encore une fois au triste état des ténébres perpétuelles.

Nous remarquerons en passant, que M. de Voltaire dément par sa réponse la plûpart des principes qu'il s'est efforcé d'établir ; il dit que la lumiere agit sur les corps sulphureux, & que ces corps réagissent sur la lumiere ; il reconnoît donc que l'action des rayons incidens parvient jusqu'aux parties de ces corps. Il est faux ; par conséquent, que la lumiere soit réflechie avant que d'avoir touché aux surfaces des corps, & si ces corps réagissent sur la lumiere, ce sont les parties des corps qui réflechiffent la lumiere. De plus, s'il est vrai qu'il y ait des parties de lumiere dans les pores des corps, ce n'est point des pores que la lumiere rejaillit comme il le prétend, car selon lui, la lumiere rejaillit du vuide. Ajoutons enfin, que s'il y a des parties de lumiere dans les pores des corps sulphureux, il y en a aussi dans les pores des autres corps, & qu'ainsi la réponse ne satisferoit en aucune maniere à l'objection, quand bien même elle ne seroit pas sujette à tous

LXXXIV.
Contradic-
tion de l'Au-
teur.

L

les inconvéniens que nous avons exposés.

Nous ne parlerons point ici du sentiment qui a fait dépendre la réfraction des causes finales, sentiment qui supposoit que l'eau résiste plus à la lumiere que l'air. Nous avons traité à fonds cette question dans la Dissertation qui sert d'avant-propos, & ceux qui seront curieux de bien connoître cette matiere pourront consulter les deux sçavans mémoires que M. de Mairan a donnés sur ce sujet, on les trouve dans l'Histoire de l'Academie Royale des Sciences, de 1722. & de 1723. & on doit sçavoir, que ce n'est pas le P. Deschalles qui a cru le premier que l'eau résistoit plus à la lumiere que l'air, que l'eau étoit un milieu plus dificile que l'air, par rapport à la lumiere. Tous ceux qui attaquerent la Dioptrique de M. Descartes, tels que Messieurs Fermat, Hobbés, Leibnits, &c. défendirent ce sentiment, ils prirent ainsi le contre-pied de M. Descartes.

**LXXXV.**
*Il n'a point assigné aucune cause de la réflexion de la lumiere.*

M. de Voltaire après avoir avancé un grand nombre de faux principes, au sujet de la réflexion de la lumiere, après avoir fait parcourir beaucoup de chemin à son Lecteur, après l'avoir conduit par des routes extrêmement détournées, disparoît tout à coup. Il laiſſe ſon Lecteur ſans guide, il l'abandonne à ſon mauvais ſort, il lui a parlé de la réflexion de la lumiere, mais il ne lui a point dit comment eſt-ce que la lumiere ſe réflechit, il ne lui a point aſſigné le ſujet de cette réflexion, il ne lui a point expliqué le principe de la réflexion, ni quelle eſt la cauſe qui renvoye les rayons. Mais s'il ne l'a point fait, on comprend qu'il n'a point dû le faire; cette propriété de la lumiere qui, ſelon lui, n'étoit pas véritablement connue, & qu'il n'a point fait mieux connoître, ne quadre pas bien avec l'attraction, il devoit ainſi ſe donner de garde d'en parler. Il eſt vrai qu'il dit quelque part, ſçavoir, à la page 106. que la réflexion & la réfraction de la lumiere dépendent d'un même principe, ainſi que le fait voir M. de Mairan. Mais ce qui eſt vrai chez M. de Mairan, eſt très-faux chez M. de Voltaire, qui veut que l'attraction ſoit la cauſe de la réfraction de la lumiere; cette attraction ne ſçauroit faire qu'un rayon s'éloigne du corps qui l'attire. Celui-là ne ſe donneroit-t'il pas en ridicule, qui voudroit qu'une bale s'éloigne de la raquette ſur laquelle elle a donné, parce que cette raquette l'attire; il ſuit néceſſairement d'un tel

principe, que cette bale ne s'eſt approchée
dans ſon mouvement direct de la raquette que parce qu'elle en étoit repouſſée.
Tout n'eſt-il pas renverſé dans le Neutonianiſme ? N'a-t'on pas raiſon de dire que
c'eſt un nouvel Univers qui ſe préſente à
nous ? A quoi on peut ajouter que les hommes qui l'habitent ont une raiſon toute oppoſée à la notre : Mais ils n'en ſont pas
moins eſtimables. Nous aurions tort de mé-
priſer les Orientaux, parce qu'ils penſent
que la barbe orne l'homme, comme auſſi
ils raiſonneroient mal s'ils ſe mocquoient
de nous, parce que nous croyons que la
barbe ne fait qu'embarraſſer, & ne ſert qu'à
occaſionner la mal-propreté.

Nous pourrions faire ici pluſieurs raiſonnemens ſolides ſur la réflexion & la réfraction de la lumiere occaſionnées par l'attraction. Nous nous contenterons, néanmoins, de la réflexion ſuivante. Puiſque
la réflexion & la réfraction de la lumiere dépendent d'un même principe, de
l'attraction ; l'attraction donnant un mouvement de haut en bas, on ne comprend
pas qu'elle puiſſe en donner un de bas
en haut, tel que nous voyons que la lumiere du Soleil acquiert, lorſqu'elle donne

fur la furface d'un miroir plan placé horifontalement. Faifons les deux queftions fuivantes aux Neutoniens : demandons leur
d'abord pourquoi, & par quelle caufe eft-ce
que la lumiere s'approche de la terre, ils
répondent que c'eft l'attraction, que c'eft
parce qu'elle eft attirée par la terre ; demandons leur par quelle caufe eft-ce que la
lumiere qui vient du Soleil, & qui tombe fur
le miroir plan dont nous venons de parler,
eft réflechie, ils diront, fans doute, que
c'eft par l'attraction, car felon eux, c'eft le
même principe qui opére la réflexion & la
réfraction de la lumiere. Donc, puifqu'ils difent que c'eft l'attraction qui opére la réfraction, il faut qu'ils conviennent que c'eft
l'attraction qui opére auffi la réflexion. C'eft-
à-dire en bon françois, que la lumiere s'a-
vance & s'éloigne de la terre, parce qu'elle
eft attirée par ce globe. Voilà deux effets
tous oppofés opérés par un même principe.
On voit ici combien les Neutoniens auroient befoin d'admettre ce principe répulfif,
dont nous avons parlé ci-devant, ( N. XLI.)

Non-feulement les nouveaux Neutoniens
n'expliquent pas la réflexion de la lumiere,
mais leurs principes vont encore à détruire
toute réflexion de lumiere. Voici comment.

LXXXVI.
Selon lui la
lumiere ne
fçauroit être
réflechie.

L iij

La lumiere qui donne fur un miroir parallele à l'horifon, ne peut point fe réflechir, s'il n'y a quelque caufe qui doive la renvoyer de deffus la furface de ce miroir ; or, il n'y a aucune caufe qui doive la renvoyer, nous le prouvons. S'il y avoit quelque caufe qui pût obliger la lumiere à s'éloigner de la furface du miroir, ce feroit la rencontre de ce miroir en conféquence du mouvement accéleré qu'elle auroit acquis en tombant : mais le miroir ne peut point occafionner cet éloignement, car toute fon action tend à attirer la lumiere, & fon attraction augmente à proportion que la lumiere eft plus proche de lui, & elle redouble, lorfque la lumiere le touche. Il ne peut donc pas être la caufe de la réflexion de la lumiere.

On nous dira peut-être, que comme le fiftême de l'attraction n'eft que le fiftême de l'impulfion renverfé, ainfi que nous l'avons avancé dans la Préface; tout ce que nous venons de dire contre le fiftême Neutonien retombe à plomb fur le fiftême Cartéfien : car on peut prouver tout de même, que dans ce dernier fiftême il n'y auroit auffi aucune réflexion de lumiere. Mais nous répondons qu'il y a une grande différence, par rapport à la réflexion, entre un corps pouffé vers un centre , & un corps attiré par ce centre ; ne nous engageons point dans des raifonnemens qui, quelque folides qu'ils fuffent, ne décideroient pas la queftion fans retour , parce que l'homme prévenu veut raifonner fans fin. Voici une expérience qui ne donne aucune prife aux fubtilités des Neutoniens. Prenez une aiguille d'acier, jettez-là contre un des poles d'un aiman ; il eft d'expérience qu'elle eft réflechie. Préfentez cette aiguille au même pole de cet aiman , il eft d'expérience qu'elle n'éprouve aucune réflexion , mais que l'aiman la retient, & ne lui permet pas de s'éloigner. Il eft donc certain qu'il y a une grande différence, par rapport à la réflexion, entre un corps qui eft pouffé vers un centre, & un corps qui eft attiré par ce centre. Nous concluerons de cette vérité que dans le fiftême de l'attraction , il n'y auroit point de réflexion ; nous ne difons pas feulement dans la lumiere , mais pas même dans les corps fenfibles, l'expérience nous apprenant que tous les corps attirans retiennent les corps attirés: nous concluerons enfin , que puifque l'expérience nous fait voir qu'un corps péfant fe réflechit lorfqu'il tombe fur la terre,

ce n'eſt pas par attraction , mais par impulſion qu'il reçoit le mouvement qui le fait
tendre vers le centre des graves , & ainſi que
l'attraction Neutonienne n'eſt qu'une chimére qu'on doit releguer dans certaines Ecoles
où les qualités occultes ſubſiſtent encore en
dépit du bon ſens. Ce ſera-là ſa véritable
place.

LXXXVII.    Nous avons déja vû ( *N.* LXXX ) la ma-
*L'attraction* niere dont nos Neutoniens prétendent que
*n'eſt pas ce*
*qui opére la* s'opére la réfraction , & qu'ils la font dé-
*réfraction de*
*la lumiere.* pendre de l'attraction. Parmi une foule de
raiſons que nous pourrions rapporter pour
détruire cette erreur, nous en avons choiſi
une , & cette unique ſuffit pour démontrer
que l'attraction n'eſt pas la cauſe de la réfraction : nous ne croyons pas avancer rien
de trop en diſant qu'elle eſt ſans réplique.
Nous la prenons de l'expérience qui nous
apprend qu'un rayon de lumiere n'eſt pas
plus fortement réfracté par un pied cubique d'eau , que par un pouce cubique
du même liquide , lorſqu'il tombe avec
une même obliquité ſur l'un & ſur l'autre ;
or , il eſt certain que cela ne devroit point
arriver ſi l'attraction opéroit les réfractions
de la lumiere , car un pied cubique d'eau
contenant 1728 pouces cubiques, attirera la

lumiere 1728. fois plus qu'un seul pouce cubique & opérera ainsi des réfractions beaucoup plus fortes. L'expérience démontrant le contraire. Il est démontré en rigueur, que l'attraction n'opére pas la réfraction.

On nous dira peut-être qu'un pouce cubique d'eau n'étant pas moins dense qu'un pied, qu'une toise cubique de la même eau, il ne doit pas moins attirer la lumiere, ni opérer des réfractions moins fortes. Répondre ainsi, c'est dire adieu à M. Neuton, c'est abandonner le Neutonianisme. Car si la force de l'attraction est proportionnée à la densité de la matiere, & non à la quantité de cette matiere, nous voulons dire, si un pied cubique d'eau attire autant que dix, que cent, &c. pieds cubiques de la même eau, il est faux que la gravitation agisse en raison directe des masses, & nous courons grand risque dans ce sistême de voir le Soleil venir nous éclairer & nous échauffer de trop près ; nous avons à craindre qu'il ne vienne dans quelques jours se joindre à la terre, la brûler & la calciner pour se vanger d'une misérable planete qui aura voulu lui faire la loi, & l'obliger de venir à elle. Parlons sans fiction.

La terre étant quatre fois plus dense que

le Soleil (*a*) aura une attraction quatre fois plus forte, elle fera donc capable, elle feule, de faire quitter au Soleil le centre du monde planetaire, ce qui eft contraire à ce que M. de Voltaire dit à la page 287 de fes Elémens, elle obligera le Soleil de venir la joindre avec un mouvement accéleré. Tremblons à la vûë des malheurs qui feroient fuivis de cette vifite: ou pour parler en perfonne fenfées, rions de la crédulité des Neutoniens.

Il faut, de toute néceffité, que les attractionnaires reconnoiffent qu'un pied cubique d'eau attire plus fortement qu'un pouce cubique de la même eau, & qu'il doit par conféquent opérer des réfractions plus fortes, s'il eft vrai que la réfraction dépende de l'attraction : mais il eft démontré qu'il n'opére pas des réfractions plus fortes. Il eft donc démontré que l'attraction n'opére pas les réfractions de la lumiere. On n'a qu'à chercher la folution, & on cherchera en vain.

C'eft ici le véritable lieu de démontrer que les expériences du cube de criftal & du prifme de verre, ne prouvent pas que la lumiere rejaillit du vuide, ainfi que M. de Voltaire le prétend au Chapitre II. de fes Elémens. Nous remarquerons, néanmoins plûtôt, qu'on ne croyoit pas avant M. Neu-

(*a*) Elemens de M. de Voltaire, pag. 288.

ton qu'un rayon de lumiere fût retardé dans son cours lorsqu'il entre dans l'eau, on croyoit au contraire qu'il accéleroit son mouvement en y entrant. Notre Auteur ne connoît pas assez l'histoire de la Dioptrique. Monsieur Descartes, & tous ses partisans avec lui reconnoissoient long-tems avant Monsieur Neuton, que l'eau retarde moins le mouvement de la lumiere que l'air. M. de Voltaire l'avoue lui-même à la page 94. c'est-à-dire qu'il convient que M. Descartes croyoit avant M. Neuton, que le mouvement de la lumiere n'est point retardé, mais au contraire accéleré lorsqu'elle entre dans l'eau. C'est précisément le contraire de ce qu'il dit à la page 100. Revenons aux expériences dont nous venons de parler, & dont nous avons fait mention dès le commencement de cet Examen.

La premiere de ces expériences est celle LXXXIX. de la lumiere qui tombe sur un cube de Premiere. expérience. cristal *ab*. Voici ce qui arrive.

1°. Une partie des rayons incidens, est ré- PLANC. III. flechie par la premiere surface *a*; c'est celle FIGURE I. qui donne sur les parties solides. Voici ce que devient la lumiere qui passe par les pores.

2°. Une partie des rayons se perd dans

ces pores. Rien de plus naturel ; il y a des pores finueux qui, quoiqu'en fort petit nombre, ne laiffent pas que d'éteindre quelques rayons.

3°. Une autre partie de cette lumiere eft réflechie de l'interieur de ce cube, & de *c.* par exemple, revient en *a.* Cela doit être ainfi, car plufieurs pores d'une furface de ce cube, répondent à des parties folides de la furface fuivante ; ainfi, les rayons qui paffent par ces pores, font réflechis. C'eft pour cela que plus un criftal eft épais, & moins il eft tranfparent.

4°. Une quatriéme partie paffe dans l'air. Ce font les rayons qui font perpendiculaires à la derniere furface & qui pénétrent dans fes pores, & encore les rayons qui étant inclinés à cette furface *b.* n'ont qu'un certain dégré d'obliquité.

5°. Une cinquiéme partie revient d'au-delà de la furface ultérieure *b.* dans le criftal, y repaffe, & vient fe réflechir à nos yeux. Ce font les rayons qui ont une trop grande obliquité.

Ce n'eft que de cette derniere partie de rayons que M. de Voltaire fait ufage, pour prouver que c'eft du vuide que la lumiere rejaillit. Car, dit-il, ces rayons n'ont cer-

*Fig. 1<sup>ere</sup>*

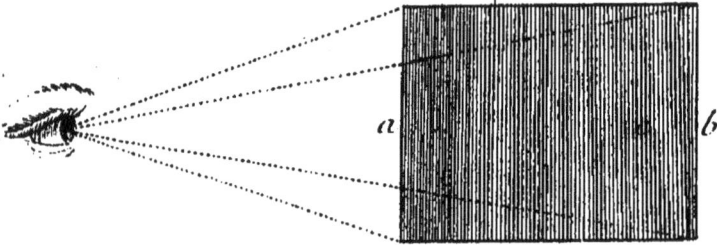

*Fig. 2.*

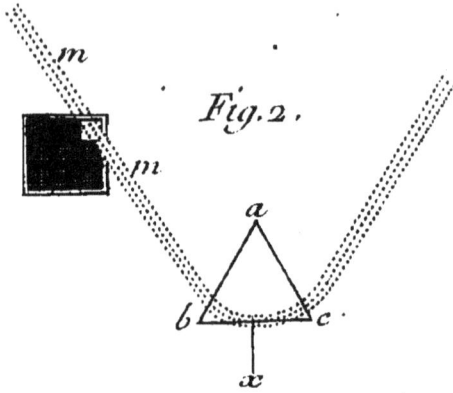

*Fig. 3.*

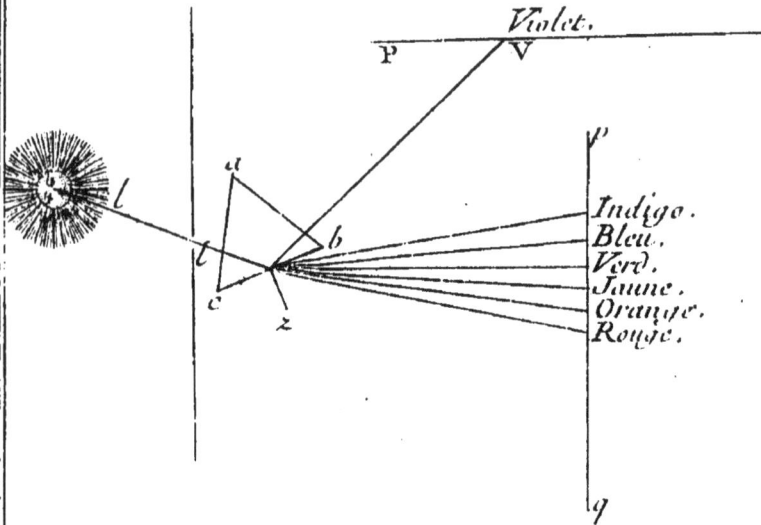

tainement pas rencontré dans cet air des parties solides sur lesquelles ils ayent rebondi. En effet, il est certain que si au lieu d'air, ils rencontrent de l'eau à cette surface *b*, peu reviennent alors, ils entrent dans cette eau, ils la pénetrent en grand nombre. Voyons la seconde expérience, laquelle est, au sentiment de notre Auteur, & plus singuliere & plus décisive.

Exposez dans une chambre obscure ce prisme de verre *a b*. aux rayons du Soleil que vous aurez introduits dans cette chambre par un trou que vous aurez fait au volet de la fenêtre, & cela de façon que les rayons, qui parvenus à la surface *b*, doivent en sortir pour entrer dans l'air, fassent avec la perpendiculaire *x* un angle de plus de quarante dégrés (*a*). Il est d'expérience que la plûpart de ces rayons ne pénétrent plus dans l'air, ils rentrent tous dans ce prisme à l'instant même qu'ils en sortent, ils reviennent à peu près comme vous le voyez dans la figure citée.

XC.
Seconde
expérience.
PLANC. III.
Figure II.

M. de Voltaire fait grand usage de cette expérience, pour prouver que ce ne sont pas les parties solides des corps qui réflechissent la

_____

(*a*) Nous n'avons pû citer fidélement le texte, il est inintelligible.

lumiere. Nous avons prouvé la même vérité
de la même maniere, & par la même expérience dans notre Traité de la lumiere. Il
est vrai, comme nous le remarquerons bien-
tôt que M. de Voltaire y a ajoûté quelque
chofe, & qu'il a été plus loin. Voici ce qu'il
en conclut fubtilement. La lumiere, dit-il,
rejaillit fi peu de deffus les parties folides des
corps, que c'est en effet du vuide qu'elle
rejaillit. Examinons les preuves qu'il donne
d'une propofition fi extraordinaire & fi
furprenante. On doit fe rappeller ici que
nous avons démontré (*N.* xlviii.), qu'il eft
impoffible que la lumiere rejailliffe du vuide.
Mais ne faifons aucun ufage de nos démonftrations. Ne nous attachons qu'aux expériences que nous venons de rapporter, &
à examiner de quel poids elles font, pour
prouver que c'est du vuide que la lumiere
rejaillit.

La lumiere, dit-on, qui doit paffer de
ce criftal dans l'air fous un angle de quarante dégrés dix-neuf minutes, rejaillit prefque toute entiere de deffus l'air. Que la lumiere doive fortir de ce criftal fous un angle
un peu plus grand, d'une minute, par exemple, il en paffe encore moins dans l'air.
Qu'on ôte l'air, il ne paffera plus de rayons

du tout ; c'est une chose démontrée.

Or, continue-t'on , quand il y a de l'eau à cette surface *b.* beaucoup de rayons entrent dans cette eau au lieu de rejaillir. Quand il n'y a que de l'air , bien moins de rayons entrent dans cet air, quand il n'y a plus d'air aucun rayon ne passe ; donc c'est du vuide en effet que la lumiere rejaillit.

Une conséquence vraie, juste, & naturelle qu'on peut tirer de ces deux experiences , est que l'air résiste plus que l'eau au mouvement de la lumiere, & qu'il résiste d'autant plus qu'il est plus rare. C'est là la vérité qui résulte de ces expériences.

Nous avons vû (*N.* LXXVII.) que même selon M. Neuton, l'air est un milieu plus résistant que l'eau par rapport à la lumiere. Ce principe étant une fois admis , on apperçoit la cause Phisique & mécanique des deux expériences citées , & de toutes les circonstances qui les accompagnent. Nous avons joint quelques petites réflexions au détail que M. de Voltaire a fait de la première expérience ; elles suffisent à ceux qui sont au fait de ces matieres ; mais comme tous ceux qui ont lû l'Ouvrage de M. de Voltaire, & qui pourront lire cet Examen, ne sont point obligés de bien connoître la Nature & la

XCI.
*Ces expériences ne prouvent pas que c'est du vuide que la lumiere rejaillit, mais elles prouvent que l'air résiste plus que l'eau au mouvement de la lumiere, & qu'il résiste d'autant plus, qu'il est plus rare.*

cause des réfractions. Nous allons tâcher
de prouver d'une maniere sensible , &
sans nous engager dans la question des réfractions, que les expériences citées ne prouvent pas que c'est du vuide que la lumiere
rejaillit (a).

L'air résiste moins au mouvement d'une
pierre que l'eau ; voyons donc ce qui arrive
à une pierre qui passe obliquement de l'air
dans l'eau, d'un milieu aisé dans un milieu
plus difficile , d'un milieu moins résistant
dans un milieu plus résistant ; on conçoit
que tout ce qui arrivera à cette pierre , doit
nécessairement arriver à la lumiere qui passe
obliquement de l'eau ou du verre dans l'air,
puisqu'il est démontré que l'air est un milieu
plus résistant que le verre & l'eau par rapport à la lumiere.

On jette une pierre obliquement dans
l'eau, elle pénetre dans ce liquide , elle s'y
plonge, on la jette un peu plus obliquement,
elle s'y plonge encore ; on la jette encore
un peu plus obliquement, elle ne s'y plonge
plus , elle est réflechie , on lui voit faire plusieurs ricochets : voilà une expérience bien
familiere & à la portée de tout le monde ;
nous allons tâcher d'en donner la raison

(a) Voyez notre Préface.

&

mens, & fans nous embarraffer de la caufe qui fait rejaillir cette pierre, ne confiderons que le fait, concevons fimplement d'abord qu'elle rejaillit véritablement.

Un trait de lumiere paffe obliquement du verre dans l'air, il pénétre dans ce liquide, il s'y enfonce : ce trait fe préfente encore pour paffer du verre dans l'air avec une plus grande obliquité, fçavoir fous un angle de quarante dégrés, tandis que d'abord cet angle n'étoit que de trente-neuf dégrés, il pénétre encore dans l'air ; ce trait fe préfente enfin pour paffer de ce verre dans l'air, fous un angle de quarante-un dégrés, il ne paffe plus, il eft réflechi ; c'eft encore d'expérience. Nous ne trouvons là aucun myftere. Il n'y a rien dans cette expérience qui foit extraordinaire. La pierre dont nous avons parlé, eft réflechie lorfqu'elle fe préfente pour paffer avec une certaine obliquité d'un milieu plus aifé dans un milieu plus difficile, de l'air dans l'eau. Eft-il furprenant que la lumiére foit auffi réflechie, lorfqu'elle fe préfente pour paffer avec une certaine obliquité d'un milieu aifé dans un milieu plus difficile, du verre dans l'air ? Mais nous demandera peut-être quelqu'un, d'où vient que la lumiere

M

pénétre dans l'air, lorfque l'angle n'eft que
de quarante dégrés, & qu'elle n'y paffe point
lorfque l'angle eft de quarante-un dégrés:
nous répondons, que c'eft pour la même
raifon qui a fait que la pierre a pénétré dans
l'eau dans la feconde projection ; & qu'elle
n'y a point pénétré dans la troifiéme, & que
de même, que cette pierre auroit encore
moins pénétré dans l'eau, mais en auroit
été plus fortement réfléchie, fi on l'avoit
jettée une quatriéme fois avec une obliquité
encore plus grande ; auffi le trait de lumiere
qui fe préfenteroit pour paffer du verre dans
l'air fous un angle de quarante-deux ou de
quarante-trois dégrés, en feroit plus fortement réflechi.

Il ne faut pas être grand Phificien, pour
comprendre que l'eau réflechit la pierre,
parce qu'elle lui réfifte, & qu'elle s'oppofe à
fon mouvement, & que par conféquent l'air
réflechit la lumiere, parce qu'il lui réfifte,
parce qu'il s'oppofe à fon mouvement. Mais,
nous pourra-t'on dire, les liquides réfiftant
à raifon de leurs denfités, on ne voit pas
que l'eau doive plus réfifter dans un tems
que dans un autre, plus lorfque l'incidence
eft d'une certaine obliquité, que lorfque
cette obliquité eft moins confidérable ; car

la pierre ne trouve pas dans un cas plus de parties d'eau qui lui réfiftent, que dans un autre cas. Donc ; il faut que la pierre foit ou conftamment réflechie, ou qu'elle fe plonge conftamment dans l'eau quelle que foit l'obliquité de l'incidence : dites en autant de l'air par rapport à la lumiere.

Nous répondons que ce n'eft pas ici le lieu de dire, il devroit arriver ceci, il devroit arriver cela. Nous ne devons obferver que ce qui arrive véritablement. C'eft un fait conftant que lorfque la pierre fe préfente pour paffer de l'air dans l'eau avec une certaine obliquité, elle pénétre dans ce liquide, elle s'y plonge , & qu'elle eft au contraire réflechie lorfqu'elle fe préfente avec une obliquité plus grande, & que par conféquent la lumiere qui fe préfente pour paffer du verre dans l'air avec une certaine obliquité, doit être réflechie, quoiqu'elle pénétre dans ce liquide lorfqu'elle fe préfente avec une moindre obliquité. Mais comme ceux en faveur defquels nous donnons ces éclairciffemens , pourroient foupçonner quelque myftere là-deffous, ce qui ne leur donneroit pas une pleine conviction, nous leur difons que les chofes doivent arriver, & arrivent effectivement ainfi,

M ij

en conféquence des loix primitives de la mécanique. Pour s'en convaincre, ils n'ont qu'à
confidérer ce que nous avons dit au commencement de ce Chapitre (*N*. lxviii.), fçavoir,
que les réfiftances des milieux peuvent être
confidérées en elles-mêmes ou refpectivement
au mouvement des mobiles qui veulent les
pénétrer. Que fi on les confidere en elles-
mêmes, elles font toûjours proportionnées
aux denfités des milieux. Les milieux les plus
denfes réfiftant plus fortement que ceux qui
font moins denfes ; le mercure plus denfe
que l'eau, apporte plus de réfiftance que
ce liquide ; comme auffi l'eau qui eft plus
denfe que l'efprit de vin, réfifte plus que
lui, & ainfi des autres.

Les réfiftances des milieux, avons-nous
ajouté, confidérées refpectivement au mouvement des corps qui veulent les pénétrer,
peuvent augmenter ou diminuer felon que
les obliquités des incidences font plus grandes ou plus petites ; car comme les corps qui
tombent obliquement fur un plan, n'agif-
fent fur lui que par leur mouvement perpendiculaire, & que ce mouvement eft
d'autant plus petit, que la détermination
du mobile eft plus oblique, il eft manifefte
que la réfiftance de ces milieux fe trouve refpectivement augmentée.

Suppofons prefentement qu'une pierre qui paffe de l'air dans l'eau fous un angle de quarante-cinq dégrés, pénétre dans ce liquide, & qu'elle foit réfléchie lorfqu'elle a une obliquité de quarante-fix dégrés. Nous fuppofons ici que les vîteffes font toûjours les mêmes; il eft évident, que fi cette pierre tomboit fous un angle de quarante-cinq dégrés fur du mercure, elle feroit réflechie, & qu'elle pénétreroit dans de l'efprit de vin, fi elle tomboit fur ce liquide fous un angle qui fût de quarante-cinq dégrés.

Il fuit de ce principe que, quoique la lumiere foit totalement réflechie lorfqu'elle fe préfente pour paffer du verre dans l'air fous un angle de quarante-un dégrés, elle ne doit pas être réflechie lorfqu'elle doit paffer fous une femblable obliquité du verre dans l'eau. Car, comme nous l'avons déja fait voir, l'eau réfiftant moins à la lumiere que l'air, elle ne doit pas la réflechir auffitôt que lui.

Plus l'air eft rarefié, & plus il réfifte à la lumiere, c'eft un fait certain; auffi voit-on que la lumiere eft plus fortement réflechie dans la feconde expérience, lorfque le prifme eft dans le récipient de la machine pneumatique duquel on a pompé, non pas tout l'air, comme le veut M. de Voltaire, mais une grande partie d'air. Nous comprenons que plufieurs feront arrêtés par cette vérité qui paroît un vrai paradoxe ; mais ces perfonnes là doivent remarquer qu'en de femblables matieres on ne doit s'en rapporter qu'à l'expérience. De quelque façon que les chofes fe paffent, il eft certain que l'air réfifte d'autant plus à la lumiere, qu'il eft plus rare, qu'il eft moins condenfé. Il eft d'expérience que la lumiere fouffre une réfraction qui l'éloigne de la perpendiculaire, lorfqu'elle paffe de l'eau dans l'air, & encore, qu'elle fouffre une femblable réfraction, lorfqu'elle paffe obliquement d'un air plus denfe dans un air moins denfe, & M. Neuton ayant démontré, ainfi que plufieurs autres Géometres, que le mouvement de la lumiere doit être retardé lorfqu'elle paffe de l'eau dans l'air, & encore lorfqu'elle paffe d'un air moins rare, d'un air plus denfe, dans un air moins denfe, il eft démontré, non-feulement que l'air réfifte plus au mouvement de la lumiere que l'eau, mais encore, qu'un air moins denfe réfifte plus à la lumiere qu'un air plus denfe. Nous n'avons pas befoin de nous embarraffer ici de la caufe qui produit ces effets. Il nous fuffit de connoître diftinctement que ces effets éxiftent, quelle qu'en foit la caufe (a).

(a) Voyez notre Préface.

Il n'eſt pas difficile de comprendre, après ce que nous venons de dire, que les expériences rapportées ne prouvent pas que c'eſt du vuide que la lumiere rejaillit. On conçoit diſtinctement que dans le ſiſtême du plein, les choſes doivent néceſſairement arriver de la maniere que l'expérience nous apprend qu'elles arrivent, & c'eſt abuſer de ces expériences, que d'en conclure que c'eſt du vuide que la lumiere rejaillit. Si la lumiere qui doit ſortir d'un criſtal ſous un angle de quarante-un dégrés, n'eſt point réflechie lorſqu'elle doit entrer dans l'eau au ſortir de ce criſtal, & ſi elle eſt réflechie lorſqu'elle doit paſſer du criſtal dans l'air, ce n'eſt pas parce que l'eau a moins de vuide que l'air, mais c'eſt parce que l'eau réſiſte moins au mouvement de la lumiere que l'air. Si la lumiere qui doit paſſer du verre dans un air fort denſe ſous un angle de quarante dégrés dix minutes, pénétre en partie dans l'air, & ſi elle n'y pénétre pas du tout lorſqu'elle doit paſſer ſous un même angle de ce criſtal dans un air fort rare, ce n'eſt pas parce que l'air denſe a moins de vuide que l'air rare, mais parce que l'air denſe réſiſte moins à la lumiere que l'air rare. Nos idées

M iiij

font diſtinctes, on les faiſit fans peine, on comprend qu'elles ne font qu'une fuite né-ceſſaire des loix des mécaniques, loix cer-taines & démontrées, loix qui nous diſent, & qui nous répetent fans ceſſe que ce n'eſt pas du vuide que la lumiere rejaillit.

Nous ſçavons que la Nature agit conſtam-ment fur le même plan, par les mêmes prin-cipes, & fuivant les mêmes loix; nous con-noiſſons diſtinctement qu'elle opére de la même maniere & dans le grand & dans le petit; que c'eſt par la même mécanique que l'hiſope & le cedre croiſſent & fe nourriſſent, que c'eſt de la même maniere que le grain de bled & le gland fe développent lorſqu'on les a jettés en terre. Ces principes qui nous ont fourni le fecours de l'analogie, fecours abſolument néceſſaire, & fans lequel nous n'aurions preſqu'aucune certitude dans la Phiſique, nous autoriſent à appliquer aux corps fenſibles ce que M. de Voltaire dit de la lumiere.

L'expérience nous apprend, & la raiſon de concert avec l'expérience nous indique qu'une pierre ou tel autre corps, qui avec une certaine obliquité d'incidence pénétre-roit dans l'eſprit de vin, ne pénétreroit pas avec la même obliquité d'incidence dans

l'eau,& moins encore dans le mercure. Or,
nous demandons à qui eft-ce qu'on devroit
donner la préférence, feroit-ce à celui qui
voulant expliquer ce phénomene, nous diroit que fi la pierre ne pénétre pas dans l'eau
quoiqu'elle pénétre dans l'efprit de vin, c'eft
que l'eau contient plus de vuide que l'efprit
de vin, & que comme le mercure contient
encore beaucoup plus de vuide que l'eau, il
n'eft pas furprenant que cette pierre pénétre
encore moins dans le mercure que dans l'eau;
ou feroit-ce à celui, qui voulant donner raifon du même phénomene diroit, l'eau réfiftant plus au mouvement de la pierre que
l'efprit de vin, & le mercure réfiftant encore plus fortement que l'eau, il n'eft pas furprenant, que la pierre qui tombant avec une
certaine obliquité de l'air dans l'efprit de vin,
pénétre dans ce liquide, ne puiffe point pénétrer dans l'eau, & encore moins dans le
mercure. Nous laiffons à nos Lecteurs le foin
de décider, & la liberté de fe déterminer en
faveur d'une de ces explications.

On ne manquera pas, fans doute, de nous
faire obferver, que même de notre propre
aveu, il faut raifonner autrement des mouvemens de la lumiere & de ceux des corps
fenfibles. D'accord. Mais nous n'avoüons pas

que parce que nous fçavons que ce font les
corps , que c'eft la matiere qui occafionne
la réflexion des corps fenfibles , il faille dire que c'eft le vuide qui occafionne les réflexions de la lumiere. Nous le répétons ici
ce que nous avons dit ailleurs , un corps tel
qu'il foit, ne fçauroit être réflechi s'il ne trouve une réfiftance. Or , la lumiere ne rencontre aucun obftacle du côté du vuide ,
elle ne fçauroit , par conféquent , être réflechie du côté du vuide , réjaillir du vuide.

XCII.
Nouvelles
erreurs, nou-
velles expé-
riences dont
on abufe.

Dès qu'on reconnoît que c'eft du vuide
que la lumiere rejaillit , que c'eft du fein
des pores que la lumiere eft réflechie ; on
doit néceffairement reconnoître que plus un
corps eft denfe , que moins il a des pores ,
que plus ces pores font petits ; plus ce
corps eft tranfparent ; comme auffi qu'il eft
d'autant plus opaque , qu'il eft moins denfe
qu'il a un plus grand nombre de pores, & que
ces pores font plus grands , ( on fuppofe
toujours les pores difpofés en ligne droite ,
ou droits ) C'eft une conféquence qui fuit
naturellement du principe ; auffi les nouveaux Neutoniens l'adméttent-ils ; & ils vous
difent d'un grand férieux , que le fecret de
rendre un corps opaque eft fouvent d'élar-
gir fes pores , & que le moyen de le rendre

tranſparent, eſt de les étrécir ces pores. Ils ajoutent que la choſe eſt ſurprenante, & que par-là l'ordre de la nature pourra paroître tout changé Mais rien n'eſt ſi vrai, continuent-ils, & l'expérience la plus groſſiere le démontre. La voici cette expérience.

»Un papier ſec dont les pores ſont très-
»larges, eſt opaque, nul rayon ne le traverſe;
»étréçiſſez ces pores en l'imbibant ou d'eau,
»ou d'huile, il devient tranſparent; la même
»choſe arrive au linge, au ſel, &c.

Ce n'eſt pas parce que l'eau ou l'huile dont on en imbibe un papier ſec étrécit les pores, que ce papier devient tranſparent, mais c'eſt parce que les molécules de l'eau qui s'inſinuent dans ces petits intervalles en chaſſent les molécules de l'air. Nous avons vû que l'air réſiſte plus au mouvement de la lumiere que l'eau. Eſt-il ſurprenant que lorſque que les pores du papier ſont remplis d'eau, la lumiere y paſſe aiſément, & qu'elle n'y puiſſe point paſſer lorſqu'ils ſont remplis d'air. Prenez de la pouſſiere de verre, elle n'eſt point tranſparente dans l'air, plongez-là dans l'eau, elle devient tranſparente. Les Neutoniens nous diront-ils que les petits grains de cette pouſſiere de verre devien-

nent alors tranfparens, parce que les molécules de l'eau étréciffent leurs pores. S'ils le
prétendent, nous pouvons bien dire que
l'ordre de la nature eft tout changé dans le
monde Neutonien, car l'expérience fait voir
dans le monde Carthéfien que les parties
de l'eau ne fçauroient entrer dans les pores
du verre, les liqueurs les plus fpiritueufes
& les plus fubtiles ne s'échapant point à travers les pores des bouteilles de verre dans
lefquelles on les conferve. Rempliffez d'eau
commune, ou de telle liqueur qu'il vous
plaira, une bouteille qui foit auffi mince
que deux feuilles de papier, ou plus encore,
vous ne remarquerez pas que l'eau ou même que ces liqueurs s'échapent à travers les
pores de cette bouteille. Il eft donc certain
que l'eau ne rend pas cette pouffiere de verre tranfparente, en tant qu'elle en étrécit
les pores, mais fimplement en tant que par
fon moyen l'air n'environnant plus les grains
de cette pouffiere, la lumiere trouve des
chemins faciles par lefquels elle paffe. Dites-
en autant des parties d'eau ou d'huile qui
s'infinuent dans les pores du papier. Nous
n'ignorons pas que l'eau pût encore con-
tribuer d'une autre maniere à la tranfparence
du papier, mais cette maniere eft moins

principale, on voit ainsi que ce n'est pas en étréciffant les pores d'un corps qu'on le rend diaphane, & que tout ce qu'on peut conclure de cette expérience, est que l'air résifte plus au mouvement de la lumiere que l'eau, est un milieu plus difficile que l'eau par rapport à la lumiere.

Il a été prouvé que la réfraction de la lumiere n'est point un effet de l'attraction. Quoique ce que nous avons dit fur ce sujet, soit fuffifant pour démontrer cette vérité, nous ajouterons le raifonnement fuivant. Comme les corps attirent en raifon inverfe des quarrés des diftances, plus le rayon s'approchera du corps attirant, du corps qui doit le réfracter, & plus fortement il fera attiré. Il reçoit donc à tout moment de nouveaux dégrés de force perpendiculaire. Il s'approchera donc du corps réfringent par une courbe & non par une ligne droite, car nous fuppofons ici l'incidence oblique.

Examinons deux phénomenes dont on fait grand ufage pour prouver l'exiftence de l'attraction. Nous avons vû que les nouveaux Neutoniens ont expliqué la réfraction par l'attraction, nous allons les voir préfentement prouver l'attraction par la réfraction & par l'infléxion de la lumiere. Il est certain, di-

XCIII.
L'inflexion & la réfraction ne prouvent point l'attraction.

fent-ils, que la lumiere eft brifée avant d'entrer dans les corps réfringens. S'ils nous difent vrai, c'eft parce que cette Atmofphere dont nous avons parlé ci-devant, occafionne cette réfraction; mais ne nous laiffons pas féduire par les paroles des Neutoniens, ni par les figures qu'ils nous préfentent. Un Graveur peut exécuter les figures qu'on lui donne, il peut fuivre l'idée qu'on lui fournit, il peut tirer des lignes tracées par un Auteur; mais la nature qui n'eft pas obligée de fe conformer à nos idées, ni de fuivre nos caprices en changeant au gré de nos défirs, ne les fait point ces figures, ne les tire point ces lignes, & jamais on ne vit la lumiere fuivre la route que lui fait tenir M. de Voltaire dans la figure de la page 101. M. de Mairan qui eft le premier qui ait fait en France les expériences rapportées dans l'Optique de M. Neuton, n'a jamais apperçu ce changement de détermination tel qu'on nous l'indique. Dites-en autant, & raifonnez de même pour l'infléxion découverte par le P. Grimaldi, Jéfuite.

XCIV.
On doit rejetter l'attraction.

Quoique nous ayons donné une définition très-jufte de l'attraction, car nous ne penfons pas qu'il foit poffible d'en donner une qui nous en explique mieux la nature, nous de-

vons examiner ce que notre Auteur en dit
dans ce Chap. Il veut que nous examinions
l'attraction avant de nous révolter contre ce
mot. Mais nous lui dirons que ce n'eft pas
contre un mot, contre un terme qu'un Phificien doit fe révolter, ce n'eft que contre
la chofe énoncée qu'un Phificien doit s'é-
lever, & nous affurons que ce n'eft qu'a-
près un férieux examen, qu'un Carthéfien
condamne certaines propofitions ou certains
fiftêmes qu'il a reconnus évidemment être
faux, & que quand on rejette l'attraction,
ce n'eft pas, parce qu'on eft attaché à l'impulfion Carthéfienne, ou même au nom de
M. Defcartes; mais on la réjette, parce qu'on
connoît diftinctement que cette attraction
eft une chimere qui reffemble trop aux qualités ocultes dès qu'on veut expliquer
par fon moyen les effets de la nature, pour
qu'on ne la profcrive pas avec elles; &
fi on veut que nous examinions l'attraction, il faut qu'on nous dife ce que c'eft,
& qu'on nous démontre par quelque effet
non équivoque, nous voulons dire, par un
effet qu'on ne puiffe déduire mécanique-
ment d'aucune autre caufe, qu'elle exifte
cette attraction. Ce feroit, en effet, perdre
fon tems que de s'amufer à examiner une
chofe qu'on ne fçait pas fi elle éxifte, &

dont on ne connoît, ni la nature, ni les moyens par lesquels elle agit. Accordons, néanmoins, à M. de Voltaire ce qu'il exige de son Lecteur, faisons avec lui les trois réflexions qu'il souhaite que nous fassions. On ne peut se refuser.

„Il faut concevoir en premier lieu, dit M.
„de Voltaire, que l'attraction n'est autre chose
„qu'une force par laquelle un corps s'appro-
„che d'un autre, sans que l'on voye, sans que
„l'on connoisse, aucune autre force qui le
„pousse.

Nous prions à notre tour M. de Voltaire, de faire attention que nous voyons, & que nous connoissons presque toujours la force qui pousse les corps, lorsque ces corps s'approchent les uns des autres, & que si dans un très-petit nombre de cas, nous ne la voyons pas aussi clairement, nous ne la connoissons pas aussi distinctement cette cause, le nombre innombrable des cas ausquels nous la voyons, & la connoissons, doit nous porter à dire par induction, que cette cause opére dans les cas où elle ne paroît pas opérer si visiblement. Il ne sçauroit ne pas approuver notre procédé, puisqu'il procéde de même. Il cherche dans la nature un petit nombre d'effets qui paroissent d'abord
bord

bord prouver que certains mouvemens fe
font par attraction afin d'en conclure une attraction générale & univerfelle. Ces effets
ne confirment pas, néanmoins le mouvement par attraction, ils font tous équivoques, ils s'expliquent infiniment mieux par
les loix des mécaniques ; au lieu que les
mouvemens par impulfion font décififs &
déterminés, fréquens, & fans nombre ; &
ces mouvemens qui nous paroiffent ne pas
dépendre de l'impulfion n'ont rien de contraire aux loix de l'impulfion, au lieu que
les mouvemens par impulfion font contraires aux loix de la prétendue gravitation : un
feul exemple mettra ceci dans un grand
jour.

On éleve le pifton d'une pompe ; l'expérience nous apprend que l'eau monte dans
le barillet de cette machine. Voilà un effet,
voilà un mouvement qui ne paroît pas être
occafionné par l'impulfion, il femble au contraire que c'eft une efpece d'attraction qui
oblige cette eau de monter dans le corps de
cette pompe ; on ne voit point la caufe qui
fait que l'eau s'approche du pifton, & il n'y
a pas deux cens ans que l'on connoît que
c'eft une véritable preffion qui pouffe l'eau
dans le corps de la pompe, en conféquen-

N

ce des loix de l'Hidroſtatique. Il eſt donc
évident que les mouvemens, que les effets
que nous ne croyons pas, du premier abord,
dépendre de la preſſion en dépendent néanmoins, & que ſi on ne connoît pas la véritable maniere dont la preſſion agit en certain cas, on ne doit pas en conclure que c'eſt
une attraction qui opére les effets dont nous
n'appercevons pas diſtinctement la cauſe.

Tous les Phiſiciens ſçavent combien grand
étoit le nombre des phénomenes que l'ancienne Philoſophie faiſoit dépendre d'une
qualité, nous ne ſçavons quelle qu'on qua-
lifioit du nom d'horreur du vuide, qualité
qui, dans le fond, n'eſt pas fort différente
de l'attraction qu'on a imaginée depuis long-
tems, & qu'on s'efforce de renouveller de
nos jours. Ils ſçavent encore, qu'on a expliqué & démonſtrativement expliqué tous ces
effets par la preſſion, par les loix des mécaniques, dont ils ſont une ſuite néceſſaire,
de ſorte qu'on ne regarde aujourd'hui cette
horreur du vuide que comme une ancienne
erreur que l'ignorance des hommes du tems
paſſé avoit reçue, & que le peu de connoiſſance qu'ils avoient des véritables loix de la
nature avoit accréditée. Que M. de Voltaire
juge préſentement lui-même entre lui &

nous. Suppofons qu'un Philofophe voulut renouveller l'horreur du vuide, comme il veut renouveller l'attraction ; & que ce Philofophe, chagrin de ce qu'on ne voudroit pas embraffer fon fentiment, vint nous dire : vous avez tort de vous révolter contre ce mot *horreur du vuide* ; il faut examiner les chofes avant de les rejetter, & je vous prie de faire les réflexions fuivantes.

1°. Qu'eft - ce que j'entends par *horreur du vuide* ? Rien autre chofe qu'une force par laquelle un corps s'approche d'un autre, fans que l'on voye, fans que l'on connoiffe aucune autre caufe qui le pouffe ; & qu'il continuât. Nous avons une grande quantité d'effets dans lefquels on voit des corps s'approcher d'autres corps fans que l'on voye, fans que l'on connoiffe aucune force qui les pouffe. Ne doit-on pas convenir que cette *horreur du vuide* exifte, & qu'on a grand tort de fe révolter contre ce mot.

2°. Cette propriété de la matiere a été établie pendant plus de quinze fiécles par les meilleurs Philofophes de la Grece, de l'Empire Romain, de la France, de l'Efpagne, de l'Angleterre, de la Hollande, de l'Italie, &c. Le confentement unanime & fi conftant de tant de fçavans Hommes, pendant une fi longue fuite de fiécles, n'eft pas une preuve, fans doute ; mais c'eft une raifon puiffante pour examiner , au moins , fi cette force exifte ou non.

M. de Voltaire , ainfi que tout Phifi-cien cenfé , ne fe riroit-il pas du raifonne-ment de ce Philofophe ? quelqu'intéreffé qu'il foit à défendre les intérêts des qualités occultes , ne répondroit-il pas que ce n'eft plus le tems d'examiner, ce que c'eft que l'horreur du vuide, fi cette propriété de la matiere exifte ou non , & s'il y a des phé-nomenes dans la nature qui démontrent l'exiftance de cette propriété ; que la chofe a été examinée depuis long-tems , qu'on connoît évidemment aujourd'hui que cet-te prétendue propriété de la matiere n'eft qu'une chimére, & que tous les effets qu'on vouloit en faire dépendre, font une fuite des loix conftantes & démontrées des mé-caniques , à quoi il pourroit ajouter que le nombre de fes Partifans prouve tout au plus qu'un grand nombre de perfonnes ont été dans l'erreur. Que M. de Voltaire permette que nous lui répondions de même par rapport à l'attraction, avec cette réfer-ve pourtant, que nous ne voudrions pas dire que tous les fçavans Hommes dont il parle , font dans l'erreur. Nous fommes perfuadés qu'ils font véritablement Neutoniens, nous voulons dire, qu'ils ne confidérent l'attraction qu'en Géométres ; & qu'ils ne prétendent pas expliquer phifiquement par fon moyen les effets qui s'opérent dans la nature. Venons à la troifiéme réflexion, qui eft la plus intéreffante.

»On devroit fonger, dit notre Auteur, »qu'on ne connoît pas plus la caufe de l'im-»pulfion que de l'attraction. On n'a pas mê-»me plus d'idée d'une de ces forces que de »l'autre; car il n'y a perfonne qui puiffe con-»cevoir pourquoi un corps a le pouvoir d'en »remuer un autre de fa place.

XCV.
Erreur importante.

Nous devons convenir qu'on ne conçoit pas diftinctement comment eft-ce que le mouvement d'un corps qui en choque un autre qui eft en repos, paffe dans le corps choqué ; mais nous concevons très-diftinc-tement qu'un corps en repos eft mis en mou-vement lorfqu'il eft choqué par un autre corps. Il eft donc certain que nous avons une idée diftincte du mouvement par impul-fion. Il n'eft pas néceffaire que nous con-noiffions comment eft-ce que le mouvement qu'un coup de raquette imprime à une bale, paffe dans cette bale, pour que nous con-

N iij

noiffions le mouvement par impulfion. Il nous fuffit de fçavoir que cette bale acquiert du mouvement lorfqu'elle eft pouffée par la raquette. Nous fçavons qu'un corps en repos eft mis en mouvement lorfqu'il eft frapé, & cela nous indique que tout corps en mouvement a été frapé. Tout ce qui fe paffe autour de nous, nous prouve le mouvement par impulfion, nous fournit des exemples d'un tel mouvement ; mais on ne trouve pas un feul exemple décifif du mouvement par attraction. Il eft donc faux que nous n'ayons pas plus d'idée de l'un que de l'autre ; à quoi nous pouvons ajouter que le petit nombre d'exemples équivoques pour l'attraction, fournit des démonftrations du mouvement par impulfion. Ces exemples font ceux des corps magnétiques, de l'aiman & des corps qu'on nomme électriques. Or, il eft certain qu'ils ne prouvent pas le mouvement par attraction, & qu'ils démontrent le mouvement par impulfion. Voici comment nous raifonnons.

XCVI.
Les corps magnétiques, & les corps électriques ne font pas de preuves du mouvement par attraction.

Nous préfentons une aiguille d'acier à un des poles d'un aiman, & cela à une certaine diftance. C'eft un fait que cette aiguille s'approche de cet aiman fans qu'on voye aucun corps qui la pouffe : afin que les Neutoniens

puiſſent conclure de cet exemple, qu'il y a
dans la nature du mouvement par attraction,
il faut qu'ils nous démontrent qu'il n'y a
aucun corps qui pouſſe cette aiguille vers
l'aiman. Mais comment le feront-ils ? Ils diront peut - être que nous ne voyons pas
qu'aucun corps la pouſſe ; mais nous ne
voyons pas non plus l'air qui pouſſe l'eau,
& qui l'oblige de monter dans les pompes ;
mais nous ne voyons pas la lumiere qui fond
l'or, quoique nous ſoyons bien certains que
c'eſt par impulſion que les parties de l'or
reçoivent le mouvement de liquidité ; ils
ſont ainſi réduits à l'impoſſibilité de prouver
d'une maniere déciſive qu'il n'y a aucun
corps qui pouſſe l'aiguille vers l'aiman,
c'eſt-à-dire, qu'ils ſont dans l'impoſſibilité
de nous fournir un ſeul exemple du mouvement par attraction.

Nous ſentons qu'ils pourront nous dire,
que pour prouver que ce mouvement ne
dépend pas de l'attraction, il faut que nous
prouvions qu'il eſt occaſionné par impulſion,
ce que nous ſommes dans l'impoſſibilité de
faire ; mais nous les prions d'obſerver que
notre condition eſt bien différente de la leur.
Une induction naturelle, une analogie preſque néceſſaire, nous autoriſe à dire qu'il y

a un corps qui pouffe cette aiguille vers l'aiman, puifque nous voyons à tout moment
qu'un corps ne change point d'état ni de place
que quelque corps extérieur ne l'y contraigne,
ne le pouffe; & encore, qu'un corps quelconque fe meut, change de place dès qu'il eft
pouffé par un autre corps d'une maniere convenable;eux au contraire ont à combattre cette induction , cette analogie & l'expérience.
Nous devons remarquer ici que plus on nous
invite à examiner l'attraction , plus on travaille à ruiner le parti des attractionnaires ,
puifque nous trouvons que le mouvement
par attraction n'eft pas, nous ne difons point
prouvé , mais pas même rendu poffible par
aucune raifon folide , ni par aucun exemple
décifif. Revenons à l'exemple de l'aiman ,
& confidérons cette aiguille qui étant fuf-
pendue a été fe joindre au pole de l'aiman
auquel on l'a préfentée, & fubftituons la
raifon au défaut des yeux.

Nous féparons cette aiguille du pole de
l'aiman auquel elle s'eft jointe , & nous lui
préfentons le pole oppofé du même aiman.
Qu'arrive-t'il ? L'aiguille fuit fa préfence ,
Eft - ce l'attraction qui la fait éloigner ?
Nous ne penfons pas qu'on le dife. Nous

comprenons ainſi, qu'il faut qu'il ſe paſſe autour de cet aiman quelque choſe de ſingu-
lier & qui différe de l'attraction, car on ne
conçoit pas que cette aiguille doive s'éloigner du ſecond pole de l'aiman, parce
qu'elle en eſt attirée. Ceci rend déja l'attraction fort ſuſpecte, & confirme ce que
nous avons dit ailleurs, ſçavoir, que le ſiſtême de l'attraction ne bàttra jamais que d'une
aîle, ſi on n'admet un principe repouſſant.
Ce nouveau principe apportera à la vérité
de grands inconvéniens, mais il ſera de
quelque ſecours.

On préſente un brin de paille au pole de
l'aiman qui avoit appellé à ſoi l'aiguille
d'acier. Cette paille quoique plus légere
que l'aiguille, ne s'approche pourtant pas
de l'aiman. Eſt-ce que cette pierre a perdu
la force d'attirer, mais nous ne concevons
pas pourquoi elle l'auroit perdue. Sa maſſe eſt
la même, elle attire encore le fer, pourquoi
n'attire-t'elle pas cette paille ? Pourquoi,
en un mot, n'attire-t-elle que le fer ? Il faut
convenir qu'on ne ſçauroit comprendre
ces myſteres; mais les effets d'une force in-
compréhenſible, ſont-ils faciles à comprendre ! Reconnoiſſons donc que l'aiguille d'a-
cier ne s'approche point de l'aiman parce

qu'elle eft attirée, mais parce que quelque matiere fine & déliée la pouffe, & l'oblige de s'approcher de l'aiman. Nous fçavons, en effet, que fi ce mouvement dépendoit de l'attraction, comme cette vertu n'exige ni difpofition, ni figure, ni arrangement des parties, elle agiroit indifféremment fur toute forte de corps, elle ne feroit pas d'ailleurs, particuliere à l'aiman.

Tous les phénomenes de l'aiman, toutes les propriétés de cette admirable pierre prouvent la même chofe ; peut-on dire que fa direction, fon inclinaifon, & la force qu'elle a de communiquer fa vertu au fer, dépendent de l'attraction, ce feroit vouloir fe tromper groffierement, que de le penfer : le tourbillon qui fe forme autour d'un aiman qu'on place au milieu d'une table fur laquelle on a répandu de la limaille d'acier, démontre qu'il y a une matiere fine & déliée qui circule autour de l'aiman, & qui par fes percuffions oblige le fer de s'approcher de cette pierre. Car on ne conçoit pas que ce foit par l'attraction que les parties de cette pouffiere prennent la difpofition conftante que nous leur voyons prendre.

Les corps électriques, tels que l'ambre, le Jais, la Cire d'Efpagne, &c. prouvent encore que c'est par impulsion que les pailles les morceaux de papier, &c. qu'on leur oppose, s'approchent d'eux, voici l'expérience. On présente une petite paille à une piece d'ambre, on n'apperçoit aucun mouvement dans cette paille, elle ne s'approche pas de l'ambre ; on passe & repasse avec beaucoup de vîtesse cette piece d'ambre sur du drap, jusqu'à ce qu'elle soit échauffée, on la présente ensuite à la même paille, on voit alors cette paille s'approcher de cette piece d'ambre : d'où vient donc qu'elle ne s'en est pas approchée dans le premier cas ? qu'étoit devenue alors la vertu d'attraction ? Etoit - elle endormie ? & a-t'il fallu la secouer pour l'éveiller ? Etoit-elle engourdie ? A-t'il fallu l'échauffer pour la mettre en état d'agir ? On comprend aisément que tous ces faits prouvent que ce n'est pas par attraction que la paille s'est approchée de l'ambre, & par conséquent, que les Neutoniens n'ont pas un seul exemple décisif du mouvement par attraction. Nous reviendrons sur cette matiere, l'occasion s'en présentera lorsque nous examinerons le sistême planetaire. Il est tems de terminer ce Chapitre. Nous observerons seulement que nous ne comprenons pas bien

ce que prétend M. de Voltaire , lorfqu'il
dit que plus un rayon entre dans le criftal,
plus il fe brife , car il eft d'expérience que
la réfraction ne fe fait qu'à l'entrée , &
qu'elle ceffe dès que le rayon eft une fois
entré. On voit, en effet, qu'il ne fe détourne plus de la ligne droite.

*r m croisat se cit*    *J B Scotin.*

# CHAPITRE VIII.

*Suites des merveilles de la réfraction de la lu-*
*miere. Qu'un seul rayon de la lumiere con-*
*tient en soi toutes les couleurs possibles ; ce*
*que c'est que la réfrangibilité. Découvertes*
*nouvelles.*

S I M. de Voltaire s'étoit contenté
de rapporter simplement dans ce
Chapitre, les expériences par lesquelles M. Neuton a fait voir qu'un
trait de lumiere contient en soi toutes les
couleurs possibles, & que le blanc n'est que

l'affemblage de toutes ces couleurs, nous n'aurions que très-peu de chofe à obferver; nous n'y aurions même rien trouvé de contraire à la raifon & à l'experience, s'il eut tranfcrit mot à mot les endroits de l'Optique de M. Neuton, dans lefquels il a expofé ces expériences; mais comme il y a voulu ajouter du fien, la matiere d'examen eft devenue un peu plus abondante.

Comme tous les bons Phificiens conviennent des principes d'expérience de M. Neuton au fujet de la lumiere & des couleurs, tous reconnoiffent auffi que le fiftême de M. Defcartes fur les couleurs eft infoûtenable, & que ce grand Homme admirable même dans fes erreurs, s'eft trompé en ce point, comme nous l'avons démontré d'après M. de Mairan dans notre Traité de la lumiere (a). Mais notre Auteur n'a point cru devoir faire ufage de cette démonflration qui eft auffi folide, qu'elle eft courte & intelligible, il a mieux aimé avoir recours aux Étrangers, & emprunter d'eux des argumens pour combatre le fiftême Cartéfien. Mais nous allons voir encore une fois, qu'il eft malheureux dans le choix des objections, puifque celle qu'il propofe contre

(a) Préface page. XLIV.

Monfieur Defcartes, retombe à plomb fur le fiftême Neutonien, dans lequel on ne peut pas la réfoudre plus facilement que dans celui des Cartéfiens. Il reftera ainfi prouvé, ou qu'elle n'eft d'aucun poids contre Monfieur Defcartes, ou que fi elle a quelque folidité contre les principes de ce Philofophe, elle ruine pareillement le fiftême Neutonien. Voici l'objection.

On marque deux points fur une muraille, un de ces points eft verd, & l'autre eft bleu. Vous les voyez tous les deux. Vous appercevez ces deux couleurs. Or il faut que les rayons qui viennent de ces deux points fe croifent en l'air avant d'arriver à vos yeux : puifqu'ils fe croifent, le prétendu tournoyement de leurs parties ou des petits globules dont ils font compofés, doit changer au point d'interfection. Les tournoyemens qui faifoient le bleu & le verd, ne fubfiftent donc plus les mêmes : il n'y aura donc plus alors de point verd ni de point bleu (a).

Nous demandons à M. de Voltaire fi ces rayons ne doivent pas fe croifer de même dans le fiftême Neutonien. Oüi, fans doute,

____

(a) Nous n'avons pû fuivre le texte, il eft inintelligible. On y veut que ce foient les points eux-mêmes qui fe croifent, & qui viennent à nos yeux.

nous répondra-t'il. C'eſt donc à vous, répli-
querons-nous, ainſi qu'à M. Deſcartes, à
chercher la ſolution de cette difficulté, elle
a autant de force contre le ſiſtême Neutonien que contre l'opinion Cartéſienne. Pourquoi en avez-vous donc parlé? Nos intérêts
n'étoient-ils point communs en ce point?
Ne deviez-vous pas la taire cette objection?
il vous étoit auſſi utile qu'à nous de le faire;
vous voilà dans le même état que le P. Malebranche ; il la propoſa ainſi que vous;
quoique ſous d'autres termes, & il ne ſentit
pas non plus que vous qu'il parloit contre
lui-même.

Nous devons reconnoître pour-tant qu'il
y a cette différence entre le P. Malebranche
& M. de Voltaire, que le premier n'a point
connu que l'objection formée contre M. Deſcartes attaquoit directement ſes propres
principes, au lieu que M. de Voltaire croit
qu'elle eſt inſoluble dans le ſiſtême Carté-
ſien, & qu'elle peut ſe réſoudre aiſément
dans le ſiſtême de M. Neuton ; auſſi tâche-
t'il de la réſoudre de deux différentes manieres. Examinons cette double ſolution.

XCVIII.
Solutions qui
ne ſont pas
ſuffiſantes.

M. de Voltaire ſemble inſinuer d'abord
que les rayons qui viennent d'un de ces
points, les verds, par exemple, paſſent à
travers

travers les pores des rayons qui viennent
de l'autre point, des rayons bleus ; car
après avoir dit que toute partie de matiere
a plus de pores incomparablement que de
fubftance, il ajoûte qu'il eft très-poffible
qu'un rayon paffe à travers d'un autre en
cette maniere, fans rien déranger.

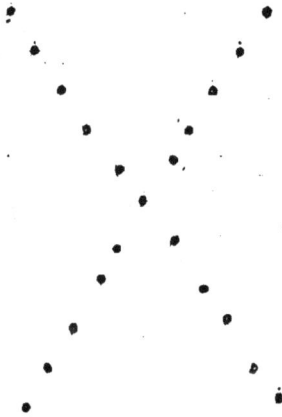

Nous ne concevons pas quelle eft cette
maniere dont parle notre Auteur, & de laquelle il veut que les rayons verds paffent
à travers les rayons bleus ; fans doute que
c'eft celle qui eft marquée dans la figure qu'il
a jointe à fa premiere folution, en ce cas,
ce ne fera point par les pores, mais fimplement par les intervalles qui fe trouvent d'une
particule de lumiere à une autre particule
de lumiere que les rayons pafferont, & il

O

faut bien qu'il entende les chofes de même, car nous ne concevons pas que les molecules de la lumiere bleuë puiffent être affez petites pour paffer librement à travers les pores d'une molecule de lumiere verte. M. de Voltaire fuppofe donc que les parties de la lumiere ne fe touchent pas immédiatement, & qu'elles font féparées les unes des autres. Mais ces fuppofitions font fort gratuites, elles font même contraires à la raifon. Admettons-les néanmoins, & voyons fi on peut expliquer par leur moyen comment eft-ce que les rayons bleus peuvent traverfer les rayons verds fans les interrompre. Si les rayons verds étoient en repos, & que leurs parties fuffent féparées, on conçoit aifément que la chofe feroit poffible, mais dès qu'on donnera un mouvement très-rapide aux parties de ces rayons, il eft impoffible que les parties des rayons bleus ne frapent les molecules des rayons verds, & n'en foient pareillement frapées, ce qui dérangeroit la vifion, & les couleurs ; on verroit le bleu tantôt à droite, & tantôt à gauche, on le verroit tantôt à droite, & à gauche & tantôt nulle part. Dites-en autant du verd. Nous concevons en effet, que fi les rayons bleus, & les rayons verds fe traverfoient de la maniere que le veut M. de Voltaire, les rayons bleus emporteroient avec eux des parties de lumiere verte, comme auffi les rayons verds emporteroient avec eux des parties de lumiere bleue. Nous fommes donc certains que la premiere folution n'eft d'aucun poids, & que la difficulté refte en fon entier. Nous examinerons la feconde après que nous aurons fait une petite obfervation fur la denfité des rayons.

Notre Auteur penfe qu'un rayon du Soleil qui a plus de trente millions de lieues en longueur, n'a pas probablement un pied de matiere folide mife bout à bout. Nous ne fçavons pas s'il parle d'un pied lineaire, ou d'un pied cubique ; s'il parle d'un pied lineaire, la chofe eft incomprehenfible, ou pour mieux dire, c'eft une erreur monftrueufe que de l'avancer ; que fi c'eft d'un pied cubique qu'il l'entend, il fait plus que démontrer ce que nous avons dit ailleurs (N. XXXI.), fçavoir, que fi la lumiere émane du Soleil, cet aftre feroit bientôt diffipé & confumé. Cette obfervation ne fçauroit n'être pas décifive. Qu'on nous pardonne donc, fi nous interrompons un peu l'ordre des matieres pour donner une démonftration complete de la fauffeté de l'o-

XCIX.
Pefanteur de la lumiere felon M. de Voltaire.

O ij

pinion qui fait émaner la lumiere du Soleil.

C.
Le Soleil
feroit bientôt
épuifé.
Un pied cubique d'or pefant mille trois cent vingt-fix livres quatre onces, on peut évaluer le poids d'un rayon à 1000 livres, c'eft bien peu, même felon les fuppofitions de M. de Voltaire. Suppofons prefentement que l'Hemifphere terreftre foit éclairé par cent-mille-millions de millions de rayons, & tenons-nous à ce nombre, quoiqu'infiniment plus petit que le véritable. Soit encore, que la lumiere ne vienne du Soleil à nous qu'en dix minutes, pour avoir des nombres ronds. Il fortira donc du Soleil mille fois cent mille millions de millions de livres de matiere, toutes les dix minutes, ou fix mille fois cent mille millions de millions de livres par heure ; & par conféquent, il en fortira par jour cent quarante-quatre mille fois cent mille millions de millions de livres, & cela pour éclairer feulement la terre. Qui eft-ce qui ne comprend pas qu'une perte journaliere de cent quarante-quatre mille fois cent mille millions de millions de livres, réduiroit dans peu d'années le Soleil à rien ? Cette feule preuve que nous pourrions étendre infiniment plus, fuffit pour détruire l'opinion infoutenable de l'émiffion des corpufcules lumineux. Revenons à notre fujet, où

à l'objection formée contre le fiftême de M. Defcartes.

La feconde folution que notre Auteur donne de cette difficulté, c'eft que les rayons paffent l'un par - deffus l'autre : répondre ainfi, c'eft éluder la difficulté, & non pas la réfoudre ; mais ne nous arrêtons point à ces minuties. Suppofons que cette réponfe fatisfaffe : un Cartéfien pourra l'employer, il dira que le point verd eft vû par des rayons qui paffent par - deffus ou pardeffous les rayons par le moyen defquels nous voyons le point bleu. Les Neutoniens ne font pas plus en droit que les Cartéfiens de fe fervir de cette réponfe. Il eft donc prouvé, ou que l'objection dont il s'agit n'eft d'aucun poids contre M. Defcartes, ou que fi elle ruine le fiftême Cartéfien, elle détruit auffi l'opinion Neutonienne ; & ainfi que notre Auteur eft malheureux dans le choix des objections qu'il propofe contre M. Defcartes.

Tout eft également impoffible dans le plein, continue M. de Voltaire, & il n'y a aucun mouvement, tel qu'il foit, qui ne fuppofe & ne prouve le vuide. Le mouvement d'un poiffon dans l'eau fuppofe donc le vuide. Il faudra donc dire que dans un réfer-

CI.
Raifonnement fingulier.

voir rempli d'eau, il y a du vuide parce qu'on y voit des poiffons fe remuer, & qu'ils ne pourroient pas le faire s'il y avoit quelque matiere, parce que tout mouvement fuppofe & prouve le vuide. Une Perdrix fe meut dans les airs, on lâche un coup de fufil qui l'atteint & la perce, elle ne fe remue plus, la feule pefanteur agit fur elle, & la porte vers la terre ; Faut-il conclure de ce double mouvement qu'il n'y a au-deffus de la terre aucun liquide qui nous environne, & qui en entrant dans nos poumons, nous donne la vie ? Faut-il conclure que la flamme, que la lumiere n'eft pas un corps, parce que nous voyons des mouvemens fe faire dans la flamme ? Mais c'eft trop nous arrêter fur ce point ; on doit renvoyer aux cayers de l'Ecole ceux qui ne reconnoiffent pas que le mouvement peut fe faire dans un liquide, & qu'il s'y fait d'autant mieux, que les parties de ce liquide font plus déliées, & font moins pefantes.

**CII.**
**Erreur confiderable.** Le P. Malebranche raifonnoit en homme de fort bon fens, lorfqu'il difoit qu'il lui paroiffoit impoffible de découvrir au jufte les rapports exacts des nombres des vibrations que les différens rayons font en un certain tems déterminé. On peut à la vérité le découvrir, du moins plus aifément pour

les différens rayons sonores, parce qu'on connoît les rapports des nombres des vibrations que font en un tems donné les cordes qui donnent les différens tons, mais on n'a aucun point fixe qui puisse nous les faire découvrir ces rapports dans les rayons de lumiere. Nous connoissons à la vérité, que les rayons rouges font leurs vibrations plus promptes que les rayons bleus, mais nous ne pouvons déterminer au juste en quelle proportion. On peut en approcher un peu par analogie, & en considérant les différens dégrés de réfrangibilité, mais on ne trouvera point par ce moyen les rapports exacts que demandoit le Pere Malebranche, rapports qui ne font pas encore découverts, quoiqu'en dise M. de Voltaire; ce qu'il en dit mérite notre attention. Rapportons ses propres paroles.

»Ces rapports étoient découverts en 1675. »non pas proportions de vibration de petits »tourbillons qui n'éxiftent point, mais pro- »portions de la réfrangibilité des rayons qui »font les couleurs. Notre Auteur tombe ici dans un grand défaut; il veut que ce soient les proportions de réfrangibilité qui faffent les couleurs; en quoi il se trompe grande- ment, & s'éloigne même des idées de M.

Neuton ; les rayons rouges ne différent pas
des rayons verds, parce qu'ils font moins
réfrangibles qu'eux ; mais ils font moins
réfrangibles, parce qu'ils font différens. Un
rayon tel qu'il foit, n'a point une certaine
couleur, parce qu'il a un certain dégré de
réfrangibilité ; mais il a ce dégré de réfrangibilité, parce qu'il a cette couleur. En un
mot, les rayons ne différent pas entr'eux à
raifon des couleurs, parce qu'ils font plus
réfrangibles les uns que les autres, mais ils
ont différens dégrés de réfrangibilité, parce
qu'ils font teints en différentes couleurs,
ce qui eft le contraire de ce que dit M. de
Voltaire. Comme il reviendra fur cette matiere, nous aurons occafion de l'examiner
de nouveau, & nous verrons qu'il dit &
qu'il penfe ailleurs comme nous, en contre-
difant ce qu'il vient d'infinuer ici.

Jamais il n'y eut d'opinion fur les couleurs, du moins depuis M. Defcartes, qui
eut moins de vraifemblance, jamais on ne
propofa une hipotèfe moins fenfée que celle
qui fait dépendre les couleurs du différent
mêlange de la lumiere & de l'ombre ; c'eft
pourtant celle-là que notre Auteur préfere
à celle de M. Defcartes & à celle du Pere
Malebranche. Nous l'avons fi folidement

réfutée dans notre Traité de la lumiere, que nous ne penfons pas qu'une perfonne judicieufe puiffe la regarder comme fenfée, & en vérité, l'eft-elle plus que celle qui voudroit faire dépendre la diverfité des tons du différent mêlange du bruit, & du filence ?

Pour expliquer les différens dégrés de réfrangibilité des rayons diverfement colorés, M. de Voltaire nous dit que les rayons qui ont le moins de force pour fuivre leur chemin, le moins de roideur, le moins de matiere, s'écartent le plus de la perpendiculaire au point d'émerfion lorfqu'ils paffent du verre dans l'air, & que ceux qui font les plus forts, les plus denfes & les plus vigoureux s'en écartent le moins. On voit par-là, & c'eft la véritable penfée de M. Neuton, que fi le rayon rouge eft moins réfrangible que le rayon violet, ou tel autre, c'eft parce qu'il eft plus fort, plus denfe & plus vigoureux que lui, c'eft parce qu'il eft rouge, on voit ainfi que c'eft une proprieté du rayon rouge, que d'être plus fort, plus denfe, & plus vigoureux que le rayon violet, ou tel autre rayon ; & que fa moindre réfrangibilité eft une fuite de cette proprieté, & non pas cette proprieté une fuite de fa moin-

CIV.
Contradic-
tion.

dre réfrangibilité, ou ce qui eſt le même; les rayons ne ſont pas différemment colorés, parce qu'ils ſont inégalement réfrangibles, mais ils ſont inégalement réfrangibles, parce qu'ils ſont différemment colorés, & qu'ainſi ce ne ſont pas les inégales réfrangibilités qui ſont les couleurs, comme notre Auteur le vouloit il n'y a qu'un moment.

CV.
Ils n'expliquent la réfraction qu'en partie.

Nous remarquerons ici que Meſſieurs les Attractionnaires n'expliquent point la moitié des choſes lorſqu'ils parlent de leur chef, & qu'ils veulent expliquer les effets de la Nature. Nous avons vû qu'ils n'ont pas expliqué la réflexion de la lumiere, ils n'en expliquent pas non plus la réfraction qu'en partie ; ils nous diſent à la vérité, que la lumiere eſt réfractée vers la perpendiculaire lorſqu'elle paſſe de l'air dans l'eau ou dans du criſtal, & cela en vertu de l'attraction qui lui donne un nouveau mouvement vertical ; mais ils ne nous diſent rien de la réfraction qui porte loin de la perpendiculaire les rayons qui paſſent obliquement de l'eau ou du criſtal dans l'air. Nous ne pouvons concevoir comment eſt-ce que l'attraction opere ces effets ; il n'eſt pas non plus aiſé de concevoir comment la lumiere

qui eſt entrée dans un Priſme , & qui doit
en ſortir pour rentrer dans l'air par une réfraction qui la portera loin de la perpendiculaire & loin du centre de la terre , pût
s'échaper de ce criſtal , & s'éloigner de la
terre. On ſent ici le grand beſoin qu'ont les
Neutoniens d'admettre un principe répulſif,
pour expliquer tous ces différens Phénomenes : ſans doute même qu'il leur en faudroit
un troiſiéme pour expliquer la double réfraction du criſtal d'Iſlande. Mais ils ſont trop
aviſés pour en parler. Ils ſçavent parfaitement paſſer ſous ſilence les choſes qui démentent leurs principes. M. Neuton a parlé,
à la vérité, du criſtal d'Iſlande , il en a donné la deſcription , mais il n'a point aſſigné
la cauſe phiſique des réfractions que la lumiere ſouffre lorſqu'elle paſſe de l'air dans
ce criſtal, il ſe contente de dire qu'il y a
grande apparence que la réfraction extraordinaire du criſtal d'Iſlande , eſt produite par
quelque eſpece de vertu attractive attachée
à certains côtés , tant des rayons que des
particules du criſtal. (a) Peut-on renouveller
plus clairement les qualités occultes ?

Nous terminerons ce Chapitre par deux
petites obſervations. La premiere eſt que

C V I.
Erreur peu
conſidérable ,
de M. de Vol-
taire.

(a) Optique l. 3. queſt. 29. pag. 449.

chacun des sept faisceaux de rayons qui ont été discernés par les réfractions qu'ils ont souffertes à l'occasion d'un prisme de verre qu'ils ont traversé, n'occupe pas une ovale dans le spectre ou l'image colorée, comme le veut M. de Voltaire, mais un cercle, un espace circulaire, ainsi que nous l'avons dit dans notre Traité de la lumiere, & que l'expérience nous le fait voir ; nous croyons ainsi que c'est plûtôt une faute de l'Imprimeur que de M. de Voltaire : quelque soin que nous prenions, nous ne sçaurions éviter qu'il ne se glisse plusieurs fautes d'impression, ces fautes auxquelles nous sommes tous sujets doivent se pardonner sans peine, & comme par nécessité.

CVII.
Le sistême Neutonien n'est qu'une supposition, & une supposition très-gratuite.

La seconde chose que nous devons observer, est que nous ne comprenons pas que notre Auteur se révolte lorsque l'on dit que le sistême de M. Neuton, est une hipothese. Ces deux noms étant, pour ainsi dire, sinonimes, n'exprimant à peu près que la même chose, est-il surprenant qu'on employe l'un pour l'autre ? & quand bien même des idées tout-à-fait différentes seroient attachées à ces deux termes, ne faut-il pas convenir que tout le sistême de M. Neuton n'est qu'une supposition, & une supposition bien gratuite, qu'on ne peut admettre qu'en se plaçant au même point de vûe duquel M. Neuton l'a considérée. On a beau nous dire qu'il est ridicule d'appeller du nom de supposition, des faits tant de fois démontrés. Nous ne sommes pas assez simples pour permettre qu'on nous en impose si fort. Quels sont donc ces faits qui ont été si souvent démontrés ? Quels sont donc ces faits, qui en prouvant que le Neutonianisme n'est qu'une suite des loix de mécanique, doivent nous forcer à l'admettre, & à recevoir le vuide & l'attraction. Bons Carthésiens que nous sommes, nous n'avons aucun intérêt à reconnoître dans la matiere d'autres propriétés que celles que nous concevons devoir être une suite de l'extension & des différentes modifications de l'extension.

Quels sont donc encore une fois ces faits tant de fois démontrés ? Veut-on parler des expériences d'Optique ? nous reconnoissons qu'elles sont des faits démontrés mille & mille fois, & qu'ils le seront toujours dès que des mains capables voudront les examiner & en faire l'expérience ? Parle-t'on de l'attraction, de la réflexion de la lumiere par le vuide, de son émanation du Soleil, de sa réfraction occasionnée ou opérée par

l'attraction,& de nombre de rêveries femblables ; nous difons que ce font des faits démentis & démontrés faux plufieurs millions de
fois par la raifon, & par l'expérience.

Nous avons dit dans notre Traité de la
lumiere, que M. de Mariotte avoit manqué,
ou par fa propre faute , ou par la faute des
prifmes dont il fe fervit, l'expérience dont parle M. Neuton , & qui nous fait voir qu'un
rayon homogéne ne fe peut décompofer ,
quelque adreffe & quelque peine qu'on fe
donne pour le faire. Nous pouvons dire que
nous avons tenté une grande partie des
moyens imaginables pour y réuffir, mais notre travail fût fans fruit , & nous comprîmes
qu'un rayon fimple ne peut point être décompofé ; il ne faut pas néanmoins blâmer
ceux qui ne fe font pas rendus d'abord.
Carthéfiens qu'ils étoient, ils n'ont pas dû
recevoir ces expériences fans s'être convaincus de leur vérité. Tout le monde raifon-
nable doit être Carthéfien en ce point-là;
être Carthéfien en cette maniere, c'eft être
homme de fens & de jugement. L'expérience, quoique manquée par M. de Mariotte
n'étoit pas , fans doute , une raifon fuffifante
pour dire que M. Neuton n'avoit pas vû ce
qu'il avoit vû , mais elle l'étoit du moins

pour faire douter un Phificien fage & cir-
confpect ; c'étoit un grand homme qui difoit voir le contraire de ce qu'un grand
homme difoit avoir vû. Peut-on agir plus
prudemment que de fufpendre fon jugement, & d'attendre que le fçavant M. de
Mairan vienne décider la queftion & démontrer aux yeux des François , que M. Neuton
avoit dit vrai, & que M. de Mariotte avoit
manqué l'expérience. M. de Voltaire ne
rend certainement pas juftice à la Nation
Françoife lorfqu'il la croit capable de rou-
gir de recevoir la vérité des mains d'un Anglois. Les François ont trop d'amour pour
la vérité, pour ne pas s'empreffer de la recevoir, quelles que foient les mains qui la
leur préfentent. Et ce n'eft pas réjetter une
vérité nouvellement découverte, que d'examiner fi ce qu'on nous donne pour vrai, eft
effectivement vrai.

Am Croisat fecit                                          J.B. Scotin

# CHAPITRE IX.

*Où l'on indique la cause de la réfrangibilité.*
*Et où l'on trouve par cette cause, qu'il*
*y a des corps indivisibles en Phisique.*

CVIII.
Les rayons
de lumiere
qui portent
les différen-
tes couleurs ,
souffrent à in-
cidences éga-
les des réfra-
ctions inéga-
les.

**L**'Expérience d'un trait de lumiere réfracté & décomposé par un prisme démontre que les différens rayons souffrent des réfractions inégales , & qu'ils ont différentes disposi- tions à être réfractés. Car on voit que les uns souffrent constamment des réfractions plus fortes ou plus foibles que les autres , que les rayons rouges sont ceux qui souffrent
les

les moindres réfractions , comme auffi les rayons violets font ceux de tous les rayons qui font le plus fortement réfractés , & que les rayons des couleurs moyennes , entre le rouge & le violet , fouffrent des réfractions moyennes , réfractions qui fe trouvent d'autant plus fortes que la couleur dont ces rayons font teints , eft plus éloignée du rouge dans l'image colorée repréfentée par le trait de lumiere réfracté par le prifme , image que M. Neuton appelle fpectre. On eft ainfi certain que les rayons rouges font conftamment les moins rompus de tous , que les rayons orangés font plus réfrangibles que les rayons rouges , mais moins réfrangibles que les rayons des cinq couleurs reftantes ; que les rayons jaunes fouffrent des réfractions plus grandes que les rayons orangés , mais moins fortes que les rayons des quatre couleurs reftantes , & ainfi de fuite. Il faut remarquer que tous les rayons rouges ne font pas également réfrangibles. La région rouge du fpectre a une certaine longueur , il faut donc que parmi les rayons rouges , il y en ait de plus réfrangibles les uns que les autres. Dites-en autant des rayons des autres couleurs. Ce n'eft pas tout ; il eft très-probable , & nous ne doutons nulle-

**CIX.**
Tous les rayons d'une même couleur ne fouffrent pas des réfractions égales.

P

ment que la chose ne soit ainsi, il est très-probable que tous les rayons rouges ne sont pas moins réfrangibles que les rayons orangés, & qu'il y a certains rayons rouges qui sont plus fortement brisés que certains rayons orangés ; car comme dans l'image colorée, on voit que les couleurs anticipent les unes sur les autres, il faut que certains rayons orangés entrent dans la région rouge. Ceci pourroit servir à éclaircir bien des doutes. Nous méditons certaines expériences dont nous donnerons le résultat lorsque nous nous ferons pleinement satisfaits là-dessus.

CX.
Ce que c'est que réfrangibilité.

Ces dispositions diverses que nous venons de voir, que les différens rayons ont à souffrir des réfractions différentes, à être inégalement réfractés, font ce que M. Neuton appelle réfrangibilité, & ce font aussi ces propriétés, ou ces dispositions que M. de Voltaire prétend expliquer par son attraction. Mais comme il est prouvé (N. LXXXVII) que ce n'est pas l'attraction qui opére les réfractions de la lumiere, elle n'opérera pas non plus les réfractions plus fortes ou plus foibles, ou ce qui est le même, il est prouvé que les différens dégrés de réfrangibilité ne dépendent point de l'attraction.

CXI.
Raisonne-

Les nouveaux Neutoniens qui mettent

toujours leurs idées à la place des chofes, font admirables dans la maniere dont ils raifonnent. Après avoir feint que la matiere a une certaine propriété qu'ils nomment at-traction, après avoir fuppofé, fans fonde-ment, que la réfraction de la lumiere eft un effet de l'attraction ; ils s'érigent en créa-teur, ou du moins en perfonnes qui doi-vent difpofer de la lumiere à leur gré. Vous leur entendez dire. Rayons rouges vous aurez le plus de fubftance de tous, vous ferez les plus durs & les plus pefans ; pour vous rayons violets, vous ferez les plus foibles, vous aurez le moins de fubftance, le moins de dureté, le moins de pefanteur de tous. Si vous leur demandez la raifon de cette dif-penfation : ils vous diront que l'attraction demande que les chofes foient ainfi, que fi les rayons rouges n'avoient pas le plus de fubftance, ils ne pourroient pas être les plus fortement attirés, ni par conféquent fouf-frir les moindres réfractions, lorfqu'ils ont à paffer du verre dans l'air ; comme auffi les rayons violets ne pourroient pas être les moins attirés & ainfi les plus réfrangi-bles, lorfqu'ils paffent auffi du verre dans l'air, s'ils n'étoient les moins durs & les moins pefans ; ne croyez pas, ajoutez

ront-ils, que ce foit une fimple conjecture
& qu'on devine au hazard qu'un rayon pefe plus qu'un autre, car les loix de l'attraction le démontrent. Comment voudriez-
vous, en effet, que les rayons rouges fuffent les moins réfrangibles s'ils n'étoient plus
fortement attirés, & s'ils ne péfoient plus
que les autres. Ces faits font fi certains qu'on
connoît, en conféquence de la grande découverte de l'attraction, quel rapport gardent entr'eux les poids des différens rayons:
ce font les mêmes rapports qui fe trouvent
entre les parties de l'octave qu'on aura divifée harmoniquement. Ils feront plus, &
fe proportionnant à votre foibleffe, ils vous
diront, ne vous en raportez pas à nous, n'en
croyez qu'à vos yeux. N'éprouvez-vous pas
que les rayons rouges fatiguent le plus la
vûe, & que les rayons violets la repofent
le plus. Cela ne démontre-t'il pas que les
rayons rouges font les plus maffifs, les plus
durs & les plus pefans, & qu'au contraire,
les rayons violets font les moins denfes, les
moins durs, & les moins pefans. Voilà, diront-ils encore, une piece de régule d'Antimoine, elle pefe dix onces, nous la faifons calciner aux rayons du Soleil réünis
par un miroir ardent. Eft-elle calcinée? S'eft-

elle imbibée de lumiere ? Elle pefe une once de plus.

Si on fait obferver aux Neutoniens qui parlent ainfi, que quoique tous les rayons foient également denfes, & également pefans, les rouges doivent, néanmoins, fatiguer le plus la vûe ; & les violets la repofer le plus, parce que comme ils en conviennent eux-mêmes,& qu'on peut le déduire aifément des démonftrations de M. Neuton, les rayons rouges ont le plus de vîteffe de tous, comme les violets font de tous les rayons, ceux qui ont le moins de vîteffe. Que répondront-ils ? Sur-tout fi vous leur dites que cette inégalité de vîteffe fuffit pour expliquer d'une maniere mécanique les différens dégrés de réfrangibilité, des différens rayons, ainfi que tous les autres phénomenes de la réfraction, & de la réflexion de la lumiere, & que, pour les en convaincre, vous les renvoyez aux deux excellens Mémoires, que le fçavant M. de Mairan donna fur cette matiere, dans l'Academie Royale des Sciences, en 1722. & en 1723. Que répondront-ils ; fi vous leur faites remarquer que l'expérience du régule d'Antimoine prouve, à la vérité, ou paroît du moins prouver que la lumiere pefe;mais

CXII. Ces raifon-nemens ne prouvent rien.

qu'on ne peut point en inférer que la lumiere violette, pese moins que la lumiere
rouge ? Que diront-ils, si vous venez à leu<br>

prouver, que dans le fiſtême de l'émiſſion
des corpuſcules lumineux, on ne peut poin
dire que la lumiere eſt peſante , & que c'eſ
détruire les idées les plus claires , & les notions les plus diſtinctes, que nous avons de
la peſanteur, que d'appeller peſant un corps
qui s'éloigne avec une rapidité inconcevable
du centre commun de gravitation, du centre commun de peſanteur, & que pour ne
leur laiſſer aucun ſubterfuge, vous leur fai-
ſiez voir que la lumiere ne peut pas être dite
peſante, même par rapport à la terre ; puiſque ce n'eſt qu'en conſéquence de ſa legereté, qu'elle s'approche de ce globe, & que
par ſurabondance de preuves, vous leur
démontriez que la lumiere n'eſt pas attirée
par la terre ? Ils la demanderont cette démonſtration, & vous pouvez les ſatisfaire
en cette maniere.

Conſidérez , leur pouvez-vous dire, la
Lune le jour de ſon oppoſition, que ce
ſoit un peu avant le coucher du Soleil, la
Lune qui ſe trouve alors à l'Orient reçoit
les rayons du Soleil. Ces rayons ſont paralleles à l'horiſon, & raſent, pour ainſi-dire,

notre hemifphere ; or il eft certain que ces rayons ne paffferoient pas impunément fi près de la terre, pour aller éclairer la Lune, s'il étoit vrai qu'ils fuffent attirés par la terre, il n'y auroit pas un feul rayon qui pût fe dérober à l'attraction. Nous pourrions donner une plus grande étendue à cette preuve ; mais nous aimons mieux la laiffer dans cette fimplicité ; on en faifira mieux la certitude & la force : il eft donc certain que la lumiere n'eft point attirée par la terre, & que c'eft par un effet de fa legereté qu'elle s'approche de nous, la terre ne fçauroit l'empêcher d'aller en ligne droite, lorfqu'elle ne paffe qu'à un pouce de fa furface. Qu'on confidere donc fi nos Neutoniens font bien fondés, lorfqu'ils veulent faire dépendre de l'attraction la réfraction de la lumiere, & les différentes réfrangibilités des rayons. Tout le vafte Ocean ne fçauroit troubler la lumiere dans fa progreffion, un rayon parallele à fa furface, ne fçauroit être attiré, quoiqu'il n'en foit éloigné que d'une ligne ; & ils veulent qu'une goute d'eau puiffe le faire. Le Globe entier de la terre ne fçauroit opérer ce qu'opére un globe de verre d'une ligne de diametre ; tous ces faits peuvent-ils bien s'ajuſter avec la propoſition fondamentale des Attractionaires, qui veut que les corps attirent en raiſon directe de leurs maſſes? ou pour mieux dire, tous ces faits ne prouvent-ils pas que la lumiere, ou du moins que l'action du Soleil, s'approche de la terre par impulſion, & non pas, parce qu'elle eſt attirée?

**CXV.**
**La matiere n'eſt pas eſ-ſentiellement peſante.**

La peſanteur n'eſt pas plus eſſentielle à la matiere, que le mouvement; le liege eſt autant corps que l'or, & le mercure; chaque particule de matiere a tout ce qui lui faut pour être matiére. L'eſſence des choſes eſt indiviſible, elle n'eſt qu'une, mais elle eſt entiere par-tout où elle ſe trouve: jamais perſonne ne s'aviſa de dire qu'un triangle eſt plus, ou moins triangle qu'un autre: ce ſeroit donner dans les viſions des qualités, & des formes, que de le croire (a). Un triangle ne ſçauroit perdre un de ſes angles, ou un de ſes côtés, qu'il ne ceſſe d'être triangle, & il ne peut être différent d'un autre triangle que par des proprietés accidentelles qui ne ſçauroient changer ſa nature. Un triangle équilateral conſidéré comme triangle, n'eſt pas plus

_____

(a) Voyez M. de la Chambre, Traité de la lumiere, Liv. 1. Ch. 3.

différent d'un triangle ifofcele confidéré
auffi comme triangle, qu'un François eft
différent d'un Efpagnol à raifon de l'huma-
nité.

Si la pefanteur étoit effentielle à la matiere, il eft évident qu'un corps plus pefant
auroit plus d'effence que celui qui fous un
égal volume peferoit moins, ou pour ne
laiffer aucune prife à la chicane, un même
corps auroit d'autant moins d'effence, que ce
corps peferoit moins ; & il acquereroit d'autant plus d'effence, qu'il deviendroit plus
pefant : or, comme il eft certain, même fuivant les principes des Neutoniens, qu'un
certain corps déterminé pefe d'autant moins
qu'il eft plus éloigné du centre des graves ;
il eft évident qu'il deviendra d'autant moins
corps, qu'il s'éloignera plus de ce centre,
& comme, en fuivant les fuppofitions,
& les calculs que nos Neutoniens ap-
puyent fur ces fuppofitions, on trouve
qu'un corps qui peferoit une livre fur la
furface de la terre, en peferoit vingt-cinq
fur la furface du Soleil, les corps auront
vingt-cinq fois plus d'effence fur la furface
du Soleil, qu'ils n'en ont fur la furface de
la terre, fi la pefanteur étoit effentielle à la
matiere ; mais il eft certain & conftant que

tout cela eft faux, & même ridicule. On doit donc convenir que la pefanteur n'eft point effentielle à la matiere.

Mais ne nous engageons pas dans des difcuffions métaphifiques, pour prouver que la pefanteur n'eft point l'effence de la matiere. Nous n'avons qu'à confidérer que, felon nos Neutoniens, la pefanteur n'eft qu'un effet de l'attraction, & que c'eft la matiere qui attire ; or comme l'effet n'eft pas l'effence de fa caufe, la pefanteur ne fera pas l'effence de la matiere. Confiderons encore que nous concevons très-diftinctement la matiere, fans que nous y trouvions, fans que nous y reconnoiffions la pefanteur comme une fuite néceffaire de fon effence. Il eft donc évident que la pefanteur n'eft pas non-feulement l'effence de la matiere, mais même qu'elle n'eft pas effentiellement unie à la matiere ; ce qu'on concevra d'autant mieux, qu'on fçait que la pefanteur n'eft qu'une force que nous reconnoiffons dans la matiere, du moins dans certaines portions de matiere, par laquelle les corps qu'on appelle pefans, s'approchent d'un centre commun. Les Cartéfiens prétendent que cette force eft imprimée à la matiere par percuffion, les Neutoniens veulent qu'elle lui foit imprimée par attraction. Mais de quelque maniere que cette force foit imprimée à la matiere, elle lui eft toûjours imprimée : elle lui vient donc du dehors, elle n'eft donc pas inherente à la matiere. Ceci nous conduit à un raifonnement qui pourra paroître de quelqu'importance.

On prend une pierre, on l'abandonne à elle-même. L'expérience nous apprend qu'elle s'approche du centre de la terre, fans que l'on voye aucune caufe qui l'oblige à defcendre. Nous demandons aux Neutoniens d'où vient que cette pierre defcend ; ils répondent que c'eft parce qu'elle eft attirée par la terre. C'eft donc l'attraction qui eft la caufe de la pefanteur ? Oui, diront-ils, fans doute, & c'eft pour cela que ce qui pefe une livre fur la furface de la terre, en pefe vingt-cinq fur la furface du Soleil ; car le Soleil plus grand que la terre, attire plus fortement que ce globe. Cette pierre n'a donc par elle-même aucune tendance vers la terre, vers le centre de ce globe ; car fi elle en avoit quelqu'une, on ne pourroit pas dire qu'elle tombe, parce qu'elle eft attirée, ni qu'elle pefe d'autant moins, qu'elle eft plus éloignée du centre de la terre,

CXVI.
Obfervation intéreffante.

ou qu'elle peferoit plus fur la furface du
Soleil ; cette pefanteur étant intrinfeque
& attachée à fa nature , cette pierre peferoit également à la diftance de mille lieues
du centre de la terre , & à la diftance de
deux toifes du même centre ; car les inégalités des diftances au centre de la terre , ne
changent point la nature de cette pierre. Il
faut donc reconnoître que cette pierre n'a
en elle - même aucune tendance vers le
centre de la terre, & que la force par laquelle on la voit s'approcher du centre des
graves , lui vient du dehors.

Si la pierre dont nous venons de parler,
n'a par elle-même aucune tendance vers le
centre de la terre, aucune portion de matiere terreftre n'aura pas non plus une telle
tendance ; car nous aurions pû prendre au
lieu de la pierre, telle autre portion de
matiere que nous aurions voulu, & nous
en aurions raifonné de même que de la
pierre : mais fi nulle portion de matiere
n'a cette tendance vers le centre de la
terre qui lui foit inhérente & comme effentielle, il faut que cette tendance que nous
lui reconnoiffons lui vienne du dehors : mais
d'où lui viendra-t'elle ? Sera-ce de ce centre
vers lequel elle tend ? Ce centre n'eft rien,

ou pour mieux dire, il n'eſt qu'un point phiſique de matiere, duquel on peut dire tout ce qu'on a dit des autres corps. Il faut donc que cette tendance vers le centre vienne de quelqu'autre cauſe que de l'attraction par le centre. Voici à quoi ſe réduit tout notre raiſonnement.

Tous les corps tendent vers le centre de la terre, ou parce qu'ils ſont attirés, ou parce que cette tendance leur eſt eſſentielle, ou eſſentiellement unie, ou enfin, parce qu'ils ſont pouſſés vers ce centre. 1°. S'ils tendent vers le centre de la terre, parce qu'ils ſont attirés, cette tendance leur vient du dehors, & ne leur eſt pas eſſentielle ; & comme ils ont tous cette tendance, il faut qu'ils ſoient tous attirés ; mais quelle ſera cette cauſe qui les attire ? Sera-ce le centre de la terre ? Mais ce centre n'eſt lui-même qu'un atôme de matiere, qu'un point indiviſible. Qu'on faſſe ſur ce premier point une ſérieuſe réflexion, & on trouvera qu'il eſt tout-à-fait ridicule, de vouloir ſoumettre toutes les parties de la terre à un atôme qui n'a rien au-deſſus d'elles qui puiſſe le faire diſtinguer, & lui donner la ſupériorité. On nous dira peut-être que ce ſont les parties de la matiere qui s'attirant

les unes les autres, fe donnent cette tendance ; mais parler ainfi eft-ce raifonner en
bon Phificien ? Eft-ce chercher la vérité de
bonne foi ? Quoi ! une partie de matiere
pourra donner à une autre partie de matiere,
une tendance qu'elle n'a point ? L'aimant
peut-il communiquer, peut-il donner à une
aiguille d'acier la proprieté de diriger fes deux
extrémités vers les poles, s'il n'a pas lui-
même cette proprieté. Qu'on confidere d'ailleurs que les corps s'empêchent plûtôt les uns
les autres de s'approcher du centre, qu'ils
ne fe donnent la tendance vers ce centre.
Les effets que nous voyons fe paffer autour
de nous, ne nous indiquent-ils pas que,
fi Dieu anéantiffoit toute la matiere qu'occupe un cilindre dont la bafe étant fuppo-
fée de deux pieds, la longueur feroit d'un
diametre de la terre : un corps, une pierre
qu'on abandonne à elle-même à l'ouverture
de cette efpece de puits, iroit fe rendre
au centre de la terre ; c'eft donc ce point qui
eft le feul attirant, puifque c'eft le feul vers
lequel tout gravite, vers lequel tout corps
pefant, tend. Il refte donc prouvé que les
corps ne tendent pas vers le centre de la
terre, parce qu'ils font attirés par le centre
de ce globe ; & s'ils ne le font pas par ce

centre, qu'elle autre caufe pourra les attirer ?

2°. Si les corps pefans s'approchent du centre de la terre, parce que la pefanteur leur eft effentielle, ou du moins parce qu'elle eft effentiellement unie à leur nature, on comprend d'abord que ce n'eft pas l'attraction qui leur donne la tendance vers le centre de la terre : mais il a été prouvé que la pefanteur n'étoit pas effentielle aux corps ni effentiellement unie à leur nature ; on a donc prouvé auffi que ce n'eft pas cette feconde caufe qui leur donne cette tendance vers le centre des graves. Il eft ainfi prouvé que ce n'eft que par une véritable impulfion qu'ils font portés vers le centre commun de pefanteur.

Comme il eft prouvé que la pefanteur n'eft point effentielle à la matiere, on comprend aifément que M. de Voltaire ne prouve point que la lumiere eft pefante, par cela feul qu'elle eft materielle, qu'elle eft un corps.

CXVII.
On prouve mal la pefanteur de la lumiere.

Le titre du Chapitre que nous examinons annonce que la caufe de la réfrangibilité, nous conduira jufqu'à l'indivifibilité de la matiere, & que nous trouverons par cette caufe, ( par l'attraction ) qu'il y a des corps

CXVIII.
L'éxiftence des atômes, n'eft pas une fuite de réfrangibilité.

indivifibles en Phifique. Nous avoüerons in-
génûment que nous fûmes fort furpris lorfque nous lûmes pour la premiere fois le
titre de ce Chapitre , nous ne pouvions
comprendre que parce qu'il y a des rayons
de lumiere qui font plus fortement réfractés que d'autres rayons , que parce que
dans les rayons de la lumiere , il y en a certains qui, pour parler en Neutoniens, font
plus fortement attirés que les autres , il dût
y avoir des atomes, des particules de matiere
indivifibles. Après avoir donné la gêne à
notre imagination , & n'ayant pû comprendre quelle connexion il pouvoit y avoir , entre les différens dégrés de réfrangibilité , ou
fi l'on veut entre la réfrangibilité & l'exiftence des atomes , nous eûmes recours aux
lumieres de notre Auteur pour apprendre
de lui ce que nous n'avions pû connoître
par nous même ; nous lûmes avec beaucoup d'attention , & nous reconnûmes que
l'exiftence des atomes étoit une queftion in-
cidente qui ne fuivoit en aucune maniere
de la réfrangibilité. Il eft vrai que M. de
Voltaire la conclut, cette exiftence , de la
grande petiteffe des parties de la lumiere,
mais outre que dans ce cas , il ne la conclut

pas de la réfrangibilité ; il est manifeste·
qu'une très-grande petitesse n'emporte pas
avec soi ni la dureté parfaite, ni l'indivisi-
bilité.

On nous fait honneur dans cette question
d'adopter notre sentiment sur la dureté radicale & primitive dont nous avons parlé
à la page 60. de notre Traité de la lumière,
où nous avons indiqué, qu'il étoit absolu-
ment nécessaire de reconnoître dans la Nature des parties dures & parfaitement dures,
sans quoi on ne pourroit point expliquer
la dureté des corps ; & on doit remarquer
que nous ne prétendons pas que ces parties
parfaitement dures, soient indivisibles en
elles-mêmes, mais qu'elles ne sçauroient être
divisées par aucune cause phisique, par aucun agent naturel. C'est ainsi que quoique
l'Univers entier soit très-divisible en lui-
même, il ne l'est pas phisiquement.

*CXIX.
Il y a dans la Nature des particules de matiere parfaitement dures.*

Les preuves que M. de Voltaire rapporte
de l'éxistence des atomes, des particules indivisibles, méritent notre attention. » Dans
»l'œuf d'une Mouche, dit-il, se trouvent des
»Mouches à l'infini ; mais si ces petites parties
»qui contiennent tant de Mouches, n'étoient
»pas parfaitement dures, elles se briseroient
»certainement l'une contre l'autre, par le

*CXX.
Preuve singuliére de l'éxistence des atomes.*

Q

»mouvement rapide où tout eſt dans la Na-
»ture......Cependant cet inconvenien
»n'arrive point : l'œuf d'une Mouche produi
»toujours les Mouches qu'il contenoit ; donc
»il eſt à croire que chaque ſemence des cho-
»ſes eſt compoſée d'atomes toujours indi-
»viſés.

CXXI.
Elle contient
une contradi-
ction, & eſt
fondée ſur
une autre
contradiction.

Nous n'obſerverons dans cette preuve que
deux choſes fort ſenſibles. La premiere, c'eſt
que puiſque l'œuf d'une Mouche contient,
du conſentement de notre Auteur, des
Mouches à l'infini, cet œuf ſe trouve diviſé à l'infini, ce qui implique contradiction ; car il eſt contradictoire qu'une extenſion, telle qu'elle ſoit, ſoit diviſée à l'infini.
Qui dit une diviſion infinie, dit une diviſion ſans bornes ; or ſi cette extenſion eſt
diviſée à l'infini, cette diviſion n'eſt point
ſans bornes, puiſqu'on en eſt venu au dernier terme de la diviſion ; à quoi nous pouvons ajoûter que ſi un œuf de Mouche
contient des Mouches à l'infini, il eſt faux
qu'il y ait des parties indiviſibles, qu'il y
ait des atomes, parce que la diviſibilité de
cet œuf, & ainſi le nombre des Mouches
qu'il contient, ſeroit terminé lorſqu'on ſeroit
parvenu à ces atomes. On voit ainſi que
cette preuve contient une contradiction

manifefte, & qu'elle eft fondée fur une autre contradiction qui n'eft pas moins frapante que la premiere.

La feconde chofe que nous remarquerons, c'eft que fi ces petites parties qui contiennent tant de Mouches étoient parfaitement dures, pas une feule Mouche ne pourroit éclore; car il faut pour cela que le germe vienne à fe déveloper, qu'il croiffe dans l'œuf, qu'il s'y nourriffe, qu'il en perce enfin la coque : cela fe pourroit-il, fi les petites parties qui contenoient la Mouche, étoient parfaitement dures, étoient indivifibles?

CXXII.
Si cette preuve eft bonne, les mouches ne pourront point fortir des œufs qui les contiennent.

Am crois ar fecit

J.B.Scot.h.

# CHAPITRE X.

*Preuves qu'il y a des atomes (\*) indivisibles,*
*& que les parties simples de la lumiere*
*sont de ces atomes. Suite des découvertes.*

**M**ONSIEUR de Voltaire qui n'a fait
qu'indiquer sur la fin du Chapitre
précédent, qu'il y a des atomes, des
particules de matiere indivisibles,
s'attache dès le commencement de ce Chapi-
tre-ci, à démontrer, & à prouver en rigueur
cette grande verité: mais avant que d'en venir

(\*) Atome est un mot dérivé du grec, il signifie
indivisible.

à ſes preuves , & à ſes démonſtrations, nous remarquerons qu'il paroît n'avoir d'autre deſſein que de prouver qu'il y a effectivement dans la Nature des particules de matiere qui ne ſçauroient être diviſées d'une maniere phiſique , verité que nous ne penſons pas que perſonne lui conteſte, du moins raiſonnablement ; il faut convenir pourtant qu'il ſemble perdre quelquefois ce point fixe de vûe ; mais il eſt certain que c'eſt ce point qu'il s'eſt propoſé de prouver , & de démontrer, il le fait d'une maniere auſſi nouvelle qu'elle eſt tout-à-fait ſinguliére.

Après avoir donné à entendre que tous les corps , même les plus maſſifs , & les plus denſes, ont conſidérablement plus de pores que de parties ſolides , en quoi il raiſonne fort bien , notre Auteur conſidére un corps d'un pied cubique , ou un cube , tel qu'il ſoit , dans lequel il ſuppoſe que le nombre des pores ſoit égal au nombre de ſes parties propres , » qui ait autant de matiere appa»rente que de pores(a):par cette ſupoſition , »dit-il , il n'a donc réellement que la moitié

CXXIII.
Preuve nouvelle & ſinguliere de l'exiſtence des atomes.

_____

(a) Il n'eſt pas aiſé de comprendre ce que c'eſt que cette matiere apparente , puiſqu'on compare ici les parties de matiere aux pores.

»de la matiere qu'il paroît avoir ; mais cha-
»que partie de ce corps étant dans le même
»cas , & perdant ainſi la moitié d'elle-même,
»ce cube ne ſera donc par cette deuxiéme
»opération , que le quart de lui-même; il n'y
»aura donc en lui que le quart de la matiere
»qui ſemble y être. Diviſez ainſi chaque par-
»tie de chaque partie , reſtera le huitiéme de
»matiere, Continuez toujours cette progreſ-
»ſion juſqu'à l'infini, & faites paſſer votre di-
»viſion par tous les ordres d'infini ; la fin de
»la progreſſion des pores ſera donc l'infini ,
»& la fin de la diminution de la matiere ſera
»*zero.* Donc ſi on pouvoit phiſiquement divi-
»ſer la matiere à l'infini, il ſe trouveroit qu'il
»n'y auroit ( dans ce cube ) que des pores &
»point de matiere,

Ne nous embaraſſons pas d'abord de la
ſolidité de cette preuve , ne faiſons pas
même attention aux conſéquences qu'on en
tire ; ſuppoſons au contraire qu'elle eſt bonne , que les conſéquences en ſont juſtes, &
naturelles , & raiſonnant ſur cette ſuppoſition examinons ſi nous n'en vi endrons pas
enfin à quelqu'abſurdité qui révolte ; les
Géométres en agiſſent très-ſouvent de même. Tout le monde Géométre connoît que
les démonſtrations par la voye de l'abſurde

font auffi fortes que les démonftrations directes.

L'expérience nous apprend qu'il y a dans la nature des corps qui font phifiquement divifibles. On fert à table une Perdrix ou un Liévre, ces pieces feroient préfentées inutilement fi elles n'étoient phifiquement divifibles ; c'eft même une bonne partie de leur mérite qu'elles foient fort divifibles. La pierre, le marbre, le porphire, &c. font phifiquement divifibles. On fcie, on taille, on façonne ces matieres comme l'on veut, & fi elles n'étoient pas divifibles, l'incomparable Château de Verfailles, les fuperbes Châteaux de Marli, de Compiegne, de Saint Cloud, &c. feroient moins ornés & moins admirables. Mais voici de quoi s'inftruire avec furprife. On peut démontrer, on peut prouver en rigueur que les matieres dont nous venons de parler font phifiquement indivifibles, & qu'il n'y a aucun corps dans la nature quelque rare, quelque peu maffif, quelque peu denfe qu'il foit, qui puiffe être phifiquement divifé. Tant ce qui eft vrai-femblable eft fouvent ce qui eft le plus éloigné de la vérité ! ce qui fembloit le plus connu, le plus inconteftable, devient un myftére im-

CXXIV. Si cette preuve eft bonne, il n'y aura dans la nature aucun corps divifible phifiquement, parce qu'aucun corps n'aura des pores.

Q iiij

pénétrable. En effet , il eft certain qu'un corps ne fçauroit être phifiquement divifé s'il n'a des pores ; or, il eft évident qu'aucun corps , tel qu'il foit n'a des pores. Il eft donc prouvé qu'il n'y a dans la nature aucun corps qui foit phifiquement divifible. On s'apperçoit que tout ce raifonnement fe trouvera prouvé, fi nous pouvons démontrer qu'il n'y a aucun corps qui ait des pores. Voici la démonftration de cette furprenante vérité.

CXXV.
Démonftration de cette étonnante vérité.

Soit un cube de matiere dans lequel il y ait autant de pores que de matiere propre : par cette fuppofition les pores n'occuperont réellement que la moitié de l'efpace que ce cube paroît occuper , & comme les pores qui fe trouvent dans chaque moitié de ce cube , font dans le même cas , ils n'occuperont par cette feconde opération que le quart de cet efpace cubique. Divifez ainfi chaque partie de chaque partie, reftera que les pores n'occuperont que la huitiéme partie de l'efpace cubique. Continuez toujours cette progreffion jufqu'à l'infini, & faites paffer votre divifion par tous les ordres d'infini ; la fin de la diminution des pores fera *zero* , & par conféquent la fin de la progreffion de la matiere fera l'in-

fini ; car on conçoit que l'efpace occupé
par les parties folides de ce cube augmente, ou ce qui eft le même, que le nombre
des parties folides augmente à proportion
que le nombre des pores diminue, tout de
même que nous avons vû que dans la démonftration de M. de Voltaire, le nombre
des pores a augmenté à proportion que
le nombre des parties a diminué. Donc,
puifqu'il s'eft trouvé dans notre démonftration, que le nombre des pores a été réduit
à rien, le cube fe trouvera parfaitement
maffif, parfaitement dur, phifiquement indivifible. Ce cube étant fans pores, eft réellement indivifible.

Voilà par quelle induftrie merveilleufe,
par quel artifice incompréhenfible nous
avons réüffi, M. de Voltaire & nous, a démontrer & à prouver en rigueur, lui, qu'il
n'y a point de parties folides, là où réellement il y a des parties folides, & nous
qu'il n'y a point de pores, là où il y a des
pores ; on voit ainfi que nous en fommes
arrivés à la contradictoire de l'axiome, qui
dit qu'une chofe ne peut pas, en même tems,
être & n'être pas ; il faut donc que ce foit
par quelque faux raifonnement, & par quelque fophifme caché, que nous en fommes

venus à cette abſurdité. Tâchons de découvrir où eſt le faux de nos raiſonnemens. Par-là nous répondrons directement à l'argument de M. de Voltaire, ou pour mieux dire, nous ferons voir que ſon raiſonnement ne prouve pas l'exiſtence des atomes.

CXXVI.
Sophiſme
de M. de Voltaire.

Lorſque nous diſons qu'un cube, qu'un pied cubique de matiere, par exemple, lequel contient 1728. pouces cubiques, a autant de matiere propre que des pores, nous voulons dire que l'eſpace réellement occupé par les parties de ce corps eſt de 864 pouces cubiques, moitié de 1728. diviſez & ſubdiviſez tant qu'il vous plaira ces 864 pouces cubiques, pouſſez la diviſion auſſi loin que vous pourrez le faire ou le concevoir, toutes ces parties diviſées ſe trouveront occuper un eſpace de 864. pouces cubiques. L'eſpace véritablement occupé par ces parties, ſoit qu'elles ſoient unies, ſoit qu'elles ſoient ſéparées, ſe trouvera toujours le même, ſe trouvera toujours de 864 pouces cubiques; car on conçoit très-diſtinctement que la diviſion n'anéantit pas la matiere, ce qu'il faudroit pourtant pour que l'eſpace réellement occupé par les parties propres de ce corps pût diminuer.

Il eſt donc démontré que le nombre des pores n'augmente pas par la diviſion , car il faudroit pour cela que l'eſpace occupé par les parties diminuât , devînt plus petit , & nous venons de démontrer que la choſe eſt impoſſible. Il eſt donc faux que la fin de la diminution de la matiere ſoit *zero* , & la fin de la progreſſion des pores , l'infini ; On doit dire que le commencement de la diminution de la matiere eſt *zero* , ainſi que le commencement de l'augmentation des pores ; que *zero* ſera conſtamment tous les termes de la prétendue progreſſion , & cela parce que par la diviſion quelque continuée qu'elle ſoit , la matiere ne diminue pas ; ſes parties deviennent, à la vérité , par la diviſion , de plus petites , en plus petites ; mais l'eſpace réellement occupé par ces parties, quelque diviſées qu'on les ſuppoſe, ſera exactement de 864. pouces cubiques ſans qu'il s'en manque d'un infiniment petit , d'un infinitiéme genre. Rendons ceci ſenſible par un exemple très-familier, & qui ſoit à la portée des gens les moins accoûtumés aux raiſonnemens de la Philoſophie. Comparons l'extenſion de ces 864 pouces cubiques de matiere qu'on a reconnus dans le cube en queſtion, à la valeur d'une piece de monnoye, à la valeur d'une piece de 24 sols. Tout le monde fçait que la valeur de cette piece reste la même, & n'est pas diminuée, soit que vous laissiez cette piece telle qu'elle est, soit que vous la divisiez en deux pieces de douze sols, en quatre de 6 sols, en 12 de 2 sols, en 16 de 18 deniers, en 48 de 2 liards, en 96 liards, en 288 deniers. Une personne qui doit 24 sols à une autre, fçait qu'elle la paye entierement en lui donnant une piece de 24 sols, ou deux pieces de 12 sols, ou 4 pieces de 6 sols, ou 12 pieces de 2 sols, ou 16 pieces de 18 deniers, ou 24 pièces d'un sol, ou 48 pieces de 2 liards, ou 96 liards, ou 288 deniers, &c. & la personne à laquelle ces 24 sols étoient dûs, se croit totalement payée de quelque maniere qu'elle l'ait été. Soit qu'elle ait reçu une piece de 24 sols, ou deux pieces de 12 sols, &c.

Comme la division de cette piece n'a point fait diminuer sa valeur, la division de la matiere ne fait pas diminuer le nombre des parties. On dit en Géométrie que le tout est égal à toutes ses parties prises ensemble, & que toutes les parties d'un tout prises ensemble, sont égales au tout. Ce tout étant supposé ici de 864 pouces cubiques, il est manifefte que toutes les parties de ce tout, quelle qu'on en fuppofe la divifion, donneront 864. pouces cubiques. Il eft donc géométriquement démontré que les parties de la matiere ne font pas anéanties par la divifion, que la matiere d'un corps ne diminue pas parce qu'on la divife ; or, fi la quantité de matiere n'eft pas diminuée par la divifion, le nombre des pores n'eft pas non plus augmenté par cette divifion. Il eft donc démontré, qu'il eft abfolument faux, que dans la prétendue divifion de M. de Voltaire, la fin de la progreffion des pores foit l'infini, & que la fin de la diminution de la matiere foit *zero*. Ce qui ruine toute fa démonftration.

Ne nous contentons pas d'avoir démontré que la preuve de l'exiftence des atomes n'eft pas folide ; indiquons encore en quoi eft-ce que notre Auteur s'eft trompé, & parlà nous dévoilerons le fophifme qui lui a fait illufion.

Suppofons, dit M. de Voltaire, un cube qui ait autant de matiere propre que des pores : par cette fuppofition, il n'aura réellement que la moitié de la matiere qu'il paroît avoir ; tout cela eft vrai, nous l'accordons de bon cœur ; mais, continue notre

Auteur , chaque partie de ce corps étant dans le même cas , & perdant ainſi la moitié d'elle - même , ce cube ne ſera donc , par cette deuxiéme opération , que le quart de lui-même. Voilà qui eſt faux , & très-faux, ainſi que tout ce qui ſuit. Le cube dont il s'agit n'occupant que la moitié de l'eſpace qu'il paroît occuper , il eſt certain que chacune de ces moitiés , que chacune de ces quatriémes , de ces huitiémes parties , &c. à l'infini, n'occupera réellement que la moitié de l'eſpace qu'elle paroît occuper , parce que chacune de ces parties eſt dans le même cas que le cube entier, mais il ne s'enſuit pas , & c'eſt en ceci qu'on ſe trompe , que la matiere diminue , parce que comme dans chaque partie , quelle que ſoit la diviſion , il ſe trouvera la moitié de la matiere qu'elle paroît avoir ; toutes ces moitiés raſſemblées donneront conſtamment la moitié du cube entier. Déterminons la queſtion, l'imagination en ſera ſoulagée , & fixée en même tems.

Que le cube dont il s'agit , ſoit d'un pied de longueur , nous voulons dire que chacune de ſes dimenſions ſoit d'un pied. Ce corps contiendra en ce cas 1728 pouces cubiques ; or comme il n'a par la suppofition que la moitié de la matiere qu'il paroît avoir, sa propre matiere, la matiere qu'il a véritablement contient 864 pouces cubiques. Suppofons préfentement que ce pied cubique foit divifé en deux parties égales dont chacune aura en apparence 864 pouces cubiques de matiere. Il eſt encore évident, par la fuppofition, que chacune de ces moitiés, n'aura véritablement que la moitié de la matiere qu'elle paroît avoir, c'eſt-à-dire, que chacune de ces moitiés n'aura véritablement que 432 pouces cubiques de matiere réelle & effective ; or il eſt manifeſte que chaque moitié ayant 432 pouces cubiques de matiere réelle & effective, les deux moitiés en auront 864. Ce cube fe trouvera ainfi être encore la moitié de lui-même.

Suppofons que ce pied cubique foit partagé en quatre parties égales. Chacune de ces parties égales qui paroit avoir 432 pouces cubiques de matiere étant dans le même cas que le cube entier, n'aura que la moitié de la matiere qu'elle paroît avoir, c'eſt-à-dire 216 pouces cubiques. Or, chaque quatriéme partie fe trouvant avoir 216

pouces cubiques, les quatre prifes enfemble
en auront huit cens foixante-quatre comme
avant la premiere divifion. On connoît
ainfi que le cube a toujours la moitié de la
matiere qu'il paroît avoir, & que par la divifion fa quantité de matiere propre n'eft
point diminuée.

Suppofons, enfin, que ce cube foit divifé en feize parties égales, chacune de ces
parties paroîtra avoir 108 pouces cubiques,
& comme chacune de ces parties n'a réellement que la moitié de la matiere qu'elle
paroît avoir, paroiffant avoir 108 pouces,
elle n'aura que 54 pouces cubiques, & les
feize enfemble en auront 864. On trouvera ainfi conftamment le même nombre 864.
ou la moitié du pied cubique. N'avons nous
pas un principe géométrique qui nous dit
que le tout eft égal à toutes fes parties prifes enfemble ; ce même principe ne dit-il
pas auffi, que la moitié d'un tout eft égal à
la fomme des moitiés de chacune de fes
parties ; que le quart, le huitiéme, le milliéme de ce tout, eft égal à la fomme de
tous les quarts, de tous les huitiémes, de
tous les milliémes de chacune de fes parties ?
Comment cette vérité fi fimple & fi manifefte

feste a-t'elle échapé aux lumieres de notre Auteur ? Prenez la moitié de deux moitiés vous aurez une moitié. Prenez la moitié de 16 seiziémes , vous aurez une moitié ; prenez encore la moitié de $\frac{100}{100}$ , vous aurez une moitié ; prenez enfin la moitié de $\frac{1000}{1000}$ ou de $\frac{100000}{100000}$ , vous aurez encore une moitié du tout , & cela , parce qu'en prenant la moitié d'un tout , vous prenez la moitié de ce tout. Trouva-t'on jamais un principe si simple & si inconteftable ?

M. de Voltaire nous dira peut-être , & que ne peut-on pas dire quand on veut défendre une mauvaise cause , que quand il procede par la division , il n'entend pas diviser le cube entier ou les 1728 pouces cubiques , mais feulement les 864 pouces qui ont resté après la premiere opération. Mais si c'est ainsi qu'il l'entend , nous le prions d'observer qu'il est faux que les parties de ces 864 pouces se trouvent dans le même cas que le cube entier. Le cube entier avoit des pores , & ces 864 pouces n'en ont pas ; car cette matiere , ou ce pied cubique , n'a été réduit de 1728 pouces à 864 pouces que par l'exclusion des pores : il a supposé que dans une extension , ou pour ne pas an-

R

ticiper sur les questions que nous avons à
traiter, qu'un pied cubique a autant de matiere propre que des pores. Il a donc supposé que sur 1728. pouces cubiques que ce
pied contient, il y en a 864 parfaitement
remplis de matiere, sans que les parties de
cette matiere fussent interrompues par aucun pore, si elles venoient à se joindre immédiatement ; c'est-à-dire que dans ces
1728. pouces cubiques, il y en a 864 parfaitement remplis de matiere , & 864 qui
ne sont remplis en aucune maniere des parties de ce corps, sans quoi la supposition
n'auroit aucun lieu. Il est donc certain que
les 864 pouces cubiques de matiere ne sont
pas dans le même cas que le cube entier ,
que les 1728. pouces cubiques : il est
démontré, par conséquent, que tous les raisonnemens que notre Auteur a employés
pour prouver l'existence des atomes , ne
sont pas solides. Continuons nos réflexions
sur cette question de la divisibilité de l'exten-
tion , & tâchons de terminer au plûtôt une
matiere qui ne fait qu'interrompre la suite
de notre examen ; elle s'est trouvée en chemin nous ne sçavons ni pourquoi ni comment, qu'on nous pardonne donc si nous

nous arrêtons encore quelque tems à l'examiner.

Nous avons déja remarqué qu'on ne peut pas trop bien comprendre quel eſt le but de M. de Voltaire, lorſqu'il s'attache ſi ſérieuſement à prouver qu'il y a des atomes, des parties de matiere indiviſibles, c'eſt-à-dire ſelon lui, qui ſont indiviſées. Mais qui eſt-ce qui ne convient pas qu'il y a dans la nature des corps indiviſés. Un pâté entier qu'on ſert eſt en vérité une preuve inconteſtable qu'il y a des corps indiviſés, & s'il n'y avoit pas des corps indiviſés, il eſt certain qu'il n'y auroit pas des corps diviſibles, on ne ſçauroit entamer ce pâté dont nous venons de parler, s'il avoit été déja entamé, aucune partie de matiere ne ſeroit, en un mot, diviſible, ſi elle avoit été diviſée, & en ceci on pourroit admettre la privation des Péripatéticiens. Ces Philoſophes vouloient qu'une choſe ne fût pas faite, fût non faite pour qu'elle fût faiſable, pour qu'on pût la faire, & ils avoient raiſon en cela, comme auſſi nous raiſonnons juſte lorſque nous diſons qu'une partie de matiere doit être non diviſée, doit être indiviſée afin qu'elle ſoit diviſible. Non-ſeulement cela, mais ce pâté nous indique encore que ce qui eſt indiviſé n'eſt pas indiviſible. On le ſert entier ſelon la ſuppoſition, il eſt donc indiviſible ? S'il l'eſt, on ne ſçaura jamais s'il eſt bon ou mauvais. On voit ainſi que ce n'eſt rien prouver pour l'indiviſible, que de dire qu'il y a des indiviſés. Ces deux termes indiviſible, indiviſé n'étant pas ſinonimes, & exprimant des choſes tout-à-fait oppoſées, on ne peut prendre l'un pour l'autre.

Il eſt aiſé de comprendre que ce n'eſt que la dureté primitive & radicale des premieres parties de la matiere, dureté dont nous avons parlé au commencement de ce Chapitre, que M. de Voltaire s'efforce de prouver; mais ſi c'eſt là le deſſein qu'il s'eſt propoſé, il pourroit s'en tenir à cette ſeule preuve que nous avons indiquée dans notre Traité de la lumiere, & que nous avons priſe de l'impoſſibilité qu'il y auroit qu'aucun corps fût dur, ſi les premieres parties dont il eſt compoſé n'étoient parfaitement dures, quoique très-diviſibles en elles-mêmes. Quand nous diſons premieres parties, on ne doit pas entendre des indiviſibles, mais des parties intégrantes, ou qui ne ſçauroient être diviſées que la nature du corps dont elles font partie ne fût totalement

changée , quoiqu'elles foient , d'ailleurs ,
divifibles à l'infini, & pour établir un point
fixe , nous remarquerons que M. de Voltaire n'a pas voulu , fans doute , prouver que
la matiere n'eft point en elle-même divifible à l'infini , ou que s'il l'a prétendu , il
n'y a réuffi en aucune maniere , puifqu'il eft
géométriquement , phifiquement , &c. démontré que la matiere eft divifible à l'infini.
M. le Chevalier Digbi en rapporte une preuve auffi folide que finguliére dans fon dif-
cours fur la poudre de fimpathie. Il conclut d'une maniere démonftrative l'impoffibilité des atomes , de l'exiftence de ces atomes.

On doit obferver que lorfque nous difons
que la matiere eft divifible à l'infini , nous
ne prétendons pas que la matiere a des
parties à l'infini ; fi nous l'avancions ,
nous tomberions dans la contradiction dans
laquelle nous avons vû que M. de Voltaire
eft tombé. Car on comprend que fi la matiere avoit des parties à l'infini , elle feroit
divifée à l'infini , or, fi elle étoit divifée à
l'infini , elle ne feroit plus divifible à l'infini , & dire que la matiere eft divifée à l'infini , c'eft dire qu'on a épuifé ce qui eft iné-
puifable. Notre fentiment eft donc qu'on

peut démontrer en rigueur, que toute partie de matiere quelque petite qu'on la conçoive peut toujours être divisée en d'autres parties.

CXXVII.
On ne prouve pas que les parties de la lumiere font des atomes.

Nous avons vû dans le Chapitre précédent, qu'on nous avoit fait espérer que l'existence des atomes suivroit nécessairement de la réfrangibilité des rayons, & combien on a prouvé cette proposition. On nous a promis de même dans le titre du Chapitre que nous examinons, qu'on nous prouveroit que les parties de la lumiere font des atomes, font des parties de matiere indivisibles. Nous confessons que l'étenduë de notre esprit est fort bornée, mais nous osons avancer malgré cet aveu que sur mille personnes capables de lire l'Ouvrage que nous examinons, il ne s'en trouvera pas une qui apperçoive les raisons qui prouvent que chaque partie constituante d'un rayon simple est un atome. Peut-être que Messieurs les Neutoniens conviendront une fois qu'ils font des suppositions, & même des suppositions bien gratuites. Ne tombent-ils pas, en effet, en ceci dans une contradiction manifeste ? Ils veulent d'un côté que chaque partie constituante d'un rayon simple coloré d'un rayon rouge, par exemple, soit un

atome , & ils foutiennent d'un autre côté
que chaque partie de lumiere rouge pefe
fept fois une molécule de lumiere violette,(a)
c'eft-à-dire, que cette partie de lumiere rouge a autant de parties de matiere, que fept
parties de lumiere violette prifes enfemble.
Raifonner ainfi ; eft-ce être conftant ? Eft-ce
être ferme dans fes principes ? Mais peut-être
que nous nous joüons fur des termes. Par
atome, M. de Voltaire entend des parties parfaitement dures, mais fi c'eft-là fon fentiment,
on voit qu'il auroit pû fe difpenfer d'employer le mot *atome*, qui fignifie indivifible.

Nous ne nous arrêterons point à confidérer tous les inconvéniens qui accompagnent
la dureté parfaite des molécules de la lumiere. Nous ferions un Ouvrage immenfe
fi nous voulions nous appliquer à examiner
cet Ouvrage en rigueur. Nous nous en tien-
drons ainfi fcrupuleufement au plan que nous
nous fommes fait de n'obferver que les queftions qui concernent la nouvelle Philofophie.

Nous avons dit dans notre Traité des
couleurs, que comme les rayons de la lumiere avoient différens dégrés de réfrangibilité ,
ils avoient auffi différens dégrés de réflexi-

____

(a) Ce compte eft bien éloigné du véritable. Voyez
la Préface.

bilité,& que les plus réfrangibles étoient auſſi les plus réflexibles,ce que nous avons prouvé par une expérience dont nous donnerons bien-tôt le réſultat , & nous en conclûmes que la réfraction & la réflexion de la lumiere dépendoient d'un même principe , que nous dîmes être le différent reſſort de ſes parties. On ne doit pas être ſurpris ſi M. de Voltaire a tiré de cette expérience la même conféquence que nous. Nous avons travaillé d'après M. Neuton. Il eſt très-naturel que nous ayons eu ſouvent les mêmes idées. On doit remarquer pourtant que quoique M. de Voltaire penſe comme nous lorſqu'il dit que la réfraction & la réflexion de la lumiere dépendent du même principe , il eſt bien éloigné de penſer comme nous lorſqu'il s'agit d'aſſigner ce principe. Celui duquel nous avons fait dépendre ces propriétés de la lumiere eſt mécanique , c'eſt, avons nous dit , le différent reſſort qui opere les différentes réfractions en donnant des vîteſſes différentes aux différens rayons en conféquence des principes les plus inconteſtables de la Dinamique , ce que nous avons ſolidement prouvé dans notre Préface. Pour ce qui eſt de M. de Voltaire , il les fait dépendre , ces propriétés , de l'attraction ; mais nous avons fait voir que l'attraction ne fçauroit opérer la réfraction, & moins encore la réflexion, à quoi nous ajoûterons que quoiqu'il ait dit en partie comment cette prétendue attraction opére, felon lui, la réfraction, il n'explique pourtant pas de quelle maniere elle opére la réflexion.

Nous penfons qu'il ne fera point inutile, ni hors de propos, d'inviter le Lecteur à faire la réflexion fuivante.

La réflexion & la réflexibilité de la lumiere, la réfraction & la réfrangibilité des rayons de la lumiere, & tous les Phénomenes qui appartiennent à cette matiere, comme les couleurs, &c. s'expliquent dans le fiftême Cartéfien (a) d'une maniere mécanique, & conformément aux loix du mouvement les plus folidement démontrées, après néanmoins qu'on a reconnu avec M. Neuton que les rayons font colorés ; mais dans le fiftême Neutonien on ne fçauroit expliquer ces proprietés que d'une maniere vague, inintelligible, contraire aux loix de la mécanique, & oppofée aux idées les

CXXVIII.
Réflexion
importante.

_____

(a) Par fiftême Cartéfien, nous entendons ici la production du mouvement par impulfion, comme nous appellons le mouvement par attraction, fiftême Neutonien.

plus claires & aux notions les plus dif-
tinctes que nous ayons fur les loix du mouvement. La réflexion opérée par le vuide,
la tranfparence introduite dans un corps
en étréciffant, en bouchant fes pores, l'o-
pacité produite par la grandeur des pores,
&c. le prouvent affez ; c'eft au Lecteur fage
à fe déterminer, & à juger fi un principe
incompréhenfible doit l'emporter fur un
principe mécanique très-facile à comprendre, & dont l'éxiftence eft prouvée une
infinité de fois d'une maniere non équivoque. Venons préfentement à l'expérience
dont nous avons parlé il n'y a qu'un moment, & faifons voir qu'elle eft une fuite
néceffaire de la mécanique : par-là, nous
ne laifferons rien à faire à l'attraction.

CXXIX.
Expérience
importante.
PLANC. III.
FIGURE III.

Soit le Prifme de verre *a b c*, dans lequel
eft réfracté le rayon de lumiere *l l*, qu'on
a introduit dans une chambre obfcure par
un trou qu'on a pratiqué au volet de la
fenêtre ; ce trait va après la réfraction pein-
dre les fept couleurs primitives fur le papier
*p q*, tournez ce Prifme fur fon axe dans le
fens *a b c*, vous aurez bientôt cet angle,
felon lequel toute lumiere fe réflechira :
fi-tôt que vous commencez d'approcher de
cet angle, voilà tout d'un coup le rayon

violet qui fe détache de ce papier, & qui
fe porte au plat-fond de la chambre en V ;
inclinez un peu plus le Prifme, l'indigo
difparoîtra du papier, & ira fe faire voir
fur le plat-fond à côté du violet en P. Continuez à faire tourner le Prifme, & vous
verrez que toutes les couleurs difparoîtront
fucceffivement de l'image colorée, peinte
fur le papier *p q* ; & qu'elles iront former
une autre image fur le plat-fond, & vous devez remarquer que les rayons les plus réfrangibles font ceux qui font le plûtôt réflechis.
Les violets font ceux qui font réflechis les
premiers, auffi font-ils les plus réfrangibles ;
enfuite ce font les indigo qui font réflechis,
les indigo font auffi ceux qui, après les
violets, font les plus réfrangibles de tous.
Enfin, les rayons rouges, comme ceux qui
font les moins réfrangibles, font ceux qui
font réflechis les derniers. Telle eft l'expérience. Voyons comment eft-ce que les Attractionnaires en rendent raifon, & nous
donnerons enfuite notre explication, nous
flatant avec efpérance de fuccès, que notre
explication mécanique fera préferée à celle
des Neutoniens.

»Il réfulte de cette expérience, dit M. de
»Voltaire, que la même caufe opére la ré-

»flexion & la réfrangibilité ; or la partie fo-
»lide du verre ne fait ni cette réfrangibilité,
»ni cette réflexion ; donc encore une fois,
»ces proprietés ont leur naiſſance dans une
»autre cauſe que dans l'impulſion connue
»ſur la terre. Il n'y a rien à dire contre ces
»expériences, il faut s'y ſoûmettre quelque
»rebelle que l'on ſoit à l'évidence.

On s'apperçoit que notre Auteur ſe contente en ceci, comme dans tout le reſte,
de faire des exclamations contre l'impulſion. Au lieu de nous expliquer l'expérience,
c'eſt aſſez pour lui de dire, que ce n'eſt
pas dans l'impulſion qu'il faut en chercher
la cauſe, mais où en ſont les preuves?
Quelle en eſt donc la cauſe? c'eſt ſurquoi
on garde un profond ſilence. Ne l'imitons
pas en cela ; expliquons ce Phénomene
d'une maniere claire, intelligible, ſolide,
& mécanique, & démontrons qu'il n'arrive
à ces différens rayons, que ce qui arriveroit
à différens corps ſenſibles qui voudroient
paſſer ſous des obliquités inégales d'un milieu aiſé dans un milieu plus difficile, & pour
cela rappellons-nous certains principes que
nous avons démontrés.

CXXX.
Explication
mécanique
du Phéno-
mene.

L'air eſt pour la lumiere un milieu plus
difficile que l'eau. (*N.* LXXVIII.)

La réſiſtance qu'un milieu apporte au mouvement d'un corps qui veut le pénétrer, augmente à proportion que l'obliquité de l'incidence eſt plus grande. (*N.* lxviii.)

Lorſqu'un corps veut paſſer d'un milieu aiſé dans un milieu plus difficile, ſous un angle qui paſſe certaines bornes, ou avec une obliquité qui eſt trop grande, il eſt ré-flechi, & ne pénétre en aucune maniere dans le ſecond milieu. (*N.* lxviii.)

Ces principes inconteſtables & démon-trés plus d'une fois & en plus d'une ma-niere, étant admis, concevez que les différens rayons ſe préſentent ſous des obliquités inégales, pour paſſer du verre *a b c* dans l'air qui environne ce verre de tous côtés. Pour démontrer ce fait, il n'y a qu'à conſidérer que ces rayons étant iné-galement réfrangibles, doivent s'écarter iné-galement de la perpendiculaire *z*. La ſeule inſpection de la figure le prouve aſſez : on y voit diſtinctement que les rayons violets ont paſſé du verre dans l'air avec une obli-quité plus grande que les rayons indigo ; ceux-ci avec une obliquité plus grande que les rayons bleus ; les rayons bleus avec une obliquité plus grande que les rayons verds, & ainſi de ſuite ; & on apperçoit que les

Planc. III. Figure III.

rayons violets fe font préfentés pour paffer du verre dans l'air avec une obliquité qui eft la plus grande de toutes, & les rouges avec une obliquité qui eft la plus petite de toutes.

Concevez encore que vous augmentez ces obliquités à proportion que vous tournez le Prifme fur fon axe dans le fens *a b c*; or n'eft-il pas vifible préfentement que, puifque vous augmentez les obliquités, vous augmentez la réfiftance de l'air refpectivement au mouvement des rayons, & que vous l'augmenterez fi fort fi vous continuez à tourner le Prifme fur fon axe, que les rayons ne pourront plus pénétrer dans l'air, mais qu'ils feront réflechis ; n'eft-il pas vifible encore, que comme l'obliquité des rayons violets eft la plus grande de toutes, ce feront auffi les rayons violets qui feront les premiers réflechis, parce que ce feront eux qui parviendront les premiers à cette obliquité pour laquelle l'air n'eft plus pénétrable pour la lumiere, & les rayons rouges ayant l'obliquité la moindre de toutes, n'eft-il pas évident qu'ils doivent être réflechis les derniers, parce que l'air ne deviendra impénétrable pour eux, qu'après l'avoir été pour tous les autres, lefquels auront été réflechis, les uns plûtôt, les autres plûtard, d'une maniere proportionnée à leurs obliquités, les indigo avant les bleus, & immédiatement après les violets, les bleus avant les verds, les verds avant les jaunes, les jaunes avant les orangés, & les orangés avant les rouges qui feront enfin eux-mêmes réflechis ? Trouvera-t'on quelque chofe à dire contre cette explication ? En avons-nous impofé lorfque nous avons promis qu'elle feroit claire, intelligible, folide & mécanique ? Quelqu'attaché qu'on foit à l'attraction, n'eft-on pas forcé de reconnoître que tous les effets qu'on veut faire dépendre de cette prétenduë proprieté de la matiere, s'expliquent d'une maniere naturelle & mécanique dans le fiftéme Cartéfien.

Nous avons déja examiné (*N.* LXXXII.) la réponfe que M. de Voltaire donne à l'objection qu'on prend de la réfraction occafionnée par les corps fulphureux, laquelle eft plus forte en proportion qu'on ne devroit l'attendre de leurs denfités. Nous parlerons dans le Chapitre XIII. des jets alternatifs de la lumiere allant & venant fur les corps ; Phénomenes que les Attractionnaires conviennent être inexplicables dans leur fiftéme, & que nous ferons voir être une fuite naturelle de la conftitution que nous avons donnée aux parties de la lumiere. Nous porterons par-là le dernier coup à l'attraction, du moins quant à cette matiere, qui eft la feule que nous nous fommes propofés d'examiner pour le préfent ; & puifque nous aurons conftammment fubftitué la mécanique à l'attraction, nous fommes plus que certains que le fiftême Cartéfien l'emportera fur l'attraction.

CHAPITRE XI.

# CHAPITRE XI.

De l'Arc-en-Ciel. Que ce méteore est une
suite nécessaire des loix de la réfrangibilité.

I L ne nous reste que très-peu de
chose à dire sur ce Chapitre, & sur
les trois suivans, qui sont les seuls
que nous nous sommes proposés
d'examiner dans cet Ouvrage. Ce Chapitre-
ci ne contient qu'une explication de l'Arc-
en-Ciel, qui est à peu près la même, quoique moins détaillée que celle que nous
avons donnée dans notre Traité de la lumiere, dans lequel on trouvera non-seu-

S

lement tout ce que M. de Voltaire dit touchant ce météore, mais encore beaucoup d'autres chofes qui y ont rapport, & dont il n'a point parlé.

Les explications que les anciens nous ont données de l'Arc-en-Ciel, font toutes ridicules & infuffifantes. Marc - Antoine *de Dominis*, fut le premier qui approcha de de l'explication de ce météore, & qui indiqua la route qui y conduifoit, en fe fervant de la boule de verre dont nous avons parlé dans notre Traité de la lumiere, dans lequel nous avons donné cet Archevêque de Spalatro comme un Apoftat fameux. Tout le monde fçait que c'eft de lui-même qu'il a quitté le Siege de Spalatro, & qu'il n'en a pas été chaffé par l'Inquifition, comme le veut M. de Voltaire.

M. Defcartes a encheri fur les découvertes d'Antoine de Dominis, il mefura les angles fous lefquels les différens rayons viennent des goutes de pluye à nous ; & enfin, M. Neuton a mis la derniere main à cette explication, qu'on doit regarder comme ébauchée par Antoine de Dominis, avancée par M. Defcartes & perfectionnée par M. Neuton.

Rien n'eft plus ordinaire à Meffieurs les

Neutoniens, que de nous parler de rayons rouges, de rayons bleus, de rayons verds, &c. mais ils ne confiderent pas que dans leur fiftême, il ne peut y avoir ni rayons rouges, ni rayons bleus, ni rayons verds, &c. car qu'entend-on, & que doit-on entendre par rayon rouge, fi ce n'eft une fuite de molécules de lumiere rouge? Qu'entend-on, & que doit-on entendre par un rayon bleu, qu'une fuite de molécules de lumiere bleue? or fi on prouve que dans le fiftême de l'é-miffion des corpufcules lumineux, ou que dans la fuppofition de ceux qui veulent que la lumiere nous vienne du Soleil de la même maniere que l'eau de la Seine nous vient de la Bourgogne, il ne peut point fe trou-ver des fuites de molécules de lumiere rouge, des fuites de molécules de lumiere bleue, &c. ne fera-t'il pas prouvé que dans le fif-tême Neutonien, il ne peut y avoir ni rayons rouges, ni rayons bleus, &c. Or voici com-ment nous prouvons que ces fuites ne peu-vent point fe trouver dans le fiftême Neu-tonien, ou pour rendre à chacun ce qui lui appartient, voici comment M. Bernoulli prouve cette vérité. (a)

CXXXI. Les Neu-toniens ne peuvent-pas dire qu'il y a des rayons rouges, bleus &c.

(a) Recherches Phifiques & Géometriques fur la Propagation de la lumiere, page. 55. & 56.

Après avoir dit que dans le fiftême Neutonien un rayon fimple eft un compofé d'une
grande file de particules de lumiere parfaitement égales en grandeur & en vîteffe;
& qu'un autre rayon eft pareillement compofé de particules égales, mais d'un autre
genre de grandeur & de force, & ainfi de
tous les autres, M. Bernoulli demande qu'-
eft-ce qui peut faire ce choix, ou qu'eft-ce
qui fournit à chaque rayon des particules
uniformes, qui lui conviennent pour telle
ou telle couleur. Ne femble-t'il pas, continue cet Auteur, que toutes ces particules
fe trouvant dans le vafte océan de la matiere folaire, mêlées confufément & au
hazard, devroient fortir fans diftinction de
groffeur & de force par tous les points de
la furface du Soleil, & qu'ainfi chacun des
rayons feroit compofé de particules de
toutes fortes de grandeur; Quelle des couleurs porteroit-il donc avec lui? Voudroit-
on peut-être, continue M. Bernoulli, confidérer la furface du Soleil, comme une
lame percée à jour d'une infinité de petits
trous de différens diametres en forme de
tamis ou de crible? cela ne fatisferoit pas
mieux; puifqu'on verroit bien pourquoi les
plus petits trous ne laifferoient paffer que

les plus petites molécules , mais il n'y auroit aucune raifon pourquoi ceux des trous qui font les plus larges, ne laifferoient pas échapper les moindres molécules pêle-mêle avec les plus groffes. Ce qui interromproit déja l'uniformité d'un rayon fimple , requife pour produire une cèrtaine couleur primitive , excepté peut-être le feul rayon formé par les plus petites particules , lequel , fuivant le fentiment de M. Neuton, doit porter le violet.

Nous n'ajouterons rien au raifonnement de M. Bernoulli, il eft plus que fuffifant pour faire entendre à Meffieurs les nouveaux Neutoniens , qu'ils doivent réformer leur langage s'ils ne veulent point réformer leur fiftême , puifqu'il n'y a pour eux ni rayons rouges, ni rayons bleus, ni rayons verds, &c.

Les nouveaux Neutoniens penfent que les rayons qui fouffrent les plus fortes réfractions , lorfqu'ils paffent du verre ou de l'eau dans l'air, font auffi ceux qui font le plus fortement réfractés lorfqu'ils paffent de l'air dans l'eau : en forte que les rayons violets qui font portés par la réfraction, le plus loin de tous, de la perpendiculaire , lorfqu'ils paffent du verre dans l'air, font auffi ceux que la réfraction porte le plus près de la perpendiculaire , lorfqu'ils ont à paffer de l'air

CXXXIII.
Erreur &
contradiction.

S iij

dans l'eau ou dans le verre. Voici comment
s'explique M. de Voltaire.

« Ce même pouvoir, dit-il, qui approchoit
» les rayons orangés, verds, bleus, violets,
» de la perpendiculaire, plus que les rayons
» rouges dans l'intérieur de la boule, les en
» écarte davantage à leur retour dans l'air.

Notre deffein n'eft pas d'examiner ici, s'il
eft vrai que les rayons orangés doivent plus
s'approcher de la perpendiculaire que les
rouges, lorfqu'ils paffent de l'air dans l'eau
ou le verre, fous un angle égal, les jaunes
plus que les orangés, ceux-ci plus que les
verds, &c. Nous nous contenterons d'obferver que cela ne doit pas arriver dans le
fiftême Neutonien, & que notre Auteur
abandonne ici fes principes & fe contredit
manifeftement.

C'eft l'attraction, dit M. de Voltaire, qui
eft la caufe de la réfraction de la lumiere,
qui opére les réfractions de la lumiere en
tant qu'elle donne aux rayons un nouveau
mouvement vertical, lequel doit les approcher de la perpendiculaire, lorfque ces
rayons ont à paffer de l'air dans l'eau ou
dans le verre ; & c'eft des différentes ou
inégales attractions qu'il fait dépendre les
différentes ou inégales réfractions. Voici

comment nous raifonnons préfentement.

Puifque c'eft l'attraction qui donne aux rayons de la lumiere ce mouvement vertical qui les fait approcher de la perpendiculaire lorfqu'ils font réfractés en paffant de l'air dans l'eau, il eft manifefte que plus cette attraction fera forte, plus elle agira fortement fur les rayons, plus ces rayons feront fortement réfractés, plus la réfraction les approchera alors de la perpendiculaire ; or comme, fuivant les principes de M. de Voltaire, l'attraction agit plus fortement fur les rayons rouges que fur les rayons orangés, il eft manifefte que, même felon lui, les rayons rouges doivent être portés par la réfraction plus près de la perpendiculaire que les rayons orangés, les orangés plus près que les verds, &c. ce qui eft précifément le contraire de ce que M. de Voltaire dit dans le Chapitre que nous examinons.

Nous croyons avoir conduit affez loin nos Lecteurs, pour qu'ils puiffent appercevoir par eux-mêmes quelle liaifon il y a entre les propofitions que nous venons d'avancer, & les principes des nouveaux Neutoniens. Nous terminerons ce Chapitre en remarquant que le graveur a mal éxécuté l'idée de M. de Voltaire dans la figure qui repré-

fente les deux Iris, & qu'on trouve à la
page 157. On y voit les couleurs marquées
dans un ordre renverfé, tant dans le petit, que dans le grand arc. On ne pourroit
que par une injuftice des plus criantes, &
une calomnie des plus atroces & des plus
groffieres, faire retomber cette faute fur M.
de Voltaire, l'en rendre refponfable. Cet
Auteur n'a point gravé la figure, mais il a
écrit ce que la figure devoit rendre fenfible,
& dans ce qu'il a écrit, on y trouve le contraire de ce que la figure indique, c'eft-à-
dire, que les couleurs font dans leur véritable ordre & dans leur véritable place.
Les Editeurs auroient dû joindre à l'*Errata*
que dans cette figure, il faut placer le rouge
à l'endroit du violet, & le violet au lieu où
on a indiqué que devoit être le rouge, &
tout fe feroit trouvé par ce moyen dans
l'ordre, tant dans le grand, que dans le petit
Arc-en-Ciel.

An Croisat jecit                                    GB Scotin.

# CHAPITRE XII.

*Nouvelles découvertes sur la cause des cou-*
*leurs, qui confirment la doctrine précedente.*
*Démonstration que les couleurs sont occa-*
*sionnées par l'épaisseur des parties qui*
*composent les corps.*

**D**ÈS le commencement de ce Chapitre, M. de Voltaire donne la
même raison que nous, des couleurs des corps naturels ; mais,
comme après avoir adopté les expériences
d'Optique de M. Neuton, nous avons rai-

fonné en Carthéfien, il n'eft pas furprenant que nous penfions différemment M. de Voltaire & nous fur plufieurs points qui concernent cette queftion, quoique nous foyons d'accord fur plufieurs autres. Il eft Neutonien rigorifte.

M. de Voltaire croit, ainfi que nous, que les corps ne paroiffent être de la couleur que nous les voyons que parce qu'ils font propres à réfléchir les rayons de cette couleur, tandis qu'ils abforbent, éteignent ou tranfmettent les rayons des autres couleurs. Mais s'agit-il d'expliquer ce qui rend le carmin propre à réflechir les rayons rouges, tandis qu'il abforbe, éteint ou tranfmet les rayons orangés, verds, bleus, indigo, &c. C'eft en ceci que M. de Voltaire penfe autrement que nous. Car nous avons dit que c'étoient les parties de lumiere rouge dont le carmin eft tout pénétré, qui le rendoient propre à réflechir les rayons rouges, ou feuls, ou en beaucoup plus grande quantité que les rayons des autres couleurs. M. de Voltaire croit au contraire que c'eft en conféquence d'une certaine épaiffeur de fes parties, que le carmin a cette proprieté. Nous n'entrerons pas ici dans le détail des expériences Neutoniennes que notre Auteur employe pour prouver fa propofition, nous ne nous attacherons pas non plus à examiner fi les anneaux colorés ne font pas une fuite immédiate des différentes réfrangibllités des rayons, nous ne ferons attention qu'à une fimple preuve que M. de Voltaire employe pour démontrer fon fentiment : après, néanmoins, que nous aurons fait une petite remarque fur le calcul de M. Neuton au fujet de l'épaiffeur des parties des corps, épaiffeur de laquelle on veut que dépendent leurs couleurs.

M. Neuton détermina ( c'eft M. de Voltaire qui parle ) les différentes épaiffeurs des parties d'eau qui donnent les différentes couleurs ; il calcula l'épaiffeur néceffaire à l'eau pour réflechir les rayons blancs : cette épaiffeur eft d'environ quatre parties d'un pouce divifé en un million de parties égales, c'eft-à-dire, de quatre millioniémes de pouce ; le bleu azur & les couleurs tirant fur le violet dépendent d'une épaiffeur beaucoup moindre. Que doit-on conclure de ce calcul ? C'eft que ce n'eft pas la différente épaiffeur des parties qui rend les corps colorés : car puifqu'une lame d'eau qui n'a d'épaiffeur qu'environ les quatre millioniémes d'un pouce réflechit les rayons blancs

CXXXV.
Les couleurs ne dépendent pas de l'épaiffeur des parties.

& puifque les rayons blancs ne font que l'affemblage & le compofé des rayons de toutes les couleurs, il eft auffi clair que le jour,
qu'une lame qui n'aura que l'épaiffeur de
quatre millioniémes de pouce pourra réflechir les rayons rouges, les rayons orangés,
les rayons jaunes, &c. On nous dira peut-
être que le blanc exige cette épaiffeur dans
les parties d'un corps pour qu'il puiffe le réfléchir, comme auffi le rouge exige une
épaiffeur moindre pour pouvoir être réflechi ; l'orangé une épaiffeur encore moindre
que le rouge, & ainfi de fuite. Mais qu'on y
prenne garde, qui dit blanc & noir chez les
Neutoniens, & chez nous auffi qui nous faifons gloire d'être Neutoniens en ce point,
ne dit rien. Le noir, le véritable noir, le
noir parfait, les ténébres ne font pas couleur, elles ne font que la négation de la lumiere, comme le repos n'eft que la négation
du mouvement ; tout de même, le blanc
n'eft pas couleur. Ifaac Voffius qui étoit plus
que Semi-Neutonien avant M. Neuton, l'a
reconnu ; le blanc n'eft, felon M. Neuton,
que l'affemblage de toutes les couleurs, un
rayon blanc n'eft qu'un compofé de toutes
les couleurs prifmatiques ou de toutes les
efpeces de rayons qui portent les couleurs

prifmatiques. Donc puifqu'une lame d'eau épaiffe de quatre millioniémes de pouce peut réflechir le blanc, elle réflechit toutes les efpeces de rayons. Le nier féroit pour un Neutonien, nier que ce qui réflechit le blanc ne réflechit pas le blanc. Allons plus loin. Puifque le violet dépend d'une épaiffeur moindre que le blanc, le rouge dépendra auffi d'une épaiffeur moindre que celle de laquelle dépend le blanc, quoique plus confidérable que celle de laquelle dépend le violet ; l'orangé dépendra d'une épaiffeur qui fera moindre que celle qu'exigent les rayons rouges, mais plus grande, néanmoins, que celle de laquelle dépend le violet, & ainfi de fuite.

Suppofons que l'épaiffeur des parties de laquelle dépend le rouge foit de trois millioniémes & demi d'un pouce ou de telle autre épaiffeur qu'on voudra pourvû qu'elle ne foit pas auffi grande que celle de quatre millioniémes. Nous demandons fi un corps dont les parties auroient cette épaiffeur feroit rouge, fi en réflechiffant les rayons rouges, il abforberoit, il éteindroit, ou s'il tranfmettroit les rayons de toutes les autres couleurs, fi en un mot il ne réflechiroit que les rayons rouges? Il eft évident que ce corps

paroîtroit blanc : car il doit paroître tel s'il
doit réflechir les rayons de toutes les couleurs , les rayons orangés , les jaunes , les
verds , les bleus , &c. or il doit les réflechir , nous ne connoiſſons aucune cauſe
qui doive l'en empêcher , cette cauſe ne
peut , en effet , être autre que l'épaiſſeur de
ſes parties laquelle on peut nous dire être
trop grande pour pouvoir réflechir les rayons
orangés , jaunes , verds , &c. Mais qu'on y
faſſe attention , une épaiſſeur plus grande les
réflechiſſoit ces rayons , ils étoient réflechis
ces rayons dans le blanc par des parties plus
épaiſſes , pourquoi une épaiſſeur moindre
feroit-elle trop grande pour ces effets ?

Conſidérons préſentement l'orangé , & ſuppoſons qu'il dépende d'une épaiſſeur dans
les parties du corps orangé qui ſera par exemple de trois millioniémes d'un pouce. Le
corps dont les parties auront cette épaiſſeur
fera-t'il orangé ? Non ſans doute. Car comme il réflechira les rayons orangés , les rayons
jaunes , les rayons verds , les bleus , les indigo & les violets , il ſera d'une couleur qui
tiendra de l'orangé , du jaune , du verd , du
bleu , &c. or , il eſt évident que ce corps
réflechira tous ces rayons pour la même raiſon que nous venons de voir , que le corps

dont les parties auroient trois millioniémes
& demi d'un pouce d'épaiſſeur ſeroit blanc.
Raiſonnez de même pour toutes les couleurs
& vous trouverez que dans toute la nature
il ne ſçauroit y avoir des corps rouges, ni
des corps orangés , ni des jaunes, ni des
verds , ni des bleus , ni des pourpres , &
que tout au plus on en rencontrera de violets , s'il eſt vrai que les couleurs dépendent
du côté des corps qu'on nomme colorés de
l'épaiſſeur de leurs parties ; mais on trouve
dans la nature des corps rouges , des corps
jaunes, &c. Il eſt donc faux que les couleurs des corps qu'on nomme colorés dépendent de l'épaiſſeur de leurs parties.
Voyons préſentement la façon dont s'y prend
M. de Voltaire pour prouver le contraire.

»Tous les corps , dit-il , ſont tranſparens,
»il n'y a qu'à les rendre aſſez minces pour
»que les rayons ne trouvant qu'une lame ,
»qu'une feuille à traverſer, paſſent à travers
»cette lame. Ainſi quand l'or en feuilles eſt
»expoſé à un trou dans une chambre obſcu-
»re, il renvoye par ſa ſurface des rayons jau-
»nes qui ne peuvent ſe tranſmettre à travers
»ſa ſubſtance , & il tranſmet dans la chambre
»obſcure des rayons verds, de ſorte que l'or
»produit alors une couleur verte ; nouvelle

CXXXVI.
Preuve fin-
guliére de M.
de Voltaire.

»confirmation que les couleurs dépendent
»des différentes épaisseurs.

Cette preuve peut fournir la matiere de
plusieurs réflexions qui détruiront la plûpart
des principes que notre Auteur s'est efforcé
d'établir. Nous pouvons même dire qu'il est
surprenant qu'il l'ait employée ; elle ne tend
qu'à prouver le contraire de ce qu'on veut
qu'elle confirme & il faudroit être plus pé-
nétrant qu'Oedipe pour deviner en quoi,
comment, & pourquoi elle confirme que les
couleurs dépendent des différentes épais-
feurs des parties des corps qu'on nomme
colorés. Entrons un peu dans le détail.

Tous les corps, nous dit-on, sont tranfparens, il n'y a qu'à les rendre affez minces
& on les rendra tranfparens, on verra qu'ils
tranfmettront la lumiere à travers leurs pores. Ce fait est certain. La raison que nous
en avons donnée dans notre Traité de la lumiere, est qu'à une petite épaiffeur les pores quelque finueux qu'on les fuppofe fe
trouvent droits, & ainfi propres à tranfmet-
tre l'action des corps lumineux, action qui
fe porte conftamment en ligne droite, excepté dans le cas où la réfraction a lieu. Si
nous demandons préfentement à M. de Voltaire, fi en diminuant l'épaiffeur d'un corps
on

on rend ses pores plus étroits, si l'on étrécit ses pores, que répondra-t'il ? Mais ne nous arrêtons pas à cette considération, venons à des faits plus essentiels & plus importans.

Lorsqu'on a réduit les corps à des lames très-minces, à des épaisseurs si petites que les rayons de la lumiere n'ont plus qu'une feuille à traverser, les rayons passent à travers cette lame, à travers cette feuille, mais par où est-ce que les rayons passent ? Est-ce qu'ils pénétrent les parties solides de cette surface ? C'est une chose impossible. Passent-ils par les pores ? Si cela est, voici que les nouveaux Neutoniens reconnoissent que c'est par les pores que les rayons passent ; pourquoi nous ont-ils dit ailleurs que c'est du sein des pores que la lumiere, que les rayons sont réflechis ? Pourquoi prétendent-ils débiter aux commençans des faits très-simples pour des mystéres incompréhensibles, mystéres incompréhensibles à la vérité chez eux, mais très-aisés à comprendre chez les Cartéfiens.

L'or, ajoute M. de Voltaire, réduit en feuilles, renvoye par sa surface les rayons jaunes, & transmet les rayons verds. Voilà certainement un fait qui confirme que les

T

couleurs ne dépendent pas des différentes épaiſſeurs des parties. L'épaiſſeur de cette feuille eſt très-petite. La couleur de l'or n'en a point pour cela été changée. L'or en lingot & l'or en feuilles eſt toujours jaune, réflechit les rayons jaunes. Cela ne prouve-t'il pas que les épaiſſeurs différentes ne contribuent en rien à la production des différentes couleurs dans les corps qu'on nomme colorés. Mais nous dira-t'on peut-être, l'or réduit en feuilles très - minces tranſmet les rayons verds. D'accord, que veut-on en conclure ? Sera-ce que les couleurs dépendent des différentes épaiſſeurs ? En vérité cette conſéquence ne ſuit pas plus naturellement de l'expérience dont il s'agit, que du ſixiéme Chapitre de l'Alcoran. Eſt-ce qu'il s'agit ici de rayons tranſmis ? Non certainement, il n'eſt queſtion que de rayons réflechis. Or, comme ce ſont toujours les mêmes rayons, les rayons de la même eſpece, les rayons jaunes qui ſont réflechis par la ſurface de l'or, ſoit que ce métal ſoit en lingot, ſoit qu'on l'ait réduit en feuilles très-minces, il eſt évident que ſi on peut conclure légitimement quelque choſe de ce fait, ce ſera la contradictoire de la conſéquence qu'on prétend en tirer.

Qu'on ne penſe pas au reſte que l'or tranſ-
mette les rayons verds, parce qu'il a été réduit en feuilles très-minces, l'or, quelle que
ſoit ſon épaiſſeur, tranſmet conſtamment les
rayons verds, ou pour ôter tout équivoque,
l'or, quelle que ſoit ſon épaiſſeur, reçoit
dans ſes pores les parties de la lumiere verte, comme auſſi il réflechit conſtamment les
rayons jaunes. Mais comme ſes pores ſont
fort ſinueux les rayons ſont éteints dans ces
pores lorſque ſon épaiſſeur n'eſt pas extrêmement petite, enſorte que nous devons dire
que l'or ne tranſmet pas les rayons verds,
parce qu'il a été réduit en feuilles très-minces, mais ſimplement que nous voyons alors
que l'or tranſmet ces ſortes de rayons, parce
que le peu d'épaiſſeur de ces feuilles fait
qu'elles ſont un peu tranſparentes, & qu'on
peut voir ainſi quelle eſt l'eſpece de rayons
que l'or admet dans ſes pores. Ceci ſera
encore plus ſenſible dans l'infuſion du bois
néphrétique. On ſçait que cette infuſion réflechit ainſi que l'or, les rayons jaunes, &
qu'elle tranſmet les rayons bleus, or, n'eſt-il
pas manifeſte que ce n'eſt pas l'épaiſſeur de
ſon volume qui lui donne cette propriété,
puiſque nous voyons qu'elle la conſerve,
ſoit qu'on la mette dans une petite bou-

teille, foit que la bouteille dans laquelle on
la met foit plus grande : quelle que foit la
quantité de cette infufion, elle réflechit les
rayons jaunes, & elle tranfmet les rayons bleus,
pourvû néanmoins que la bouteille dans laquelle on la met foit d'une groffeur convenable. Il eft donc prouvé que ce n'eft pas à raifon de leur épaiffeur que les feuilles d'or renvoyent les rayons jaunes, & qu'elles tranfmettent les rayons verds.

# CHAPITRE XIII.

*Suite de ces découvertes ; action mutuelle*
*des corps sur la lumiere.*

NOUS avons vû jusques ici avec quelle facilité on déduit des loix des mécaniques toutes ces proprié-tés de la lumiere que les nouveaux Neutoniens veulent faire dépendre de l'at-traction. Nous avons reconnu que la réfle-xion, & la réflexibilité, que la réfraction, & la réfrangibilité de la lumiere ne font que des suites nécessaires des loix du mouve-ment par impulsion. Nous avons démontré que ce n'eft pas du vuide, ni du fein des pores que la lumiere rejaillit, & que les rayons ne font pas réfraftés en conféquence de l'attraftion; nous avons expliqué tous les phénoménes, & rendu un compte exaft de toutes les expériences qui avoient rapport à notre fujet :/nous n'avons, en un mot, rien négligé de ce qui pouvoit faire fentir l'erreur de Meffieurs les Attraftionnaires, nous avons ainfi rempli notre deffein qui étoit de prouver le vuide, & le peu de folidité de la nouvelle Philofophie, de découvrir les fophifmes par lefquels on a voulu faire paffer des erreurs manifeftes pour des vérités démontrées, de faire connoître la vérité en juftifiant M. Defcartes. Nous pourrions par conféquent terminer ici notre examen, mais comme M. de Voltaire parle encore de deux autres propriétés de la lumiere, nous en toucherons quelque chofe.

CXXXVII.
Jets alter-
natifs de la
lumiere ex-
pliqués.

La premiere de ces propriétés eft celle de ces jets alternatifs de la lumiere allant & venant fur les corps, & par lefquels les rayons font alternativement tranfmis & réflechis. M. Neuton qui apperçut le premier ces jets, qui en compta plufieurs milliers en trouva auffi la véritable explication. Il conjeftura que la lumiere émane du Soleil par accès,

par vibrations, mais il ne fût pas pleinement
satisfait de cette explication, & il eut raison
de n'en être pas content : cette explication
qui rend très-bien raison de ces jets alternatifs de la lumiere dans notre sistême, n'est d'aucune utilité dans le sistême des Neutoniens.
Car comme ils prétendent que la lumiere
émane du Soleil comme l'eau d'une fontaine
émane de sa source, les rayons n'ayant aucun point d'appui ne sont point capables de
faire des vibrations, ils ne pourroient pas
même les faire ces vibrations quand ils auroient des points d'appui, parce que leurs
parties sont parfaitement dures & ainsi sans
ressort. Voyons présentement si ces jets alternatifs ne sont pas une suite naturelle &
nécessaire de la nature que nous avons donnée à la lumiere.

Concevez que la lumiere ( *vehiculum lu-*
*minis* ) n'est autre chose qu'un liquide subtil
& délié répandu dans toute la nature, &
dont les parties qui se touchent immédiatement par plusieurs points de leur surface, ont
un ressort très-vif. Concevez encore que l'action que le Soleil imprime à une molécule
de ce liquide, passe comme de main en main
jusqu'à une derniere molécule qui porte sur
un objet, & vous comprendrez que toutes

les molécules par lesquelles cette action a passé, ont été comprimées par l'action du Soleil, & qu'ensuite elles se remettent dans leur premier état en conséquence de leur ressort, & vous trouverez dans ces molécules, dans les suites de ces molécules qui ne sont autres choses que les rayons de la lumiere, vous y trouverez ces vibrations que M. Neuton avoit soupçonné devoir produire ces jets alternatifs de la lumiere, ces accès de transmission & de réflexion des rayons. Ces rayons ayant un mouvement alternatif du Soleil vers la terre, & de la terre vers le Soleil, ne doivent-ils pas produire ces jets & ces accès? Cette explication n'est-elle pas naturelle?

# CHAPITRE XIV.

*Du rapport des ſept couleurs primitives avec*
*les ſept tons de la Muſique.*

**T**OUT le monde ſçait qu'on con- CXXXVIII.
noiſſoit long-tems avant M. Neu- Ce rapport
ton qu'il y a un rapport entre la lu- vant M. Neu-
miere & les ſons , entre les cou- ton.
leurs & les tons. Voici comment Ariſtote en
parle dans le troiſiéme Chapitre de ſon Livre des Sens & des qualités ſenſibles. Il y a ,
dit-il , des couleurs qui ont rapport les unes
aux autres en des nombres proportionnés

comme de 2. à 3. ( c'eſt le rapport des nombres qui donnent la quinte ) de 3. à 4. ( ce
rapport eſt celui de la quarte ) & autres ſemblables, tout de même que les ſons. Les plus
belles & les plus agréables couleurs ſont dans
la même proportion que les plus parfaits accords, de ſorte que comme il y a fort peu
de ces accords, il ſe trouve auſſi fort peu de
couleurs agréables.

Les Auteurs, les Muſiciens & ſur-tout les
Peintres Grecs connurent ce même rapport;
on peut même dire que ce ſont eux de qui
nous tenons le mot de ton par lequel nous
exprimons l'intervalle qui ſe trouve entre
deux ſons propres à former un accord. Ils
appellerent ton Τόνον de la peinture, le clair
obſcur ou cette eſpece de couleur qui tient
le milieu entre les jours & les ombres, pour
nous faire entendre par-là, que comme dans
la Muſique il y a mille tons différens qui
s'uniſſent les uns aux autres d'une maniere
infenſible pour faire un ſon harmonieux; de
même dans la peinture, il y a une force & 
une dégradation de lumiere preſqu'imper-
ceptibles, leſquelles varient encore ſelon les
couleurs propres ou locales des divers objets
ſur leſquels elles tombent.

Nous ne croyons pas qu'il ſoit néceſſaire

de rapporter de nouvelles autorités pour démontrer que les anciens Philofophes, tant Grecs que Latins, ont connu qu'il y a une véritable analogie entre les couleurs & les tons; on s'eft apperçu, fans doute, que celle d'Ariftote n'eft pas fort différente de celle de M. Neuton. Ce dernier n'a fait que trouver les couleurs qui pouvoient être dans les mêmes rapports que les nombres indiqués par Ariftote. Encore peut-on dire qu'il eft très-probable qu'il s'eft trompé. On fçait que le P. Caftel, Jéfuite, travaille depuis long-tems à une nouvelle fcience qu'on appelle *Chromatique*, c'eft fon propre & véritable nom. Et fi les découvertes qu'il a faites ne démentent pas la divifion Harmonicromatique de M. Neuton, on peut dire du moins qu'elles la tiennent en échec, & nous ne doutons pas qu'il ne puiffe réuffir à démontrer fon fiftême. Revenons à notre fujet, & continuons de voir quels font les Auteurs Modernes qui ont connu ou du moins apperçu le rapport qu'il y a entre les couleurs & les tons. Nous ne parlerons que de trois, nous pafferons même fous filence le langage ufité depuis long-tems chez les Peintres & les Muficiens, lefquels vous parlent continuellement des tons. Parlez à un

Peintre, & demandez-lui ce que c'eſt que le Paſtel, il vous répondra que c'eſt une ſuite de crayons qui repreſentent les tons & les demi-tons, & encore quelque choſe de plus ; ils parlent des tons, mais on doit prendre garde qu'ils parlent des tons des couleurs. Parlez à un Muſicien, il vous dira que dans la Muſique il y a un ſiſtême chromatique ou coloré, car *chroma* en grec ſignifie couleur en François.

Le Chancelier Bacon, cet Homme ſi fort au-deſſus des hommes de ſon ſiécle, entrevît le même rapport, & il invita ſes Contemporains, ainſi que ceux qui devoient venir après lui, à étudier l'analogie qu'il y a entre la lumiere & le ſon, entre les couleurs & les différens tons.

M. de la Chambre dit formellement dans ſon Traité de l'Arc-en-Ciel, que les mêmes nombres qui meſurent les ſons & les accords, meſurent auſſi les couleurs, & qu'on trouve entre les couleurs, les mêmes proportions qu'on rencontre entre les tons. Il dit que le verd répond à l'octave, le rouge à la quinte, le jaune à la quarte, &c. Il parloit d'après Ariſtote, & il ne manque pas de le citer.

Le P. Kirker Jeſuite célebre, & auquel

nous fommes redevables d'un grand nombre
d'obfervations curieufes & de découvertes
utiles, donne à peu près les mêmes rapports
que M. de la Chambre ; il dit que le verd
répond à l'octave, le jaune à la tierce mi-
neure, l'orange à la quinte, &c. (a) N'eſt-il
pas furprenant que le P. Caſtel qui ne travaille que d'après le P. Kirker, lequel lui a
fourni l'idée de fa Chromatique, n'ait pas
cité à M. de Voltaire cet endroit, & qu'il
lui ait paſſé ſi tranquillement le ridicule
qu'il tâche de répandre fur les Ouvrages
d'un homme auſſi refpectable que Kirker?

M. Neuton eſt venu enfin ; il a déterminé
ce rapport avec beaucoup plus d'exactitude
que ceux qui l'ont précedé. Voici comment
il s'y eſt pris. Rappellez dans votre mémoire que lorfqu'un trait de lumiere qu'-
on a introduit dans une chambre obfcure,
eſt réfracté par un Prifme, il donne fur
le papier qu'on lui oppofe une image colorée dans laquelle on trouve les fept couleurs, rouge, orangé, jaune, verd, bleu,
indigo & violet, ces couleurs fe fuccedent
les unes aux autres dans le même ordre que

(a) Kirker *Mufurg. Univer.* tom. 1. lib. 7. part. 2.
pag. 368.

nous venons de les nommer, & elles forment toutes enfemble une image oblongue, dont chacune d'elles occupe une partie; mais il faut prendre garde que les différentes parties de l'image colorée que ces couleurs occupent, ne font pas égales entr'elles, ou ce qui revient au même, il faut obferver que la longueur de cette image n'eft pas divifée par les couleurs en parties égales.

**CXXXIX.**
De quelle façon s'y prit M. Neuton pour la divifion de l'image colorée.

M. Neuton voulant connoître le rapport que les différentes parties de l'image colorée gardent entr'elles, termina éxactement les côtés de cette image; il en traça enfuite le perimetre fur le papier, & fit en forte que l'image colorée s'ajuftât parfaitement à la repréfentation qu'il en avoit faite : en attendant une perfonne qui avoit la vuë fort pénétrante, & qui pouvoit très-bien difcerner les couleurs, en marquoit les confins, en tirant en travers fur l'image différentes lignes droites. Cette image fe trouva ainfi divifée en fept parties qui avoient entr'elles une certaine proportion. L'opération fut réïtérée plufieurs fois, & en différentes manieres; nous voulons dire, tantôt fur le même papier, & tantôt fur des papiers différens, toutes les obfervations s'accordoient affez

bien ; & on trouva que la proportion , fuivant laquelle les lignes qui terminoient
l'image colorée étoient divifées par ces lignes que nous avons dit avoir été tirées en
travers fur cette image, & qui marquoient
les confins des couleurs, eft la même que
celle fuivant laquelle eft divifée la corde
d'un inftrument de mufique, ou que cette
image étoit divifée dans la même proportion que l'étendue de l'octave.

M. Neuton nous dit que les obfervations
qui réfultoient des différentes opérations
pour la divifion de l'image colorée, s'accordoient affez bien , il nous donne à entendre par-là qu'elles ne s'accordoient pas
éxactement , ce qui ne doit pas paroître
furprenant. Il paroît impoffible au contraire
de pouvoir trouver les veritables confins
des couleurs, parce que , comme nous l'a-
vons dit plufieurs fois, ces couleurs anticipent les unes fur les autres ; quoiqu'il en
foit de ces rapports , voici la diftribution
que fait M. de Voltaire en fuivant le fiftême
diatonique dans lequel l'octave eft divifée
en cinq tons & en deux demi-tons.

La region rouge répond , felon lui, à
l'intervalle qui fe trouve entre le *re* & l'*ut* ,
l'orangé à l'intervalle qui fe trouve entre

CXL.
Cette divi-
fion eft fort
équivoque.

l'*ut* & le *fi* ; le jaune à l'intervalle qui
fe trouve entre le *fi* & le *la* ; le verd à l'intervalle qu'il y a entre le *la* & le *fol* ; le bleu
à l'intervalle qu'il y a du *fol* au *fa* ; le pourpre
à l'intervalle qui fe trouve entre le *fa* & le
*mi* ; & le violet enfin à l'intervalle qui eft du
*mi* au *re* ; octave en bas du rouge.

Le P. Caftel qui a fuivi le fiftême chromatique dans lequel on divife l'octave en
douze demi-tons, n'approuve certainement
pas cette diftribution ni cette correfpon-
dance des couleurs aux tons. Cet ingénieux
Jefuite fait rapporter le bleu à l'*ut*, le verd
au *re*, le jaune au *mi*, le rouge au *fol* ; &
le violet au *la*. Nous croyons que nos Lecteurs ne feront pas fâchés de trouver ici les
deux ordres Diatonique & Chromatique que
le P. Caftel a donné aux couleurs avec les
tons aufquels ces couleurs répondent, on
les voit directement fous ces couleurs. Il
faut remarquer que cette note ⵝ à laquelle
on a donné le nom de *dieze*, fignifie ou dénote un demi-ton, ou la moitié de l'intervalle
qui fe trouve d'un ton à un autre ton ;
*ut* ⵝ qui fignifie *ut dieze*, dénote un ton qui
tient le milieu entre l'*ut* & le *re*, & ainfi que le
celadon qui répond à *ut* ⵝ, tient le milieu
entre le bleu & le verd qui répondent à l'*ut*
& au *re*.
                                              ORDRE

## ORDRE DIATONIQUE.

*Couleurs.* Bleu, Verd, Jaune, Fauve.

Tons. .... *ut*,     *re*,     *mi*,     *fa*,

*Couleurs.* Rouge, Violet, Gris, Bleu,

Tons .... *fol*,     *la*,     *fi*,     *ut.*

On voit dans cet Ordre, bien différent de celui de M. de Voltaire, que les cinq couleurs, Bleu, Verd, Jaune, Rouge & Violet, font des couleurs toniques, & que les deux Fauve & Gris, font femi-toniques; or le Gris dont on parle ici, eft un Gris-bleu, Gris-de-fer, Gris-d'ardoife.

## ORDRE CHROMATIQUE.

*Couleurs.* Bleu, Celadon, Verd, Olive,

Tons .... *ut*,     *ut* ✕,     *re*,     *re* ✕,

*Couleurs.* .... Jaune, Fauve, Nacarat,

Tons ........ *mi*,     *fa*,     *fa* ✕,

*Couleurs.* ... Rouge, Cramoifi, Violet,

Tons ...... *fol*,     *fol* ✕,     *la*,

*Couleurs.* ...... Agathe, Gris, Bleu.

Tons ......... *la* ✕,     *fi*,     *ut*,

Vous pouvez remarquer qu'il n'y a point de *dieze* entre le *mi* & le *fa*, non plus qu'entre *fi* & *ut*, parce qu'ils font de femi-tons naturels.

V

Parmi une infinité d'autres chef d'analogie bien marqués, qui se trouvent entre
les couleurs & les tons, M. de Voltaire n'en
a choisi qu'un seul, c'est que les rayons les
plus distans ( les violets & les rouges ) viennent à nos yeux en même-tems, & que les
tons les plus distans ( les plus graves & les
plus aigus) viennent aussi à nos oreilles en
même-tems. Ce n'est pas, comme il le remarque fort bien que nous voïons & que
nous entendions en même-tems à la même
distance, que nous entendions le bruit d'un
Canon aussi tôt que nous en voyons le feu,
mais cela veut dire que les rayons bleus
n'ont pas plus de vîtesse que les rayons violets, comme aussi les tons aigus ne viennent
pas plus vîte que les tons graves. Cela est
vrai, si on veut dire par-là, qu'à une certaine
distance nous appercevons en même-tems le
rouge & le violet, les tons aigus & les tons
graves ; car ce n'est que sensiblement que les
vîtesses des rayons rouges & des rayons violets, des sons aigus & des sons graves sont
égales, & si on prend les choses mathe-
matiquement ou en rigueur, les rayons rouges se répandent plus vîte que les rayons
violets, les tons aigus plus vîte que les tons
graves. Ces faits sont plus que certains.

M. de Voltaire enfeigne fur la fin de ce Chapitre, qu'il y a un rapport entre le toucher & la vûe. A-t'il donc oublié qu'il a dit au Chapitre VI. page 78. que les fens de l'ouie, de la vûe & du toucher, n'ont aucun rapport les uns avec les autres. La maniere dont il prouve qu'il y a un rapport entre le toucher & la vûe, eft finguliere. Il eft certain, dit-il, qu'il y a un rapport entre le toucher & la vûe, puifque les couleurs dépendent de la configuration des parties. On voit ainfi que M. de Voltaire après avoir continuellement déclamé contre M. Defcartes, après avoir préconifé le fiftême Neutonien, change tout d'un coup de langage; on le voit devenir Cartéfien un peu avant que de finir fon Optique; ce coup eft auffi furprenant, qu'il eft imprévû. Nous lui enendons dire que les couleurs dépendent de la configuration des parties; n'eft-ce pas là le fiftême de M. Defcartes, & n'eft-ce pas un Cartéfien qui tient ce langage ? Et puifque M. Neuton fait dépendre les couleurs de l'épaiffeur des parties. Dire que les couleurs dépendent de la configuration des parties, n'eft-ce pas fe ranger du côté de M. Defcartes, & dire adieu à M. Neuton ?

CXLII.
Contradictions.

Heureux un fi beau génie s'il perfifte long-
tems dans un fi noble deffein.

**CXLIII.**
**Conclufion.** Il eft tems de terminer cet Ouvrage, M.
de Voltaire ne pouffant pas plus loin fes recherches fur la Nature & les proprietés de
la lumiere, nous ne poufferons pas plus
loin notre Examen. On s'eft apperçû que
nous ne l'avons jamais perdu de vûe dans
les raifonnemens qu'il a faits, dans les principes qu'il a établis, dans les expériences
qu'il a expofées, dans les conféquences qu'il
a voulu en tirer, & dans les explications qu'il
a données de certains effets. Nous avons remarqué qu'il faut que les Neutoniens voyent
les chofes bien différemment des Cartéfiens,
ils regardent comme des vérités démontrées
certains faits que les Cartéfiens ne confiderent que comme des erreurs reconnues de
tous ceux qui raifonnent. Ce qui eft un
myftere incompréhenfible pour un Neutonien, n'eft qu'un fait très-familier & très-
facile à concevoir pour un Cartéfien.

## F I N.

datte defdites préfentes: Faifons défenfes à toutes fortes de perfonnes de quelque qualité & condition qu'elles foient, d'en introduire d'impreffion étrangere dans aucun lieu de notre obéiffance ; comme auffi à tous Imprimeurs Libraires & autres, d'imprimer, faire imprimer, vendre, faire vendre, débiter ni contrefaire ledit Ouvrage ci-deffus expofé en tout ni en partie, n'y d'en faire aucuns Extraits fous quelque prétexte que ce foit d'augmentation, correction, changement de titre ou autrement, fans la permiffion expreffe & par écrit dudit fieur Expofant ou de ceux qui auront droit de lui; à peine de confifcation des Exemplaires contrefaits, de trois mille livres d'amende contre chacun des contrevenans, dont un tiers à nous, un tiers à l'Hôtel Dieu de Paris, l'autre tiers audit fieur Expofant, & de tous dépens, dommages & interêts ; à la charge que ces Préfentes feront enregiftrées tout au long fur le Regiftre de la Communauté des Libraires & Imprimeurs de Paris, dans trois mois de la datte d'icelles; que l'impreffion de cet Ouvrage fera faite dans notre Royaume, & non ailleurs, & que l'Impétrant fe conformera en tout aux Réglemens de la Librairie, & notamment à celui du dix huit Avril 1725. & qu'avant que de l'expofer en vente, le Manufcrit ou Imprimé qui aura fervi de copie à l'impreffion dudit Ouvrage, fera remis dans le même état où l'Approbation y aura été donnée ès mains de notre très-cher & féal Chevalier le Sieur Dagueffeau, Chancelier de France, Commandeur de nos Ordres ; & qu'il en fera enfuite remis deux Exemplaires dans notre Bibliotheque publique, un dans celle de notre Château du Louvre, & un dans celle de notredit très-cher & féal Chevalier le Sieur Dagueffeau, Chancelier de France, Commandeur de nos Ordres : le tout à peine de nullité des Préfentes : Du contenu defquelles, vous mandons & enjoignons de faire joüir ledit fieur Expofant ou fes ayans caufe pleinement & paifiblement, fans fouffrir qu'il leur foit fait aucun trouble ou empêchemens. Voulons que la copie defdites Préfentes, qui fera imprimée tout au long au commencement ou à la fin dudit Ouvrage foit tenue pour dûement fignifiée, &

qu'aux copies collationnées par l'un de nos amés & feaux Conseillers & Secretaires, foy soit ajoûtée comme à l'original. Commandons au premier notre Huissier ou Sergent de faire pour l'exécution d'icelles tous Actes requis & nécessaires, sans demander autre permission , & nonobstant Clameur de Haro , Charte Normande , & Lettres à ce contraires : Car tel est notre plaisir. Donne' à Versailles le vingt-quatriéme jour du mois d'Avril , l'an de grace mil sept cens trente-neuf, & de notre Regne le vingt-quatriéme. Par le Roy en son Conseil.

### SAINSON.

*Regiftré enfemble la Ceffion ci-deffous fur le Regiftre dix de la Chambre Royale & Syndicale des Libraires & Imprimeurs de Paris N°. 240. fol. 218. conformement aux Reglemens de 1723. qui fait défenfes Art. IV. à toutes perfonnes de quelque qualité qu'elles foient, autres que les Libraires & Imprimeurs, de vendre, débiter & faire afficher aucuns Livres pour les vendre en leurs noms, foit qu'ils s'en difent les Auteurs ou autrement, & à la charge de fournir à ladite Chambre Royale & Syndicale huit Exemplaires prefcrits par l'Article 108. du même Reglement. A Paris le 22. May 1739. LANGLOIS, Syndic.*

Je céde & transporte le present Privilege à M. Jacques Lambert, pour en jouir suivant l'accord fait entre nous. A Paris, ce 4. Mai 1739. Jean Banieres.

---

# E R R A T A.
## P R E F A C E.

Page 7. ligne 13. *lifez* ne se réflechiffoient.
Page 28. ligne 33. *lifez* confidere.
Page 64. ligne 31. *lifez* cela.
### E X A M E N.
Page 51. ligne 2. double , *lifez* fimple.
Page 177. ligne 1. mens , *fupprimez ce mot.*

S'Il y a quelques autres fautes, nous prions le Lecteur de nous les pardonner ; elles ne tirent à aucune conféquence.